U0172385

仪式空间

隋唐宫廷建筑制度流变与影响

齐莹　著

中国建筑工业出版社

目录

绪论

0.1 研究对象与核心概念

0.1.1 研究对象

宫室，是中国古代最重要的建筑之一，也是最高权力的空间标识。传统建筑史研究往往侧重宫殿单体的形制与造型，对宫室整体布局，即“宫廷制度”的认识也更多关注在形式及尺度上。同时，历史学家对政治事件和组织架构的细节虽推敲精深，但往往因缺乏空间角度的考量而陷入权力演变的唯人论与斗争论中。政治组织制度与宫室制度之间的关系，成为学者研究中国古代宫殿史时屡屡浮现却又经常忽视的问题，传统上以朝代及时间进行建筑史演变分期的研究思路，更是割裂了典章制度之间传承变化的关系，对政治策略及其物化空间的关系很少涉猎。从历史学角度来讲，宫室制度作为典章制度的物化形象，一直和礼法、政治密切相关，陈寅恪在《隋唐政治制度史考略》一书中便把“都城建筑”归结在“礼仪”部分。可以说，罔顾礼仪政治对宫室布局的影响，便不可能得到对中国古代宫廷空间的完整认知。

隋唐是中国封建社会自秦汉以来的一个重要演化阶段，是“集大成”的一代，文化、制度、礼仪均在此期间趋于完善成熟。作为执政核心的宫廷格局也在此期间确立了完整的外朝形态，形成了以三朝制为核心的布局，是一重要的制度定型时期。本书的主要研究对象为唐代宫廷制度，从权力空间的角度出发，以唐宫廷的空间布局形态为主体，结合同时期政治体系组成，着重阐述唐代宫廷制度格局是如何演变形成的，文化和制度方面的糅合和创制对这一权力空间产生了何种影响，以及它的宫廷布局制度在后续传承中的变化。

隋唐两代均定都长安，隋文帝时筑大兴城，以居其北部的大兴宫为宫城，宫室和城市的兴建立足于以往的制度并进行了大胆创新；唐继承并改名为长安，先后以太极宫（西内）、大明宫（东内）、兴庆宫（南内）为社稷中心，并称“三大内”（图0-1-1）。其中历时最久、影响最为深远的是大明宫：龙朔二年（公元662年）唐高宗自长安城内旧宫太极宫迁入大明宫听政，自此以降，诸帝[1]皆常居东内大明宫听政。安史之乱后，大明宫完全取代洛阳宫室作为政治中枢直至唐朝覆灭。作为一座由离宫转变来的核心宫室，大明宫的布局继承了隋大兴宫的规划思路，但又随着其政治地位及机构变迁而有所调整，空间上的三朝与行政上的三朝都在这一时期得以确立。在城市关系上，它也成为除洛阳宫外、

1 武后经营东都洛阳宫室以及开元十六年（公元728年）后玄宗常居南内兴庆宫，此为两处例外。

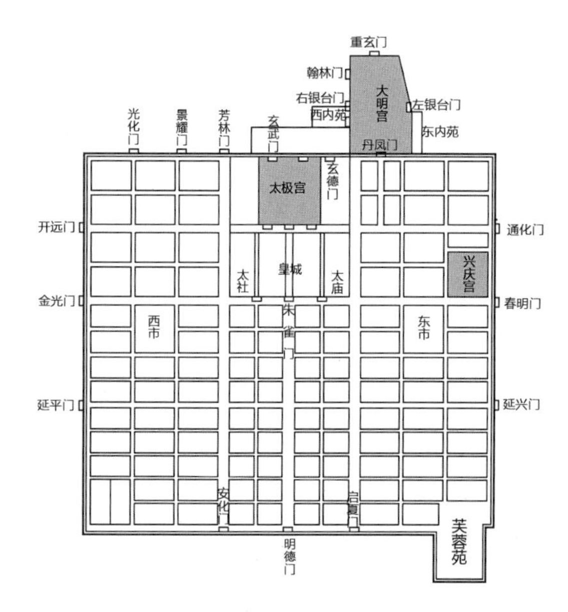

图0-1-1　唐长安城三大内的位置分布

中国历代都城中少见的偏居城市中轴线并凸出都城城垣的宫城。

在20世纪颇有影响的“唐宋变革论”的讨论中，都提到唐宋之间历史进程的巨大飞跃，特别是文化主流的演变与封建经济制度的建立，陈寅恪先生在《论韩愈》一文中指出：“唐代之史可分为前后两期，前期结束南北朝相承之旧局面，后期开启赵宋以降之新局面。关于政治社会经济者如此，关于文化学术者亦莫不如此”[1]。经济格局与思想派系的变化会深刻影响到政治体制及官员构成，由此促发权力的调整与权力空间的变化。权力空间定型为典章制度后，表现出的形式即是宫室制度。基于此，唐代宫室制度也经历了几个发展时期：前期吸纳整合了前朝得失；中期几经修正，形成自己的格局特色；后期经五代十国传承至宋，深刻影响到两宋及其以后的宫室组织及布局。

0.1.2　核心概念

0.1.2.1　皇权与相权

皇帝乾纲独断的统治地位并不是一蹴而就的。中国的专制制度从秦汉的发轫到明清的成熟，政治统治体系中一直包含着“皇室”与“中央”两部分。渡边信一郎曾指出：“皇帝和高级官僚，作为相对独立的两个要素，成为朝政构造的基干”[2]。从中国封建社会的职官体系来看，所谓高级官僚主要是宰相，与皇帝形成相辅相成又相互牵制的两个主体。由此衍生出以天子为核心的皇室，以及以宰相为代表的政府体系[3]。皇帝权责重在决策，而“相”之本意为辅助，与皇帝共议国家大事并督导百官，涉及决策权与行政权两部分。实际运行时，皇权与相权之间一直存在着对决策权的争夺。

皇权与相权的关系是分析中国古代政治制度变革的一个重要视角。秦汉统一之后，围绕着专制皇权的加强，中央中枢机构从架构到空间层面都屡屡变迁。皇权与相权的矛盾和随之而来的体系调整，是全文研究的一个重要切入点，直接影响到内廷与外廷的研究，并进而用以理解宫室空间格局。

0.1.2.2 权力空间

权力空间（power space）的概念最先由福柯在其著作《规训与惩罚》中提出的，是他广泛研究中一个重要的概念。他引用边沁的全视监狱模式作为空间图示说明。边沁设计的监狱通过布局和对光线的应用，使中央指向囚犯身心的凝视成为永恒和自动，这个理性的建筑成为权力的机器，在看守人缺席的情况下仍能恒定地发挥着权力震慑力。福柯就此指出“空间在任何形式的公共生活中都极为重要；空间在任何的权力运作中也非常重要。”[4]

朱剑飞在其明清故宫的政治空间探讨中引申扩展了这一理念，创造性地将中国皇权在城市规划中的物质化体现和福柯对欧洲近现代权力中央化的理论相结合，以解读明清北京皇城中权力的塑造轨迹，指出大清帝国宫室也存在着“一个‘现代的’、理性的、严格的权力中央化的空间构造。就此意义讲，两者是可比的。它们都是工具主义或功能主义的。它们都是机构化的空间的权力机器”“它们都淡化了处于中心的个人的质量或状态的重要性。它们都有一个金字塔结构，其空间的深度对应着政治的高度”[5]（图0-1-2）。

张光直先生也曾提及权力与空间的关系：“中国古代早期城，……是作为政治权力的工具与象征出现的。……夯土城墙、大型宫殿，既是统治者统治地位的象征，也是借其规模气氛加强其统治地位的手段。”[6]这种解读角度将“权力空间”理解为在特定权力决策下形成的空间，同时反过来作为彰饰权威的标

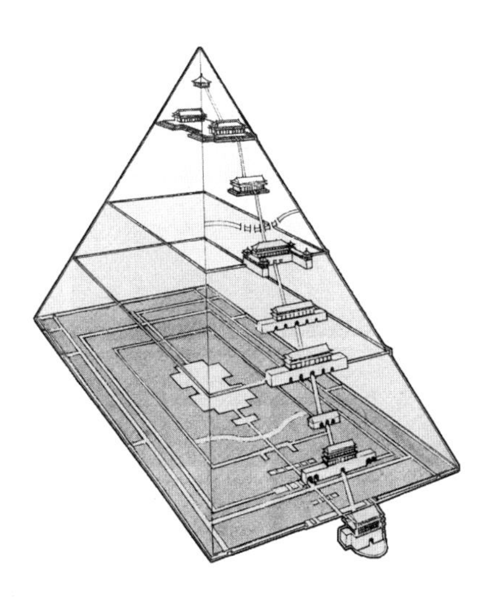

图0-1-2 明清故宫权力空间金字塔（资料来源：彭一刚，《中国古典园林分析》）

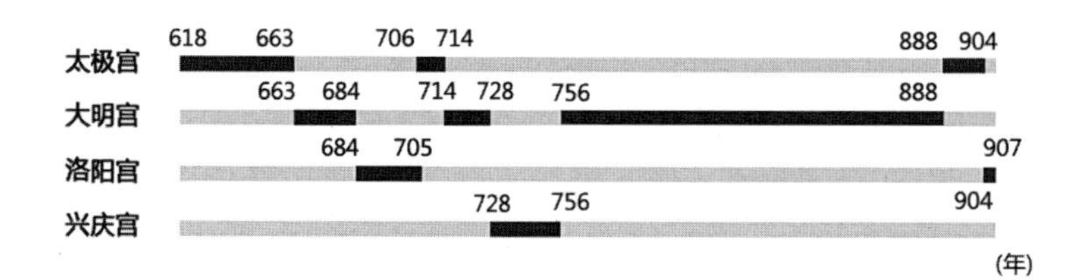

图0-1-3 唐代皇帝主要听政、居住时间变迁图（单位：年）

示："在建筑中，人的自豪感、人对万有引力的胜利和追求权力的意志都呈现出看得见的形状。建筑是一种权力的雄辩术"。表现的是一种静态的空间效果。

本书语境中讨论的"权力空间"主要借鉴福柯及哈维尔的概念，将空间理解为一种政治工具，权力主体利用空间以确保对社会的控制。对其进一步阐述前，需要明确两个前提：首先，它不是指作为彰显天子无上权力的建筑形象，也不是在政治制度与主体之间传达权威的空间形式，而是指权力所在之处，即皇权和相权控制下的空间领域。其次，权力空间的轻重能量级存在差异，能量的差异与空间尺度的大小存在一定的对应关系但并不绝对，存在一个波动变化的阶段，但最终通过装饰等特征元素得以确定。

与张光直等研究者将空间形态解释为权力的最终结果不同，本书中对权力空间的理解是动态的：主体决策施政的场合是具象的权力空间。经制度化、法律化后，即使主体的方位发生转移，其空间的后续占有者也被赋予了相当的权力。可以说，权力起伏是内在动因，坐标和形态是外在表征。两汉至隋唐期间，两者互相牵制，在皇权和相权的争夺中成为一条时隐时现的线索。

0.1.2.3 宫廷制度

对于文中所说的"宫廷制度"这一核心概念，有必要从空间及行为两方面加以界定和说明：

其一，"三大内"空间概念。

皇城、宫城有别的空间制度到隋文帝建大兴城时才基本定型。文中重点截取隋唐宫室制度作为研究对象，其空间范畴是包括了帝王听政区域及宰相衙门区域的"前朝"——即与国家仪典及政治活动息息相关的区域。而对于后寝及园林，只有当其中的物质空间与政治活动有所牵连时，才作为权力空间的分布坐标点予以纳入考虑，而其建筑艺术处理及造型则不在本书的关注及论述之中。简言之，宫门、三朝大殿及衙署格局及其他权力机构的位置关系均属于"空间制度"研究的范畴。

隋唐初期秉承两都制，唐代长安执政决策的宫殿先后有太极宫、大明宫、兴庆宫三处，长安外又多在洛阳执政（图0-1-3）。由于兴庆宫为政时间短暂，又由潜邸改建而成，在制度上影响有限，因此本书在论述宫廷空间制度的变迁时，仍以长安东、西大内作为主要研究对象，同时横向比较陪都东京洛阳宫。太极宫、大明宫以及洛阳宫均在有准备、有构思的前提下营建，其规划布局和空间等级都凝练了权力角度的思考。其前朝区域范围见图0-1-4～图0-1-6。

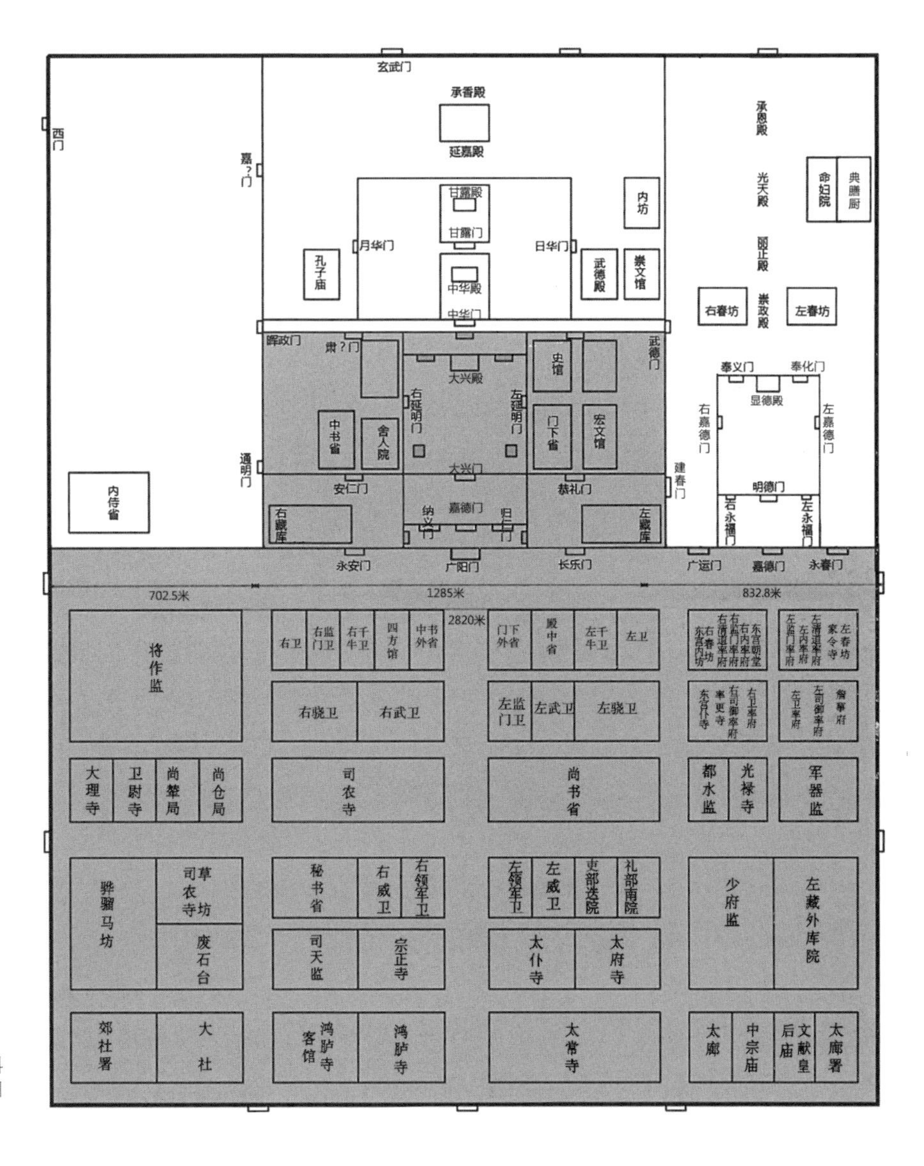

图0-1-4　太极宫前朝区域（资料来源：由史念海《西安历史地图集》改绘）

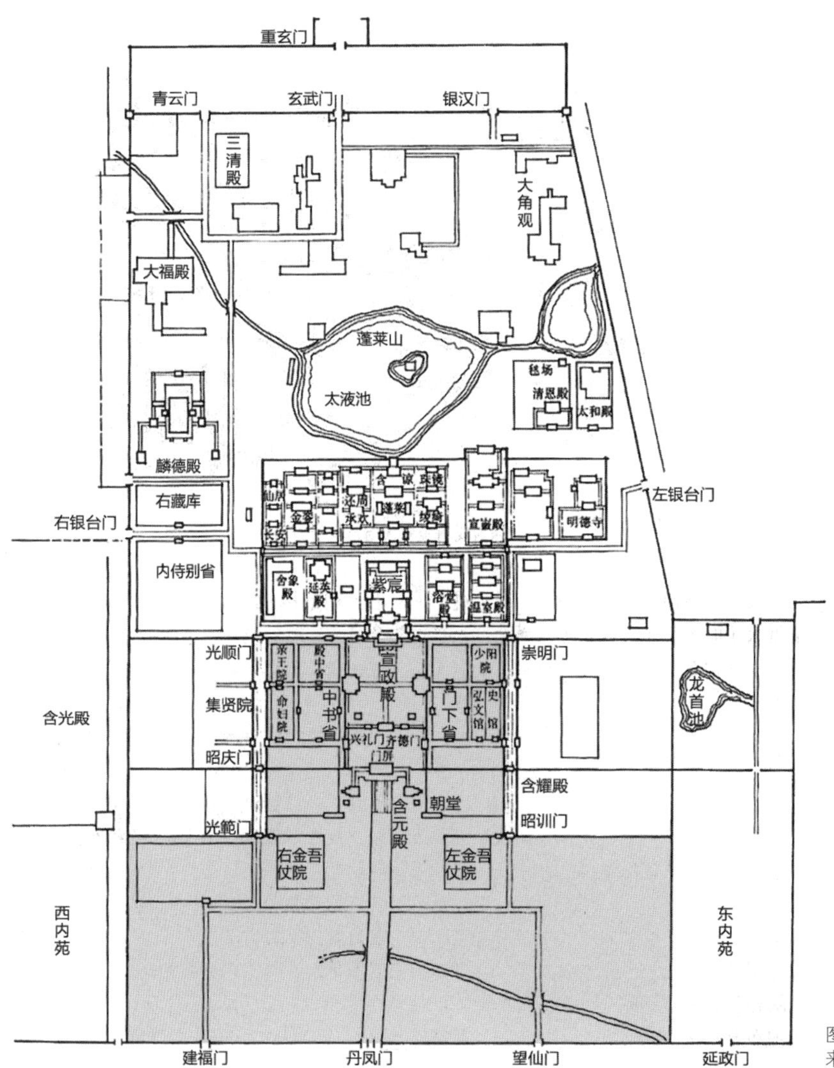

图0-1-5　大明宫前朝区域（资料来源：由傅熹年复原大明宫图改绘）

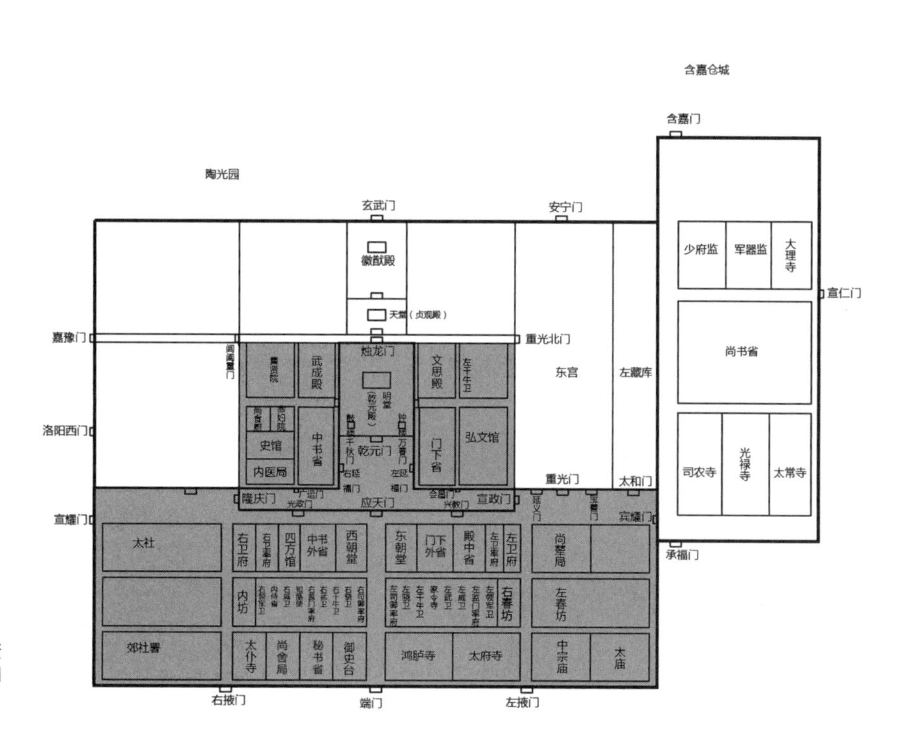

图0-1-6 洛阳宫城前朝区域（资料来源：由傅熹年复原大明宫图改绘）

唐太极宫（隋大兴宫）端方宏大，防卫严密。太极宫的布局从议政、生活到卫戍都有周全的设计，其北边的玄武门为禁军所在，东、西两侧分别以东宫、掖庭宫作为屏障。它体现着宫廷壁垒森严的权力中心结构。

太宗时开始兴建的大明宫在高宗时期进入了正式建设阶段，并在很短时间内迅速落成，成为高宗以降的主要行政中枢。从听政时间来看，大明宫为期最久，形成了三个不同尺度的朝会空间。由于其作为政治中心时间最长，且安史之乱后一系列的政治动荡和权力争夺都发生于此地，大明宫也就成为最直接的战场，其政治空间的变化和物质空间的层次都将是本书论述的重点。对物质空间的研究相对传统的建筑史来说，讨论重心从华丽但孤立的建筑单体转向其围合而成的“虚”质殿庭空间。

其二，文化概念。

“宫廷制度”包括了以五礼为核心的礼仪性的仪典以及事务性的朝会两部分。由于隋唐国家礼典的丰富性，本书主要关注在宫廷内举行的仪典，即由皇帝直接参与的中央一级的仪典在这一空间中的礼仪制度。其次便是事关国家管理的朝会，包括常朝、朔望朝及大朝的仪轨制度。此外，考虑到城市与宫室的共生关系，长安与大内中的一些重要仪式及线路也在关注的空间范围之列。

本书侧重的不是宫室本体兴造的方法论，而是一个宫室建筑认识论的问题。以求揭示其发生、发展的一般规律。研究的意义在于：首先，通过对先唐及唐政治史和空间结构关系的探讨，进一步在建筑史和城市史研究中发展建筑人类学和社会学的研究方法，促进学科交叉，在建筑考古和遗址分析中提供思路方法；其次，通过将权力发展与政治实践角度的思考引入中国古代都城宫室及城市空间的研究，完善并拓展中国古代宫室的研究思路和认识领域；最后，结合人类学的研究方法以及政治权力空间的思考角度，尝试对先唐及唐一代历代宫廷空间生成和发展的问题进行再解答，梳理中国古代宫廷制度成型的脉络。并为当前在大遗址保护过程中所面临的价值判断和保护选择提供参考和判断依据。

0.2 已有研究综述

本书的一个重要出发点是将政治组织格局变化与宫廷空间格局变化的研究结合起来。虽然此前从这个角度切入的研究成果不多，但各个相关领域却都是成绩斐然，下面笔者将从五个方面来梳理相关课题的研究史。

0.2.1 建筑史方面的研究

0.2.1.1 古代城市史料

唐后期的典章制度变化直接开启并影响了宋代及其之后宫廷格局和体制的荦荦大端，因此研究唐宫廷规制，是上承曹魏邺城，下启北宋汴梁宫廷格式变化和过渡的最好案例，只有充分研究了唐后期整个唐朝历史中宫室的鼎盛与转折、机构设置变迁的缘由以及种种历史的偶然，中国古代宫室制度由前期向后期发展转变的历程才会更清晰地展现。现有关于唐代宫廷格局的研究，主要是结合文献和考古资料，对宫廷的选址位置、建筑格局、宫苑园林等的考据性研究。如古代地理学和图像学中对唐大明宫等宫廷的记述。此项记述和描绘为时久远，可追溯到大明宫毁废不久后的北宋时期，存留至今的吕大防“长安城图”与“大明宫图”“兴庆宫图”残石是最早记录唐宫苑的图像资料。此后《雍录》有“六典大明宫图”“阁本大明宫”“含元殿龙尾道螭首图”“东内入阁图东内西内学士及翰林院图”“大明宫右银台门学士院图”“学士院都图”等；《长安志》中有“唐大明宫图”；《陕西通志》中有两都城市及宫苑图；《关中胜迹图志》亦有“唐东内图”“西内图”;《唐两京城坊考》有“西京大明宫图”等。历代图籍均对大明宫及太极宫、洛阳宫城进行了不同程度的意象性复原,但因其认识程度的深浅与考订的讹误等原因,均需在甄别研究后方可作为今日研究的依据。

0.2.1.2 城市演变史研究

因其壮美恢宏兼历史久远,建筑史学界向来相当重视唐代建筑及城市。遗憾的是,受限于文献及实例的匮乏,并出于审美倾向的缘由,致使研究主要围绕着建筑形制及营造进行,而对其文化及制度方面涉及甚少;随着考古工作的进展,宏观角度的建筑史问题获得了深入研究。关于城市及宫殿规划布局方面的研究有贺业钜先生的《考工记营国制度研究》,傅熹年先生的《中国古代城市规划、建筑群布局及建筑设计方法研究》,郭湖生先生所著《中华古都》[7-9]是该领域的代表作。

《中国古代城市规划、建筑群布局及建筑设计方法研究》一书中城市及宫殿两部分涉及隋唐城市及宫殿:城市部分以数学模数为基础,结合考古数据,分析了隋唐长安、洛阳的城市平面,强调中国古代建筑固有的规划设计原则和艺术构图规律。对宫室不同等级的庭院构图比例及尺度的层级关系进行了分析,深刻启发了笔者的研究。

《中国古代都城小史》是郭湖生先生发表在《建筑师》上的系列文章,集结成《中华古都》一书。书中提出了三个都城体系(战国体系、邺城体系、汴京体系)的新说法,并特别侧重研究了宫城和都城的关系。书中创造性地将政治体系与宫室制度置于一同考虑,其观点集中反映在“魏晋南北朝至隋唐宫室制度沿革”及“台城考”这两篇文章中。其中关于“骈列制”的消亡与尚书台的权利更迭对本书有直接的启发。

杨鸿年先生的《隋唐两京考》[10, 11]是一本综合整理了大量古籍史料,划分清晰地对长安及洛阳两座隋唐城市进行考据的综述型著作。围绕城市的五大方面对宫城街坊官府进行划分,从面积、格局、街道、里坊、市政各个角度,集中摘录了唐宋典籍中相关的文献论述,并对其中涉及的史实及数据进行了真伪的考据分析。而他的另一本《隋唐宫廷建筑考》则整合检索了文献中有名可查的隋唐宫殿亭台及出处,可以作为有效的文献索引手册,同时其比较研究的部分对于读者理解历史文献,厘清文献差异也大有裨益,是研究隋唐宫廷制度的入门参考文献。

日本学者对唐代历史的各方面也多有研究，涉及建筑及城市的主要有平岗武夫、妹尾达彦及池田温等人，平岗武夫整理出版了《唐代的长安和洛阳资料》，是唐代宫室研究资料索引的基础文献。关野贞早在20世纪前期就在踏察的基础上绘制了大明宫复原图，载于其《平城京与大内里考》；伴随大明宫及洛阳宫范围内考古发掘的进展，近现代建筑学者对大明宫的整体格局与建筑方位进行了更深入的推测性复原，如傅熹年先生的“唐大明宫复原总平面图”[12]，载于《中国古代建筑史·第二卷》；历史地理学者妹尾达彦也对大明宫内建筑分布进行过复原并载于20世纪90年代出版之《長安の都市計画》一书[13]；杨鸿勋先生长年进行关于大明宫的发掘与研究，对多座重要建筑进行了推敲并对总体布局进行了复原[14]。这些考订图纸对于确认大明宫中建筑遗址的性质，具有十分重要的价值（图0-2-1～图0-2-4）。

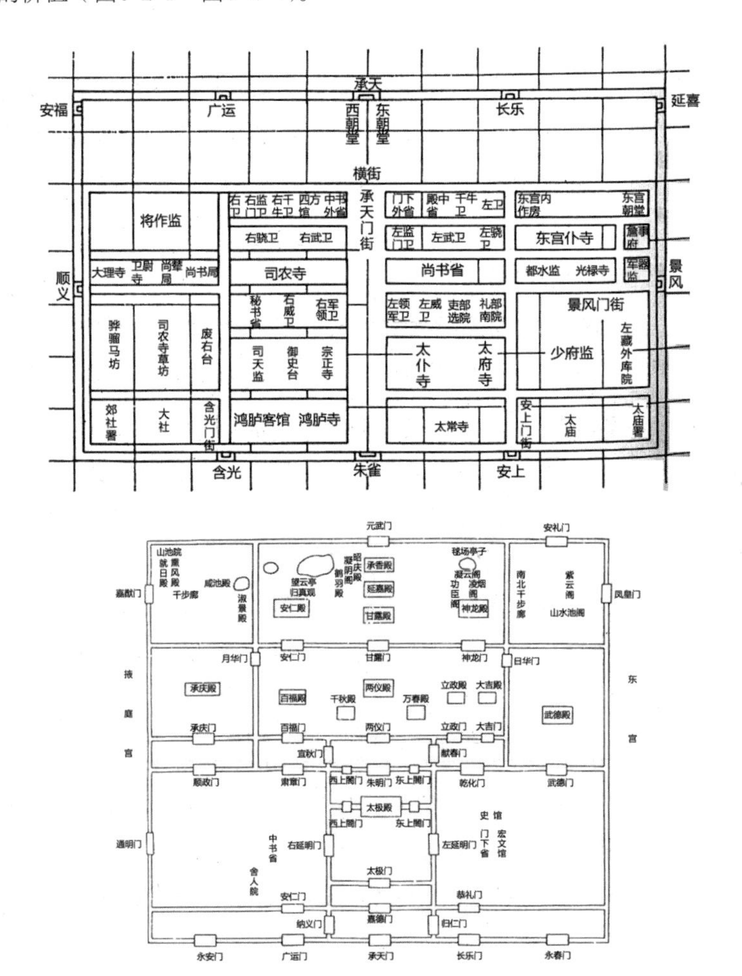

图0-2-1　足立喜六复原的长安皇城

图0-2-2　长安宫城图，关野贞《平城京及大内里考》

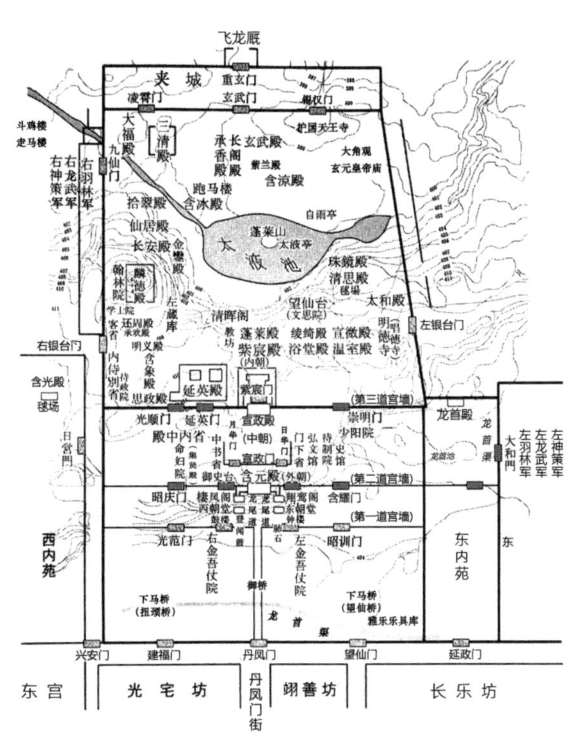

图0-2-3 妹尾达彦复原的大明宫

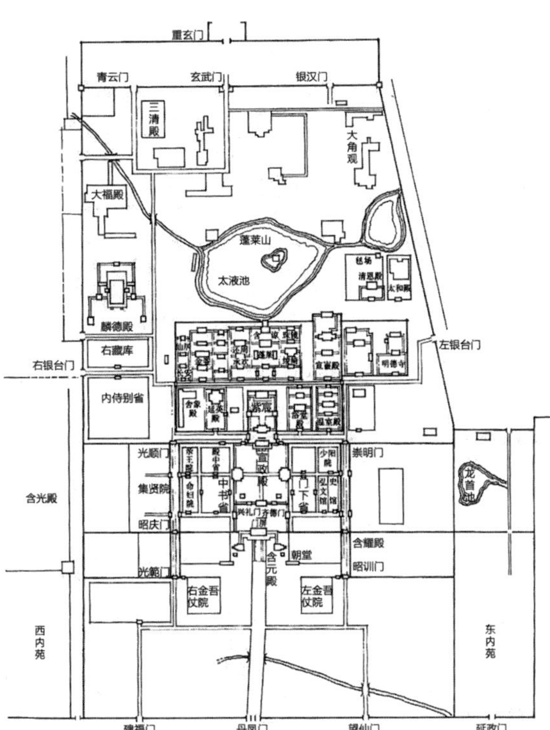

图0-2-4 傅熹年的大明宫复原研究

长安和洛阳，是贯穿周秦汉唐中华文明史的两大古都，从城市史的角度对这两座古都的研究一直没有停止过：李久昌的《国家空间与社会——古代洛阳都城空间演变研究》，从历史城市地理学角度对洛阳进行了详尽的剖析[15]。辛德勇先生的《隋唐两京丛考》对长安与洛阳两个城市做了深入介绍，其中在对两京修建工程讨论之余，对含元殿的形制、少阳院的位置等都提出了质疑探讨[16]。

0.2.1.3 宫廷建筑复原研究

学者们基于考古成果，从建筑学角度对唐代宫殿从建筑组群到建筑形制进行了具体而微的精确性复原研究，成果显著：

杨鸿勋先生在《隋仁寿宫.唐九成宫——考古发掘报告》一书的研究章节中通过对考古素材的分析，复原了九成宫三号殿，从形态上这可以看作是含元殿东西阙和两翼的先声[17]；对唐大明宫的主要建筑含元殿及麟德殿，傅熹年先生和杨鸿勋先生先后进行过复原研究，张锦秋先生还于近年主持完成了丹凤门遗址的复原建筑。傅先生对大明宫的其他建筑包括玄武门、重玄门也进行过复原设计，并对清思殿、翰林院、朝堂、三清殿等进行了推测[12，18]；杨先生对含元殿、麟德殿等主要宫殿进行了复原研究[19，20]。其他学者包括王世仁、郭湖生、郭义孚、刘敦桢等也都对唐宫内最主要的殿堂含元殿进行过形制推敲研究[21，22]。此外，王贵祥先生通过整理文献中的记载，先后对隋唐洛阳宫乾阳殿（乾元殿）以及唐代高宗时期构想的明堂进行了复原尝试，从其平面、结构等多方面进行了探讨[23，24]。而李百进先生对兴庆宫进行了比较深入的研究并对勤政务本楼及花萼相辉楼进行了复原设计[25]。

上述建筑复原研究的成果，对于研究中国建筑历史具有重要的意义，学者们从建筑的构件尺寸、间接的图像资料、文献的描述等多角度出发，立足不同的突破点，再现了唐代宫廷建筑的形态与规模，使得人们能够对唐代宫殿建筑的本来面貌有更为直观的认识，且其中对一些问题的深入探讨，特别是空间处理形式的讨论，更有助于三朝建筑格局研究的深入。

0.2.2 唐朝礼制方面的研究

关于唐代的国家礼制研究成果丰富。通论方面首推魏侯玮（Howard J. Wechsler）的一部专门论述唐代礼制的重要西文著作[26]，其中对于郊祀、宗庙、陵寝、明堂等多有论述。该书使用人类学关于仪式研究和符号学的理论，将国家礼制中的仪式、象征性与唐王朝对正当性的追求联系起来进行考察。

近年的两部中文论著有陈戍国的《中国礼制史·隋唐五代卷》[27]以及任爽的《唐代礼制研究》[28]。前书中充分展示了礼制与社会结构变迁的结合关系，并讨论了宗教行为对皇家礼制的影响；后者依五礼分别叙述该礼的基本内容，继而以专论的形式分别讨论礼法关系、礼制与社会、政治关系等问题，确立了礼法与社会的联系。

日本学者的综合论文集《中国的思维世界》中强调皇权通过礼制达到政教的目的。其中金子修一从皇权制度入手，分析汉唐之间郊祀与宗庙祭祀的变化；妹尾达彦则从空间的角度，分析了唐代皇帝在长安城的祭祀场所，认为唐后期国家祭祀所反映的宇宙论色彩降低，而仪式本身的世俗性大为增强[29，30]。高士明是唐代礼制研究的另一位重要学者，他的《隋唐的制礼作乐——隋代立国政策研究之二》从立国政策的角度分析了隋唐帝国的制礼作乐。总体而言，大多数研究关注点在于制度本身，以及它与皇帝制度、国家政治，特别是中央集权的关系，对于其活动领域、流线组织等二维空间的关注尚浅。姜波的《汉唐都城礼制建筑研究》在此方面则格外突出，书中讨论了这一时期礼制建筑的建筑结构、分布状况、规律以及祭祀对象等[31]。

礼仪史中，包括了唐代仪仗乐舞、卤簿等。借助古墓壁画及敦煌资料，这方面论著成就突出。如中国艺术研究院刘洋的“唐代宫廷乐器组合研究”[32]。壁画论述较为完整翔实的著作包括有尹盛平主编的《唐墓壁画真品选粹》、张志攀主编的《昭陵唐墓壁画》以及冯立著《乾陵唐墓艺术》[33-35]，这些研究成为复原礼仪活动组织的基础。

0.2.3 政治制度史方面的研究

政治史（制度史）领域研究的成就也引人注目，陈寅恪先生在他的《中国历代政治得失》中纵向比较了汉、唐、宋、明、清五个时期仪式和职官制度的演变，又在《隋唐制度渊源略论稿》中从礼仪、都城、制度等多个方面比较了隋唐两代的渊源及变化，为本次研究奠定了较为清晰的脉络基础。关于先唐政治制度有祝总斌的《两汉魏晋南北朝宰相制度研究》[36]，他对宰相的权力与地位、君相之争的原因与实质提出了新的见解，是对先唐政治中枢斗争发展的全面提炼总结。而涉及先唐并主要围绕唐代政治制度的历史著作有《唐代制度史略论稿》《唐研究》七卷、《隋唐两京丛考》《唐礼摭遗——中古书仪研究》等[37-40]，李锦绣的《唐代制度史略论稿》中尤其重视典章制度，其中对官制通过诸司直官串联起了唐代各机构，可以说是研究制度史的一个突破；荣新江先生主编的《唐研究》是唐代历史研究成果的连续出版物，其中第七卷的两篇文章《唐代前期宫廷革命研究》以及《隋唐朝集制度研究——兼论其与两汉上计制之异同》具体分析了唐代宫廷政治波动以及隋唐朝集使的活动与职能，是分析空间中具体事件的有效参考资料；吴丽娱所著《唐礼摭遗——中古书仪研究》中，涉及了大量唐代五礼史籍和古代礼仪制度，启迪了笔者对五礼仪式的思考。

唐代职官及政治运作的文章如王寿南所著《唐代宦官权势之研究》[41]、陈寅恪所著《唐代政治史述论稿》[42]等为“北门南牙”等历史特殊事件的前后因果做出了梳理。黄正建的《中晚唐社会与政治研究》[43]着重于中晚唐时期，其中还对发生在宫城中的礼制变革进行了讨论。这类成果大多仍以文献的爬梳为主，讨论的是一些具体的政治策略及与之相关的事件，因此，无论在分析的深度还是广度上都有继续之拓展的余地。

在发表的论文中，历史学研究者王静率先在《唐大明宫内侍省及内使诸司的位置与宦官专政》[44]《唐大明宫的构造形式与中央决策部门职能的变迁》[45]中另辟蹊径地分析了大明宫的构成形式及其与内廷、中书舍人院和翰林院的权力消长关系。虽然未从时间轴上展开，但可以说是开创了将权力演变与空间关系一同考虑的先例，极具启发意义。

延续权力与空间这一思路，在东南大学陈薇教授的指导下，庞骏出版了《东晋建康城市权力空间——兼对儒家三朝五门观念史的考察》一书[46]。其中从都城规划思想、皇权政治制度、建筑实体空间三个层面探讨了东晋建康都城空间与中国古代都城空间模式，对建康都城中的宫城权力空间的形成、演变过程进行了重点解析，其中的“儒学三朝”“匠师三朝”及对尚书、中书、门下三省的空间格局及其变化趋势的分析对本文有重要的方向性启发。

0.2.4　城市地理学角度的研究

城市地理学是近年来发展出的又一交叉学科，其中广义的城市形态研究思路对本文亦有启迪。城市地理学中的城市形态定义有广义与狭义两种。狭义主要指城市实体所表现出来的具体空间物质形态。广义主要指城市是自然和人文相互作用的结果，城市中的位置要素除了受到自然地理的制约之外，更主要的是人类文化的凝结。研究城市物质形态形成的原因属于广义城市形态研究，通过实地调查和文献查阅，运用历史比较和地理比较等方法进行。

城市地理学强调城市形态是“复杂的经济、文化现象和社会过程，是在特定的地理环境和一定的社会经济发展阶段中，人类各种活动与自然因素相互作用的综合结果”[47]。章生道在《城治的形态与结构研究》一文中较早将“城市形态”这一概念应用于中国古代城市研究[48]。李孝聪的《唐宋运河城市城址选择与城市形态的研究》[49]亦运用历史地理学的手段，深入分析了城市形态的演变过程。文中指出：在古代城市地理研究中除了应考虑地理因素之外，还应关注当时的礼法制度对城市外貌形态和内部空间结构塑造的影响。尤其是当社会形态处在变革或转型时期，政治制度、礼法与社会观念的变化总是会在城市形态上留下时代的烙印。

薛凤旋在其《中国城市及其文明的演变》中，对历代城市特别是先唐都城的性质、功能、结构以及城市体系的空间拓展形态分布进行了整理，将体制的变迁、经济发展与城市形态相结合的思路为笔者带来启发[50]。而任云英、朱士光发表在《中国历史地理论丛》第20卷第2辑的《从隋唐长安城看中国古代都城空间演变的功能趋向性特征》，也都从城市形态与空间结构角度阐释了唐代城市结构特征[51]。

0.2.5 建筑人类学角度的研究

建筑人类学是一门将文化人类学的研究方法和成果应用于建筑学领域，注重研究人类的社会文化、习俗行为以及人与社会关系的方法，强调从人的角度及文化进化的高度探究建筑环境的深层次含义。《从神道到安藤》展示了人类学田野调查与礼仪角度认识建筑的结合，指出了王室通过神圣仪式进行历史时间的更新的意图[52]；朱剑飞的《空间策略·帝都北京》[53]从人类学角度认识宫室空间，分析了后妃、宦官与朝官在紫禁城中的空间势力范围以及三者之间对天子所代表的最高权力的争夺，为从空间政治的角度分析以大明宫为代表的唐代宫室奠定了哲学基础。同样从人类学的仪式出发，有东南大学诸葛净所著的《明洪武时期南京宫殿之礼仪角度的解读》[54]，对以宫殿为主要场所的国家礼仪展开个案分析，其图底式的分析方法启发了笔者在礼仪部分的研究。

0.3 研究目标

基于唐代宫室的考古及复原成果，笔者展开了宫室权力空间的研究。落脚点在于空间和制度的关系，目标在于围绕以下几大问题进行探讨和解答：

第一，先唐宫廷制度——特别是与政治活动相关的外朝格局的形成问题。继秦汉之后，曹魏开启了邺城宫廷制度，并持续影响至南北朝，确立了大朝东西堂制度及皇权相权的骈列制格局。至隋统一中国，吸收了北魏～北齐和南朝梁陈、北周的宫廷典章制度。这些因素大致规定了隋唐典章制度的走向[2]。先唐宫室的创建尽管如同车马、礼仪一样有理想主义的图示寓意，但不可避免地受到当时权力体制的冲击，这是理想范式《周礼·考工记·匠人营国》中所应对不了的挑战，宫禁中的两个轴线——即皇权与行政权如何分化，对应之空间区位如何变化？秦是否有尚书台？汉尚书台如何转化为尚书省？“台”指向的是空间形式还是机构地位，与南朝健康的“台城”一名又有何传承关系？等等这些问题都有待去探究。

第二，隋唐宫廷制度的创制及承袭问题。唐代吸收融合了南北朝以来逐渐形成的制度文化并有所突破。直观地反映在建筑及宫室制度上，便是含元殿左右抱阙的形制以及三大朝的组织形式。这些形态被后世所继承，隐性地表现蕴藏在政治架构和权力集中里，涉及了皇城及外朝区域的机构设置。作为政治核心，隐性创制和外观创制是相互割裂的还是有更深层次的联系，这种联系是有规律可循的还是随机的？对创制变迁的梳理有必要结合其背后的制度及政治环境一起进行考虑。同时，调查并厘清唐代宫廷政治机构情况与历史变迁，也可以为认清唐代宫廷的组织规律，进而对历史宫室的研究甚至复原提供另一角度的依据。这些问题的解决目标在于明确皇权是如何从空间形态上强化、展示自身控制力的？研究中重点关注了隋唐中央集权空间轴线的形成与三大朝建筑庭院的比例递减关系。相对于晚近的明清故宫，大明宫反而呈现出更清晰的空间层次和等级体系。

第三，唐代宫廷布局与权力角力导致的变化问题。每一时代有各自执政特色，同时政权也面临不同的危机。李唐王朝初期的危机在于异姓夺权，而经过安史之乱后政局的危机则在于拥兵自持的宦官夺权，这些政治格局的形成及强化除了政策的失误外，权力空间的建设又在此担当了何种角色？通过抽丝剥茧地厘清这些与外朝抗衡的内廷的确立过程，或可窥见其中微妙而千丝万缕的联系。

第四，空间场景与仪式行为的关系以及其相互作用产生的后果。皇权的发展除了体

2 按陈寅恪先生的观点：汉、魏、西晋的礼乐政治刑法以及典章文物，传承到北齐，旧史对此部分称之为“汉魏”制度；梁代继承陈氏制度，隋统一中国后吸收采用传至唐；而西魏及北周的制度典章一方面含有鲜卑等部族风俗，另一方面还承袭了魏及西晋的遗风。引自：陈寅恪. 隋唐制度渊源略论稿[M]. 北京：中华书局，1963：98。

现在官僚体制的调整上，还直观地体现在空间行为上。以五礼为核心的皇家礼仪整合了都城与宫廷，将皇室的影响力放大扩展到整个都城。君主的礼仪事件及日常生活影响了城市的运作和功能结构的分布，也形象化到城市空间的具体形态。这一部分着重讨论被史学者及建筑史研究者所忽略的具体的空间案例，包括对千步廊成型时期的探讨，以及皇家仪式的运行与其空间领域的形态尺度关系。

0.4 研究材料与方法

0.4.1 材料来源

课题的材料来源分类包括实物及文献两部分，其中实物多通过考古发掘和调研收集而来。考古成果作为研究的依据又可划分为直接证据与间接证据：宫室、建筑遗址是研究的直接证据，而反映、记录了当时社会生活及场景的出土文物，包括明器、壁画、碑石等称为间接证据。传世文献中，史书以及官方典籍是重要的一手历史史料，其次是唐后各代学者的研究论著及地方志材料。

0.4.1.1 历史典藏

传世文献其中大致可以分为五类：

其一，《隋书》、两《唐书》、新旧《五代史》《资治通鉴》等正史与编年史是史学论述的基本材料。

其二，《唐六典》《大唐开元礼》《通典》《唐会要》《册府元龟》等政书与礼典，这是包含有唐一代国家礼制材料最为集中的典籍，对官署布局与有司组织也多有涉及。

其三，《全唐文》《全唐诗》《文苑英华》及各种唐人文集中，保持有大量当时空间及生活形态的第一手材料。日本僧人圆仁的《入唐巡行求法记》也对中晚唐时期长安城市及宫城有较为详细的记载。

其四，《两京新记》《雍录》《历代宅京记》《唐两京城坊考》《舆地纪胜》《长安志》等地志类资料，是分析格式布局的重要参考材料。

其五，以《太平广记》为代表，包括《太平御览》《大业拾遗记》《酉阳杂俎》《大唐新语》《隋唐嘉话》等类书及唐五代笔记小说集。

0.4.1.2 考古发掘

考古和实例调研是历史建筑及规划研究的前提，其中遗址是研究的直接证据，也是本文的核心资料。自20世纪50年代起考古队伍便对中原各朝古都及城市进行了大量的考古发掘工作。对先唐都城宫室的基本结构了解都有赖于此。其中唐代宫室是这些课题分析的主要对象，而唐代的宫殿建筑群也是考古的重点。由于大明宫所在地没有被大范围城市建设所覆盖，考古较易实现。因此，自20世纪初，日本学者足利喜六、关野贞等便展开了对唐长安及宫殿的初步调研，中华人民共和国成立后，更通过多次发掘记录了大量发现[55]（表0-4-1）。

隋唐长安大明宫考古发现简表　　表0-4-1

时间（年）	机构	考古范围	发掘成果	成果索引
1957	中国科学院考古研究所陕西第一工作队	基本判明宫城范围、城墙走向、城门位置、夹城、宫殿、池渠、东内苑和西内苑等分布情况	麟德殿、玄武门、重玄门、含元殿、西内苑含光殿等	第一张大明宫遗址考古实测图；1959年科学出版社《唐长安大明宫》
1959～1960	中国科学院考古研究所	宣政殿西北与太液池西、北	在宣政殿西北与太液池西、北探出大型殿址12座，并确定了九仙门与左银台门的位置，发掘了右银台门及其北侧之门以及含元殿	《考古》1961年第4期《中国科学院考古研究所1960年田野工作的主要收获》;《考古》1961年第7期《1959～1960年大明宫发掘简报》
1978～1980	中国社会科学院西安唐城队	在已有基础上对大明宫遗址再次考古，发掘具体遗址、细化认识大明宫内部结构、丰富考古资料	清思殿、三清殿、东朝堂、翰林院、含耀门等遗址；明确了其建筑形制结构和使用特点，公布了平面图和有关考古资料	《考古》1987年第4期《唐长安城发掘新收获》;《考古》1988年第11期《陕西唐大明宫含耀门遗址发掘记》
1995～1996	联合国教科文组织保护含元殿遗址的项目工程，西安唐城考古队	对含元殿遗址进行了第二次发掘和全面揭露，发掘面积达到27000平方米	证明含元殿系一次建成而不是由观德殿拆改而成、龙尾道设于大殿两侧而不是设于殿前中央。在殿址旁清理出若干窑址	
2001～2005	中国社科院考古研究所西安唐城考古队与日本独立行政法人文化财研究所奈良文化财研究所合作	大明宫太液池遗址	弄清了太液池西池遗址池岸结构、进水渠道、池岸人造景观、池岸廊院建筑	
2005～2007		丹凤门和御道遗址的调查和发掘	丹凤门为最高规格的五门道制，同时，在含元殿前新发现了渠道、桥梁、砖道和车道	

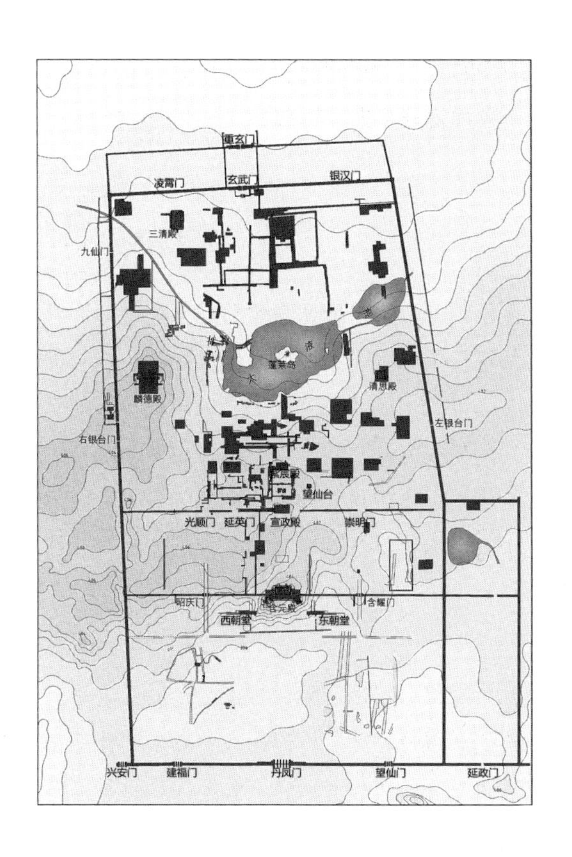

图0-4-1　大明宫遗址历年考古遗存分布（资料来源：西安建筑科技大学陕西省古迹遗址保护工程技术研究中心）

建立在这些文献和考古发掘报告的基础上，大明宫，特别是其中轴、前朝和西路已经有了比较清晰的格局，成为后续研究的重要前提（图0-4-1）。有多篇专著及文章对文献记载和考古现状进行了对比和梳理，进一步确认了基址名称，明确了官署位置。为建筑史在此方面的研究提供了补充与互证[56, 57]。

洛阳宫殿作为唐长安的陪都，在宫室形制上互为旁证，其明堂的建设成为几经争议后唐时唯一建成的作品，为明堂制度的解读提供了佐证，因此考古学者对隋唐东都进行的勘查和发掘也成为文章的重要依据[58-62]。综合历年考古发掘成果，有多篇论述洛阳城市制度的文章发表：杨焕新在《略谈唐东都宫城、皇城和东城的几个问题》一文对宫城和皇城的形制和布局进行了探究[63]；阎文儒《隋唐东都城的建筑及其形制》认为是自然地理形势和防卫需要导致了洛阳城的不对称布局，把宫城、皇城设置在城中西北隅[64]；宿白《隋唐长安城和洛阳城》则认为这是有意识地降低等级的做法以区别国都长安[65]。

其他隋唐宫殿还有位于今西安市正北的太极宫，包括有太极宫、东宫、掖庭宫。中国社科院考古研究所对其进行了有限的实测，包括对宫城范围及城墙进行了部分发掘，明确了太极宫的实际位置及宫墙范围尺寸；对皇城、宫城交界面上的承天门进行了发掘，明确了门道数目尺寸。兴庆宫的发掘成果主要有马得志的《唐长安兴庆宫发掘记》[66]，此外的成果多集中在对北宋吕大防“兴庆宫碑”的分析研究上。隋仁寿宫是隋代君主执政生活的又一主要宫殿，对考量隋唐宫室格局制度具有主要参考意义。1978～1994年，中国社会科学院考古研究所西安唐城工作队对麟游新县城及其周围进行了多次考察和发掘，集结成册有《隋仁寿宫·唐九成宫——考古发掘报告》一书。

0.4.2 研究方法

0.4.2.1 历史学方法

围绕建筑及宫室史本书首先采用的是历史学中文本分析与史料辨证的研究方法。对文献的阅读和研究是一切工作的基础，力图在论证过程中，做到传统文献与考古资料的多重互证。即王国维先生倡导的“纸上之材料”和“地下之新材料”相结合的“二重证据法”的研究方法，用历史学和考古学相结合的方法进行研究。通过纵向和横向比较分析，将唐代宫廷的空间格式放于纵向的时间轴上，比较不同时期国家执政中心的格局以及对“三朝”制度的理解，力图避免静止和孤立的研究。

0.4.2.2 人类学方法

人类学强调建筑背后人类的社会文化、习俗行为以及人与社会的关系。本书强调宫廷格式作为礼制范畴的价值，以及宫廷空间作为政治场景的特征和意义。通过职能运作、人口规模等人类行为的角度对唐宫廷外朝区域进行格局的推导复原，将之作为宫廷礼仪场景分析的前提图底。仪式行为在形成建筑空间意义方面的整合作用，通过分析仪式场景的转换也反映出皇权、国家制度在空间构成和建筑形式上的转换。对隋唐长安宫殿遗址的实地调研也是不可或缺的部分，笔者曾多次去往西安进行调研和交流。这些调查和考察工作，为本书的比较研究奠定了坚实的基础。同时参考基于考古发掘资料基础上的平面复原研究，据此进行同类的比较分析。

0.4.2.3 历史建筑的复原研究方法

作为一本建筑史著作，对建筑空间、布局及形式的图像研究是不可或缺的，其中包括总体空间格局和单体建筑形态两部分。在进行推测复原时，本书通过汇集有关隋唐宫室的历史文献资料及研究报告，以最新考古调查和发掘成果作为研究基础，以50余年来其他考古调查与发掘报告作参照，通过比对考古遗址显示与历史文献记录，推测建筑总体的方位关系及空间格局。单体建筑的内部空间研究与外部形制复原则借鉴和吸收已有研究成果，并以历史上同类型建筑的直接和间接资料为参考对象。

参考文献

[1] 陈寅恪. 论韩愈[J]. 历史研究，1954，(2).

[2] [日]渡边信一郎. 元会的建构——中国古代帝国的朝政与礼仪[C]// [日]沟口雄三小岛毅. 中国的思维世界. 南京：江苏人民出版社，2006：363.

[3] 暴景升. 军机处与清代皇权[C]// 朱诚如，王天有. 明清论丛第6辑. 北京：紫禁城出版社，2005：257-267.

[4] 米歇尔·福柯著. 刘北成，杨远婴译. 规训与惩罚[M]. 北京：生活·读书·新知三联出版社，2007.

[5] 朱剑飞. 边沁、福柯、韩非、明清北京权力空间的跨文化讨论[J]. 时代建筑，上海：同济大学出版社，2003（2）：104-109.

[6] 张光直. 关于中国初期"城市"这个概念[C]// 中国青铜时代，北京：三联书店，1999：p33-34.

[7] 贺业钜. 考工记营国制度研究[M]. 北京：中国建筑工业出版社，1985.

[8] 傅熹年. 中国古代城市规划、建筑群布局及建筑设计方法研究[M]. 北京：中国建筑工业出版社，2001.

[9] 郭湖生. 中华古都[M]. 台北：空间出版社，1997.

[10] 杨鸿年. 隋唐两京考[M]. 武汉：武汉大学出版社，2000.

[11] 杨鸿年. 隋唐宫廷建筑考[M]. 西安：陕西人民出版社，1992.

[12] 傅熹年. 中国古代建筑史·第二卷[M]. 北京：中国建筑工业出版社，2001.

[13] [日]妹尾达彦. 長安の都市計画[M]. 讲谈社，2001.

[14] 杨鸿勋. 唐长安大明宫含元殿复原研究报告（下）——再论含元殿的形制[J]. 建筑学报，1998，(10).

[15] 李久昌. 国家空间与社会——古代洛阳都城空间演变研究[M]. 西安：三秦出版社，2007.

[16] 辛德勇. 隋唐两京丛考[M]. 西安：三秦出版社，2006.

[17] 中国社会科学院考古研究所. 隋仁寿宫·唐九成宫——考古发掘报告[M]. 北京：科学出版社，2008.

[18] 傅熹年. 傅熹年建筑史论文集[M]. 百花文艺出版社，2009.

[19] 杨鸿勋. 建筑考古学论文集（增订版）[M]. 北京：清华大学出版社，2008.

[20] 杨鸿勋. 宫殿考古通论[M]. 北京：紫禁城出版社，2009.

[21] 郭义孚. 含元殿外观复原[C]//中国社会科学院考古研究所. 唐大明宫遗址考古发现与研究，北京：文物出版社，2007：323-328.

[22] 刘敦桢. 中国古代建筑史[M]. 北京：中国建筑工业出版社，1984.

[23] 王贵祥. 唐总章二年诏建明堂方案的原状研究[C]//建筑史. 北京：清华大学出版社，第22辑.

[24] 王贵祥. 关于隋唐洛阳宫乾阳殿与乾元殿的平面、结构与形式之探讨[C]//中国建筑史论汇刊第三辑. 北京：清华大学出版社，2010：97-141.

[25] 李百进. 唐风建筑营造[M]. 北京：中国建筑工业出版社，2007.

[26] Offerings of Jade and Silk：Ritual and Symbol in the Legitimation of the Tang Dynasty[M]. New Heaven：Yale University Press，1985.

[27] 陈戍国. 中国礼制史·隋唐五代卷[M]，长沙：湖南教育出版社，1998.

[28] 任爽. 唐代礼制研究[M]，长春：东北师范大学出版社，1999.

[29] [日]金子修一. 皇帝祭祀的展开[M]//[日]沟口雄三小岛毅. 中国的思维世界. 江苏人民出版社，2006: 410-440.

[30] [日]妹尾达彦. 唐长安城的礼仪空间[M]//[日]沟口雄三小岛毅. 中国的思维世界. 江苏人民出版社，2006：466-498.

[31] 姜波. 汉唐都城礼制建筑研究[M]. 北京：文物出版社，2003.

[32] 刘洋. 唐代宫廷乐器组合研究[D]. 北京：中国艺术研究院，2008.

[33] 尹盛平. 唐墓壁画真品选粹[M]. 陕西人民美术出版社，1991.

[34] 冯立. 乾陵唐墓艺术[M]. 西安：陕西人民美术出版社，1996.

[35] 张志攀著. 昭陵博物馆编. 昭陵唐墓壁画[M]. 北京：文物出版社，2006.

[36] 祝总斌. 两汉魏晋南北朝宰相制度研究[M]. 北京：中国社会科学出版社，1990.

[37] 李锦绣. 唐代制度史略论稿[M]. 北京：中国政法大学出版社，1998.

[38] 孙英刚. 唐代前期宫廷革命研究[C]// 荣新江. 唐研究第七卷. 北京：北京大学出版社，2001：263-288.

[39] 雷闻. 隋唐朝集制度研究——兼论其与两汉上计制之异同[C]// 荣新江. 唐研究第七卷. 北京：北京大学出版社，2001：289-310.

[40] 吴丽娱. 唐礼摭遗——中古书仪研究[M]. 北京：商务印书馆，2002.

[41] 王寿南. 唐代宦官权势之研究[M]. 台北：正中书局，1971.

[42] 陈寅恪，唐振常. 唐代政治史述论稿[M]. 上海：上海古籍出版社，1997.

[43] 黄正建. 中晚唐社会与政治研究[M]. 北京：社会科学出版社，2006.

[44] 王静. 唐大明宫内侍省及内使诸司的位置与宦官专政[C]//中国社会科学院考古研究所. 唐大明宫遗址考古发现与研究. 北京：文物出版社，2007.

[45] 王静. 唐大明宫的构造形式与中央决策部门职能的变迁[C]//中国社会科学院考古研究所. 唐大明宫遗址考古发现与研究. 北京：文物出版社，2007.

[46] 庞骏. 东晋建康城市权力空间——兼对儒家三朝五门观念史的考察[M]. 南京：东南大学出版社，2012.

[47] 郑莘，林琳. 1990年以来国内城市形态研究述评 [J]. 城市规划，2002（7）：60.

[48] 章生道. 城治的形态与结构[C]//施坚雅，叶光庭译. 中华帝国晚期的城市. 北京：中华书局，2000：84-111.

[49] 李孝聪. 唐宋运河城市城址选择与城市形态的研究[C]// 环境变迁研究第4辑. 北京：北京古籍出版社，1993：153.

[50] 薛凤旋. 中国城市及其文明的演变[M]. 世界图书出版公司，2010.

[51] 任云英，朱士光. 从隋唐长安城看中国古代都城空间演变的功能趋向性特征[C]//中国历史地理论丛第20卷第2辑，2005.

[52] Nitschke，Gunter. From Shinto to Ando：Studies in Architectural Anthropology in Japan[M]. Academic Press，c，1993.

[53] Jianfei Zhu. Chinese Spatial Strategies：Imperial Beijing 1420-1911[M]. London; New York：Routlegde Curzon，2004.

[54] 诸葛净. 明洪武时期南京宫殿之礼仪角度的解读[J]. 建筑史（25）. 北京：清华大学出版社，2009：64-80.

[55] 中国社会科学院考古研究所，西安市大明宫遗址区改造保护领导小组. 唐大明宫遗址考古发现与研究[M]. 北京：文物出版社，2007.

[56] 杨希义. 唐延英殿补考[J]. 文博，1987（3）：49-51，58.

[57] 辛德勇. 隋唐两京丛考[M]. 西安：三秦出版社，2006.

[58] 郭宝钧. 洛阳古城勘察简报[J]. 考古，1955（1）.

[59] 阎文儒. 洛阳汉魏隋唐城址勘查记[J]. 考古学报，1955（01）.

[60] 叶万松. 近10年洛阳市文物工作队考古工作概述[J]. 文物，1992（3）.

[61] 洛阳隋唐东都城1982～1986年考古工作纪要[J]. 考古，1989（3）.

[62] 唐东都武则天明堂遗址发掘简报[J]. 考古，1988（3）.

[63] 1987年隋唐东都城发掘简报[J]. 考古，1989（5）.

[64] 阎文儒. 隋唐东都城的建筑及其形制[J]. 北京大学学报（人文科学版），1956（4）.

[65] 宿白. 隋唐长安城和洛阳城[J]. 考古，1978（6）.

[66] 马得志. 唐长安兴庆宫发掘记[J]. 考古，1959（10）.

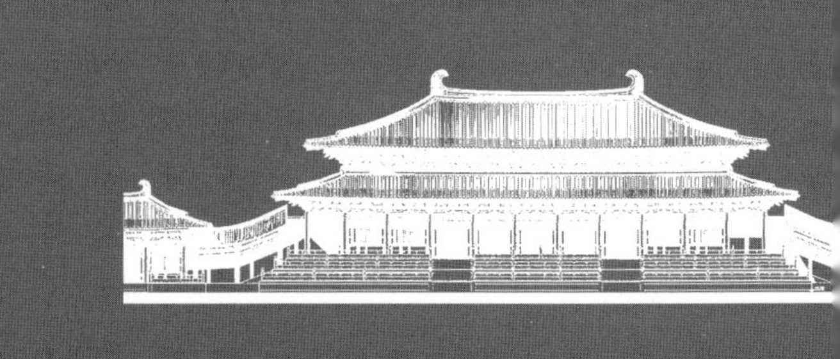

1.1 早期朝廷概念的出现

1.1.1 文字释义与概念定型

中国古代宫室的“朝”是皇帝听取宰相以下朝官奏事的空间；“廷”是皇帝下旨裁断的空间，也是朝官和宦官争夺皇权控制力的地方[1]。朝是廷的外在扩展，廷是朝的内在延伸，即入所谓“外朝内廷”。反映这种权力空间关系的便是宫城外朝与官署的位置关系。宫室中的奏事议政制度是何时确立的，又是如何与特定的空间建立起联系的？这正是从建筑学视角研究宫室制度的起点。

“朝”字早在甲骨文中便已出现（图1-1-1），其形态侧重时间特质：字左侧，相当于阳光沐浴着地平线上的草木，而右侧指天边的残月，故其造字本义即是月之将尽、红日欲出的晨曦[2]。它也是宫城内君主最主要活动举行的时间，并随之衍生为活动本身的意思。《史记·殷本纪》云：“汤改正朔，易服色，尚白，朝会以昼。”

“廷”字出现稍晚，见于早期金文（图1-1-2）。其左乚指院墙，用以表示须发垂逸的老人。衍生意即德才出众的长须长者，指宫中众臣。两者结合构成廷字本义：臣相朝拜国君的地方。与朝字不同，廷字本意即指德才兼备之人在院墙内朝拜的行为事件，延伸指朝会的院子。段玉裁《说文解字注》中言“廷”之意：“朝中也。朝中者，中於朝也。古外朝，治朝，燕朝，皆不屋。在廷。故雨霑服失容则废。从廴，壬声。”随朝政宫殿的兴建，廷也成为政治空间的指代。故《楚辞·王逸·九思逢尤》有“虎兕争兮于廷中”之语。

这样看来，朝又本指时间，廷本指空间，在特定时间、特定空间中举行的活动便是朝会。《通典》中解释商汤朝会五年一行，届时各地诸侯会齐商都，觐见商王。周代沿袭此制：《礼记》正义卷第十七，“天子无事与诸侯相见为朝”——这是礼仪上的接见；《十三经注疏》中则称：“天子当宁而立，诸公东面，诸侯西面”为“朝”——这是涉及宗属与国事的会见。由此，朝又从时间演变为特定时间的仪礼。但需要注意的是，这种低频率的见面说明它从属的仍是精神性的礼之范畴，而非政治事务。因此，尽管周制度以“朝会”为核心，官员构成上也出现了太宰、相及百官，但就其活动内容及频率以及运行目的来看，与后世高密度的、行政处理性质的“朝”还有着本质性的差异。

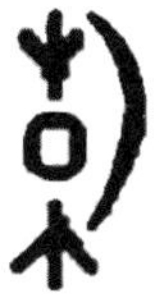

图1-1-1 殷墟甲骨文中的朝字（资料来源：《汉语大字典》）

图1-1-2 金文何尊中的廷字（资料来源：《汉语大字典》）

出现更晚的为“殿”，见于春秋战国，初用以通称高大屋宇。颜师古说：“古者屋之高严通呼为殿，不必宫中也”。“宫”字最早见于殷墟甲骨文，在先秦时期泛指一切房屋，而并非专指帝王所居。早期夏商周三代都城既然都为拱卫、服务王室而存在，那么其内部的高大屋宇即宫、殿之意自然不必再特意加以说明，只有当都城中人口不仅包括王室及其人员后，为凸显其起居活动所在的特殊性，才需要固化使用单独的称谓以强调其身份，在战国时期宫室、宫殿成为特定空间的称谓，秦时宫殿专属于皇家建筑。

1.1.2　早期宫室格局与方位

“中国初期的城市，不是经济起飞的产物，而是政治领域中的工具[3]”，中国古代的都城可以说首先是作为精神和政治中心而存在的，夏商周三代都秉承着“以圣都为核心、以俗部为围绕核心运行的卫星为特征的”[4]的都制[1]，其核心——王居的宫室便是礼制、技术、文化最高成就的集中体现。“择天下之中而立国，择国之中而立宫，择宫之中而立庙”，成书于战国末期的《吕氏春秋》中，特别强调了帝王宗庙在国都中的中心地位，也反映出了当时对都城与帝居宫室界定不清的认识状态。早期朝政区域“宫”与礼仪区域“庙”的关系又是如何？宫城空间与政治空间的有机联系是在何时初步确立的？带着这些问题有必要在此重新审视先秦都城的考古证据，比对宫殿格局与宗庙的异同。

1.1.2.1　夏商宫室与宗庙

商代是等级结构的肇始时期，发展出了以宫殿区为中心的城址并形成初具规模的统治中心。这一时期的代表发掘城市首先有洛阳发掘的夏晚期二里头宫殿，以及偃师商城及宫殿遗址。

偃师二里头发掘的夏晚期宫殿一号殿和二号殿，在空间格局上均为周边廊庑环绕、主殿居于庭院北端、南面入口门屋的形式。一号宫殿已确认为朝政区，其主殿有东西旁及后室[5]，四周有廊庑（图1-1-3、图1-1-4）。二号宫殿位于一号宫殿的东北150米处，与其格式类似，唯仅有三面环廊，北侧为实墙，并有墓葬。考古证实，此处为一座陵墓与宗庙合二为一的建筑。在这一时期，宫室与宗庙布局类似，展示出“事死如事

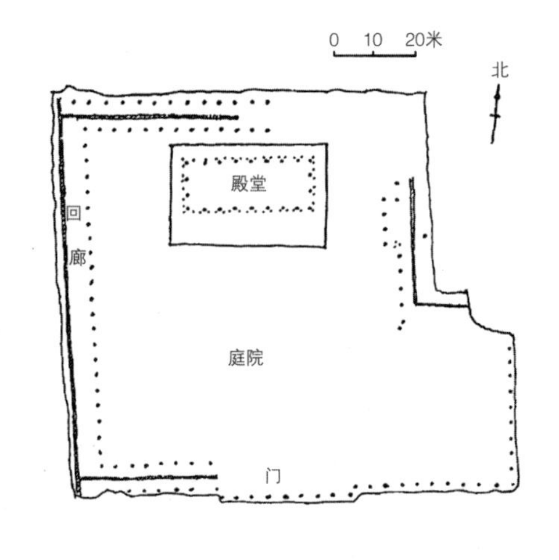

图1-1-3　洛阳偃师二里头夏晚期一号宫殿F1遗址平面[资料来源：《文物》，1975（6）]

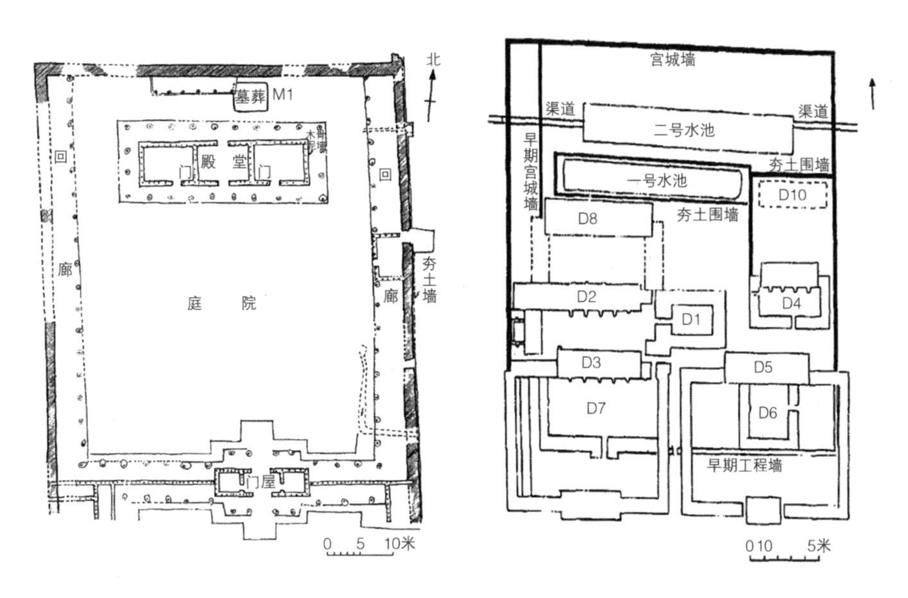

图1-1-4 洛阳偃师二里头夏晚期二号宫殿F2遗址平面[资料来源:《考古》,1983(3)]

图1-1-5 洛阳偃师商城宫城遗址平面图(资料来源:《宫殿考古通论》,p45)

生”的空间观。

建筑方位上,二里头遗址中的两处宫殿基址及墓葬的朝向皆为南偏东。城市层面,参考杨宽先生在对中国古代都城布局的分析,他曾提出“商代都城西城东郭的制度是以西方为上位而东向的‘坐西朝东’礼制在都城规划上的反映”的看法[6]。

同在偃师还发掘出了商城城址。其中,小城为宫殿、官署或宗庙所在,其遗址平面如图1-1-5所示。关于其功能,有学者研究指出,D2处为正殿,西路连缀处为社稷。东侧独立围绕的宫室D5即宗庙[7]2。此阶段都邑强调宗法等级秩序。宗庙在宫室正殿东南。由此看来,城市布局及建筑层面都秉承着对东向的敬意,以宗庙居东。正殿以方正封闭的廊庑环绕形成院落,主殿位于院落北部,存在宽阔的广场庭院用以朝会活动。

虽然后代史书中有关于夏朝统治者及官员的记载,但是由于缺少同时期的文字作为自证物,因此记载尚不足为信。但可以确认的是,宫室中以主殿加庭院进行活动的空间组织方式已经成型。

1.1.2.2 周代列国宫室与宗庙

东周列国宫室主要发掘有楚郢都宫室、燕下都宫室、岐山凤雏村西周建筑遗址以及秦雍城遗址。

1 即以先朝宗庙所在为圣都,而随发展迁徙出的都城为俗部。

2 由于发掘所限,尚不能断定D3建筑的功能性质,从其殿庭及第二重门两翼凸出的形式来看,作为朝会区域的可能性更高,此问题有待进一步探讨。

其中，秦雍城三号宫室建筑遗址在诸周代宫室遗址中尤为突出。考古发掘探明，它是一组由五座院落沿南北轴线纵列的建筑。其中主体建筑位于第三进庭院。第五内庭中埋有兽骨。秦雍城一号宫室在三号宫室之东约500米，符合《周礼·考工记》中“左祖右社”、祖庙在东的描述。发掘的祭祀坑及太庙居中、左昭右穆的建筑布局已充分说明此处为秦国宗庙[8]。

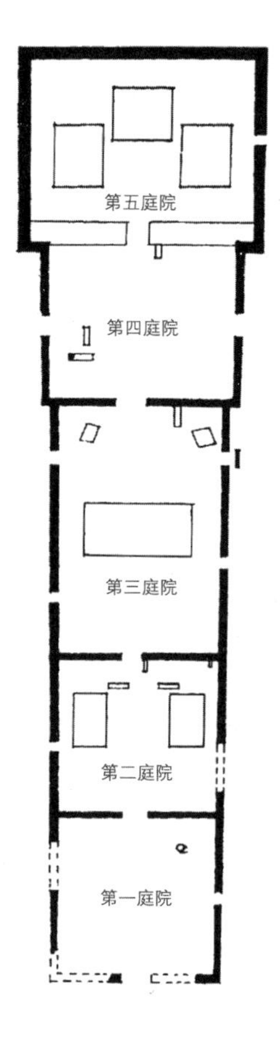

图1-1-6　陕西凤翔秦雍城三号宫室遗址[资料来源：《考古与文物》，1985（2）]

不同于西周时期遗址展示出的宫室宗庙相仿的格局，秦雍城中的宫室与宗庙遗址采用了不同的空间布局。三号宫室的层次与“三朝五门”结构极为贴近（图1-1-6）。一号宫室的品字形布局也反映出“左昭右穆”格局的确立（图1-1-7）。两处宫室的空间尺度和组织关系差异明显，反映出随着东周王权的衰退，用以标榜正统的宗庙地位的下降。王都中最重要的建筑由宗庙让位于更具实际效用的宫殿。从城市角度观察，考古发掘也证实：东周城邑中有大规模的集中分布的宫殿区，并明显地与作坊区、居住区及墓葬区等划分开来。实现了从“以礼仪性的宗庙为重心”到“以政治生活性的宫殿为重心”的转变，朝政及宫室在空间上的规模和重要性更加突出。

建立在这些变化的基础上，宫室成为后世王权下建设活动的核心，其格局制度体现了理想宫室的空间图式，而其“朝”与“廷”也不可避免地渗入政治和权力关系的考量。

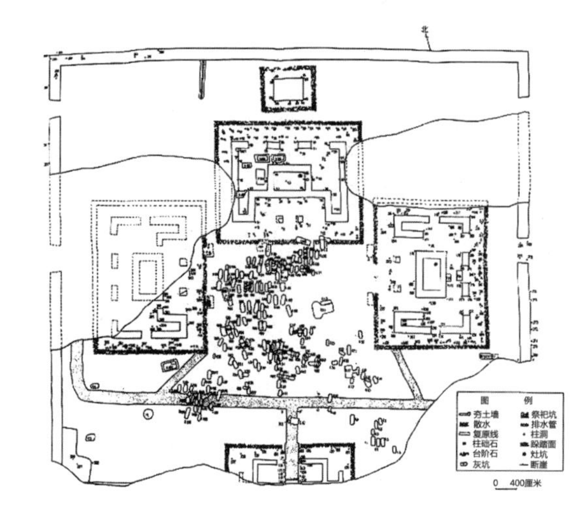

图1-1-7　陕西凤翔秦一号建筑群遗址平面图[资料来源：《文物》1985（2）]

1.2 《周礼·考工记》中的宫室制度

1.2.1 全书性质

此书从名称上看意指周代礼法，但出现在西汉期间，是战国时齐国的官书，由西汉武帝时河间献王刘德用以补充《周礼·冬官》阙文，直至王莽置“周官”博士，方为世人所重视[9]。关于《周礼·考工记》文中具体反映的时代和地点，多位专家已经进行过考证并普遍认可它反映的是春秋晚期齐国的各类营造制度，包括车马、武器、器具、城市及宫殿[10, 11]，是当时齐国先进工艺的记录。

关于此书内容的性质，贺业矩先生认为其描述了一个完整的、功能全面的都城，除了以王宫为核心外，城市中还兼具商业、手工艺、官署功能，存在大量自由民的住区区域[12]。对此说法笔者持不同看法。首先，在尚未完成从奴隶制到封建制转变的时期，自由民的数量和他们有限的工作价值，都使得庶民的生活区不会成为区域规划中考虑的重心，更何况与宫室具有悬殊的尺度对比；其次，通过对《周礼·考工记》中其他内容的观察可以看出：细致的弓车玉器的做法和要求，使得这份文献更像是一种对涉及君主生活方方面面的工艺规范。《匠人营国》作为其中的一篇，相当于“宫室篇”，也是对与皇家宫室建设的规范要求。

因此，尽管在规划上以城市为先，利用城市划分出的网格来控制宫室位置。但就此推测其他未加论述的区域为平民居住区还是不可靠的。为服务于政治权力中心，城中需要有夯土围筑的城垣、战车、兵器、宫殿、宗庙、陵寝、祭祀遗址、手工业作坊、小型住宅。兵器和作坊在都邑生存上至关重要，虽然文字中对其布局并无规划，但关于其他区域的功能，从文章篇幅结构中可以窥见一斑：按工种，文章内容可以分类归为制车系统、铜器塑造系统、弓矢兵器护甲系统、礼乐饮射系统以及建筑水利系统[13]。这一系统分类也是围绕皇家生活篇章的分类。这些作坊的产品的作用都在于服务皇权，其实际生产运行上势必需要靠近王居并且占据大量的空间。从这个角度来说，文章结构与周王城的空间结构有异曲同工之妙：以王宫为核心设“左祖右社，面朝后市”，中心区域“内有九室，九嫔居之。外有九室，九卿朝焉”，周边则环绕安置各类作坊。

总的说来，历史学角度已经初步确立了共识：正是由于社会阶层的分化影响了不同人群的分布比例，带来了城市功能的复杂化和规模的扩大化，带动了都城的发展，并促进了宫室与都城的分化。而《周礼·考工记》中所反映的正是这个变化伊始的阶段，围绕皇权运行的生产制造机构发展壮大，跨越宫城的范围而进入到城市生活的范畴。

1.2.2 《匠人营国》中反映的朝、廷制度

被历代工匠奉为圭臬的《周礼·考工记》之营国篇[14]中依次描述了“国”的规划结构、功能方位、建筑尺寸、发展历史、室内布置，进而陈述了宫室的内外层次及等级划分。[3]其中内外层次是与本次研究相关的重点。

可以看出，文中已呈现出将宫室一分为内外二部的观念，内以居九嫔，外以待九卿，所谓九卿，按后文“九分其国，九卿治之”的直译，相当于属国的治理者。按此解释，则外九室是他们朝会之地。可如此理解则与诸侯制度相冲突。在此，参考《礼记·昏义》所写：“古者……天子立六官、三公、九卿、二十七大夫、八十一元士，以听天下之外治，以明章天下之男教，故外和而国治。”[15]又对照《礼记·昏义》中讲述九嫔的职能：“九嫔，掌妇学之法，以教九御妇德、妇言、妇容、妇功，各帅其属而以时御叙于王所。凡祭祀，赞玉贲，选后荐，彻豆笾。若有宾客，则从后。大丧，帅叙哭者亦如之”，[16]可以认为，九卿、九嫔相当于外朝官员及内宫女官，外九室为官员处理国事的办公之地，内九室则是对应的处理王室生活及后妃事务的场合。外九室和内九室作为朝政事务和皇家事务的处理场合，呈现出了外朝内廷的呼应性。

1.2.3 九卿与三公

既然“外有九室，九卿朝焉”，那么九卿的具体官职和职能如何？先秦的九卿分工未详，所依仗的资料首先在于文献《尚书·立政》，其中载有不少周初官名[4]，又有近年来出土的大量周代铜器铭文中记载有周代官职[5]，可以与文献记载相补充。这些官称名称，从其职司而言大体可分为：王室外廷政务官、王室外廷事务官、王室内廷事务官。

九卿职能属于哪一类，可以参考后续一脉相承的秦九卿。秦代九卿包括奉常、郎中

3 “匠人营国，方九里，旁三门。国中九经九纬，经涂九轨，左祖右社，面朝后市，市朝一夫。夏后氏世室，堂修二七，广四修一,五室，三四步，四三尺，九阶，四旁两夹，窗，白盛，门堂三之二，室三之一。殷人重屋，堂修七寻，堂崇三尺，四阿重屋。周人明堂，度九尺之筵，东西九筵，南北七筵，堂崇一筵，五室，凡室二筵。室中度以几，堂上度以筵，宫中度以寻，野度以步，涂度以轨，庙门容大扃七个，闱门容小扃三个，路门不容乘车之五个，应门二彻三个。内有九室，九嫔居之。外有九室，九卿朝焉。九分其国，以为九分，九卿治之。王宫门阿之制五雉，宫隅之制七雉，城隅之制九雉，经涂九轨，环涂七轨，野涂五轨。门阿之制，以为都城之制。宫隅之制，以为诸侯之城制。环涂以为诸侯经涂，野涂以为都经涂。”

4 任人，准夫，牧，作三事，虎贲，缀衣，趣马，小尹，左右携仆，百司，庶府，大都，小伯，艺人，表臣，百司，太史，尹伯，庶常吉士，司徒，司马，司空。

5 大史、内史、内史尹、作册内史、作命内史、内史友、中史、御史、省史等。

6 大夫政权也具有政职和神职两重特征。在封邑内以宰（室老）为政务官，祝、史、卜为神务官。

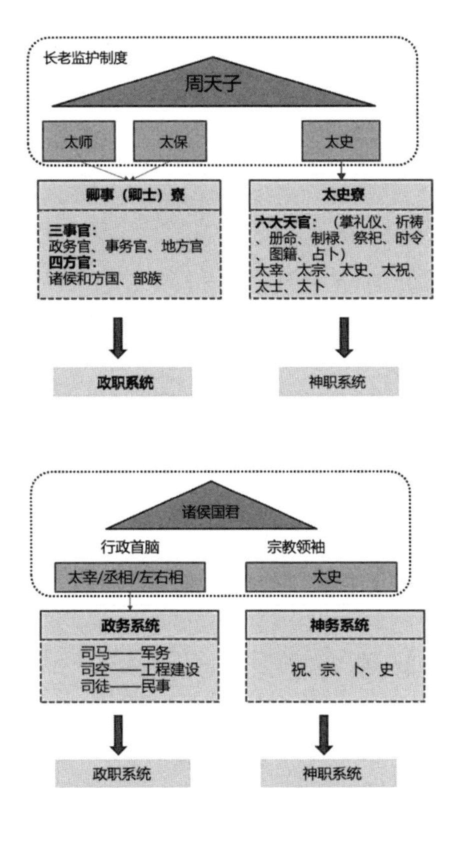

图1-2-1　周礼中央机构构成示意

图1-2-2　春秋诸侯国机构构成示意

令、卫尉、太仆、廷尉、典客、宗正、治粟内史、少府九卿，他们的具体职能分别涉及宗庙事务、军事戍卫、车驾、宗族事务、建设项目、外交事务，这都属于皇家内、外廷的事务官，而非政务官。由此推想，《周礼·考工记》“匠人营国”篇中只是概括地提及了部分官员，并且他们的职能所在正与书中所提其他百工相关，而非参与行政和决策的官员。实际的政务官主要还是《礼记·昏义》中的“三公”。

殷周天子兼具政务决策者加神权代言人的双重身份。国家职官也分为两大系统：一是神职系统，二是政职系统[16]。以三公为最高职官，太史总领神职系统太史寮，太师与太保总领政职系统卿事寮（图1-2-1）。神职与政职具有各自的系统，初步形成了一双轴线的机构组织模型。

东周春秋时期，三公官职通常授予位高爵尊的诸侯，而诸侯们在出任周朝大臣的时候也要治理自己的国家，同样存在类似的并列系统[17]6。且君主以神职为重：卫献公称“政由宁氏，祭则寡人”[18]。政务系统中执掌权力的是作为事务总管的太宰，与之职司相似的则是“相”，《春秋左传·定公四年》说：“周公相王室以尹天下”。在战国时期“相”成为仅次于国君的百官之长，列国普遍设置。秦国称相邦，齐国设左、右相，赵国称丞相，后各国均称丞相。

两词并置后的“宰相”一词也出现在同一时期。《庄子·盗跖》将“宰相”视为贵人，与“天子”并列，都是神职政职并列的体现。《吕氏春秋·制乐》说：“荧惑者，天罚也，……祸当于君，虽然，可移于宰相。”宰相之名一再出现，成为仅次于“君”的人物指代。

由此整理出春秋政府权力体系金字塔图。政权较小，官职粗疏，但仍呈现有清晰的双轴结构（图1-2-2）。

1.3 周制“外朝”“内廷”之议

前文讨论了周代官职体系以及由此诞生的九卿与宰、相在职能和地位上的区别，提出神职、政职双轴线的概念。本节则聚焦于“外朝”“内廷”的具体范围及性质，讨论其与“三朝五门”之说的关系。既然是关于政治空间的讨论，则“三朝五门”中笔者会着重三朝的政治活动内容，而五门作为其空间划分的边界起到了标识性的作用。

1.3.1 三朝五门的朝会内容

唐贾公彦《周礼注疏》中引西汉郑众语：“王有五门，外曰皋门，二曰雉门，三曰库门，四曰应门，五曰路门。路门一曰毕门。外朝在路门外，内朝在路门内。”[19]东汉古文经学家郑玄注《礼记·玉藻》中写：“王五门：皋、库、雉、应、路也。”又曰：“天子及诸侯皆三朝：外朝一，内朝二”。[20]其内朝为“治朝”和“燕朝”。此都是礼学中的三朝。而关于其空间形态则言之甚少，唯有段玉裁《说文解字注》中断言：“古外朝，治朝，燕朝，皆不屋，在廷”。朝会空间作为室外环境，通过五门这一物质建设形成清晰的层次对应关系。而关于三朝的活动内容则有些许不同：“外朝用以决国之大事，与断狱蔽讼；治朝则每日视事之所；燕朝又曰内朝，或曰路寝，图宗人嘉事，及燕射之所也。”[21]路寝即位于路门内的内寝，对应形成前朝后寝。整理各相关典籍中关于三朝及五门的解释由内至外如表1-3-1所示。

典籍中的三朝五门称号与功能　　表1-3-1

宋《石林燕语》	《十三经注疏》之《文王世子》	《周礼》	《礼记·玉藻》	《三礼辞典》
燕朝—听政	内朝—宗亲，嘉礼	燕朝—大仆、宗亲，酒宴、下诏	（内朝）路寝	燕朝—路寝之庭，议宗族之事
路门	路门	路门	路门	路门
内朝—见群臣	治朝—司士，宾礼、射礼	治朝—三公、群吏，上书、宾礼、射礼	内朝	正朝—日常视朝
应门	应门		应门	应门
雉门	雉门		雉门	库门
库门	库门		库门	雉门
外朝—询万民	外朝—朝士，诸侯	外朝—询万民（战争、迁都、继位）	外朝	外朝—特殊大事行之
皋门	皋门		皋门	皋门

“三朝五门”并列陈述反映了它具有政治功能和空间上的双重意义：皋者意远，是王宫最外一重门，体现空间上的防卫和精神上的边界限定；应者，居此以应治，是治朝之门，为政治寓意的空间；库有“藏于此”之意，故库门内多有库房或厩棚，是一种功能区域的边界；雉门有双观，再次对边界进行了强调；路者，大也，路门为燕朝之门，门内即路寝，为天子及妃嫔燕居之所，此门同样隐喻着政治性质。这一空间层次的划分在典籍中的称呼略有差异，但位置稳定。

其中，《十三经注疏》里面描述的三朝职能更符合周代的国家事务内容，结合文献与叶梦得所注，初期三朝的活动内容及位置分别为：皋门以内、库门以外为外朝区域，用以公布法令、举行大典；治朝应门内、路门外，用于君主日常朝会治事、处理奏章、接待外宾、行射礼；路门之内的燕朝用以会晤宗族、臣下、举行册命、宴饮活动。可见，初期“朝”事从性质上具有相当的不确定性，它既包括了礼仪性的周年集会，也包括决策性的集中议政，甚至含有娱乐性和生活性的部分。如以大朝和内朝划分，则面对全国的、仪式性的活动归结为外朝；政治活动及生活事件统归为内朝。

1.3.2 《周礼》中的内、外朝仪式

1.3.2.1 外朝仪式与空间

西周初年（公元前1050年左右），周公在还政成王前，制礼作乐，使礼仪大备，形成后世所称的周礼。朝会礼仪即出现于这一时期，关于外朝仪式的内容，见《三礼辞典》的“外朝”条：“外朝在库门之外。国有大事则在外朝，召集群臣、百姓而共谋。”[22]又宋叶时所著《礼经会元》载：“一曰外朝，在库门外，询万众听政之朝也。小司寇朝士掌焉。”

《周礼·秋官·小司寇》记小司寇的职责体现出了外朝活动的基本方位及流程：

“……掌外朝之政，以致万民在询焉。一曰询国危，二曰询国迁，三曰询立君。其位：王南向，三公及州长、百姓北面，群臣西面，群吏东面。小司寇摈以叙进而问焉，以众辅志而弊谋问。”[23]

仪式参与者不仅包括都城官员和地方官员，还包括高级官员三公以及百姓代表，在涉及迁都、立储、国难时，由小司寇引导到天子座前，次序发表意见以共谋国家大事。同时，结合《周礼·秋官·朝士》，文中在论及朝士职责时，

对外朝布局及参与官员进行了更详尽的阐述：

“……掌建外朝之法。左九棘，孤，卿、大夫位焉，群士在其后；右九棘，公、侯、伯、子、男位焉，群吏在其后；面三槐，三公位焉，州长众庶在其后。左嘉石，平罢民焉；右肺石，达穷民焉。帅其属而以鞭呼趋且辟，禁慢朝、错立、族谈者。”[19]

这个布局方位是以天子的视角进行陈述的，显然这是一处有栽植的室外庭院，其左侧植棘树九棵，用来标明孤、卿、大夫的朝位，刑官之士站在其后；右边亦植九棵，标明公侯伯子男的朝位，乡遂及都鄙公邑的官吏站在他们之后。南面正对植槐树三棵，以标明三公朝位，州长和百姓的代表站在其后。又天子的左侧有嘉石，用以教化恶人；右侧有肺石，以供求告之人等候。文中朝士“帅其属而以鞭呼趋且辟”之说，则反映出这处外朝区很可能直接面对城市民众，以致需要下属持鞭驱赶清理行人（图1-3-1）。

1.3.2.2 治朝仪式与空间

治朝或称内朝、正朝，即天子与群臣治事之朝。其仪轨亦见于《周礼》，《周礼·夏官·司马》中记司士的责则中有：

“……王南向，三公北面东上，孤东面北上，卿大夫西面北上；王族故士，虎士在路门之右，南面东上；大仆、大右、大仆从者在路门之左，南面西上。司士摈：孤卿特揖，大夫以其等旅揖，士旁三揖王还揖门左，揖门右。大仆前。王入，内朝皆退。”[24]

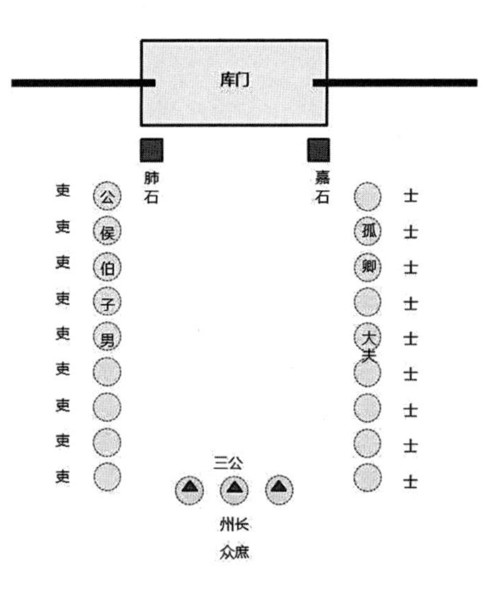

图1-3-1 周礼中外朝站立布局示

可见，治朝的举行地在路门外的庭院，当其时，三公及士卿依次就位等候天子，天子出路门后，与群臣相互揖见——站位和揖见属于礼仪部分，之后才共议朝政——这属于政治部分。议毕，以天子进入路门为朝会结束的标识，群臣并退。江永在《乡党图考·治朝考》中总结古视朝之仪：“臣先君入，君出路门，立于宁，遍揖群臣，则朝仪毕。于是君退回到路寝听政，诸臣至官府治事处治文书。”[7]这里进一步发展解释了治朝的运行，天子与群臣以礼互敬，当庭国事讨

7 江永《乡党图考》扫描版

论结束后，针对部分未完或者隐秘的议题，可将相关人员诏入路寝之内单独觐见，而其他无关的官员便可自行回官府照常办公，或按庭议意见治文书处理政务。从这一流程看，治朝具有仪式和政治的双重作用。

1.3.2.3 燕朝仪式与空间

以路门为边界，其内为路寝，又称燕朝、内朝，是天子治朝视事后休息、与宗人集议或者接晤大夫之所，由太仆掌之。另一方面，天子六寝，“路寝一，小寝五”，则路门之内的燕朝具有“寝”与“朝”重叠的性质。对这一部分空间格局的理解主要有赖于“燕礼”的记载。

“君席阼阶之上，居主位也；君独升立席上，西面特立，莫敢适之义也。”“君立阼阶之东南，南乡，尔卿，大夫皆少进，定位也。”[25]

仪式伊始，天子入殿上，面西。之后卿、大夫、士、士旅食者等在引导下进入路寝门。卿大夫在门内右侧、北向，尊者在东；士在门内左侧、面东，尊者在北；士旅食者在门内左侧、面北，尊者在东。卿大夫等官员入位后，天子下堂站在阼阶东南南向行礼，诸卿队列转而面朝西，以北为尊并略上前；如此天子与臣子三行礼后，卿、大夫、士的三面队伍都略有近前，以围拥着天子（图1-3-2）。

这一串体现君臣互敬及臣子的拥簇之意的礼节后，宾卿等进入殿堂并由西向东依次展开座席，从这一格式推测，天子所在与其站立位置相同，当为坐西面东。此外，士座席位在殿外，位于殿廷东方。从燕礼仪式的组织可以看出，燕朝与外朝治朝在尊位、管理者以及站位等多方面存在差异：

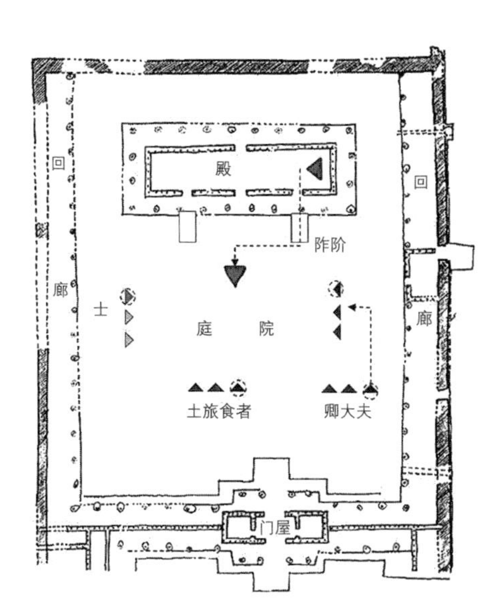

图1-3-2　燕朝仪式庭内空间活动示意

（1）从尊位看：天子在庭院中的站立位置在殿堂西阶下，位于庭院的西北位置。在殿内的座席位于殿堂西侧，向东向南为尊。

（2）从朝位管理者的角度看：外朝由小司寇负责秩序，治朝由司士负责秩序，司寇掌管刑法，司士掌管版籍爵禄，均属于周礼五官。而太仆原职在于掌车马御驾，是内朝官。

（3）从朝会站位看：《礼记·文王世子》中提及公族在燕朝时的朝位：“**朝于公，内朝则东面北上，臣有贵者以齿。**”[26]即公族中的人在燕朝朝见天子时，面东而立，其站立次位不以贵贱而按年龄长幼。但同文中，当在外朝时，则按官职排序，体现出了重官职而非血缘的特征。

1.3.2.4 周制三朝的特征

周制五门三朝制度表达了“由多到少、由疏至亲，由大朝、治朝国君南向视政，到燕朝西向视政的朝仪变化过程”[27]。它作为后期三朝活动的发源，从内容上分别表现出如下特点：

首先，其内朝即燕朝沿袭了上古以东为尊的古韵，凝聚了宴饮、会宗亲、议政等多重功能，特别是议政部分具有相当的随机性，针对国事变化不定期地举行；它与天子六寝存在一定的重叠关系，但从活动内容及参与官员类型看，并未重视其内外之大妨；空间上燕朝活动贯穿了殿堂和庭院，应视为一组有建筑的庭院。

治朝作为正朝所在，兼具了君臣和合互敬的礼仪功能和议政决策的政治功能，是政治活动的主要场合，其“治”朝之字比“内朝”更准确地表达了其性质；空间上，整个朝会过程完全在室外庭院进行，天子听政地在路门前而非室内；政务处理上则与官府保持了紧密的联系。

外朝围绕“**国危，国迁，立君**”三事不定期地举行，其参与人员类型最广、范围最大，在治朝官员的基础上，增加了宗室、百姓以及各地官员；其内容虽然号称一一咨询三公及百姓，但从其实际的执行可能性考虑，还属于一种表演性的活动，难以作为实际决策的依据；空间上外朝位于库门以外，是一处对城市开放的、有种植的大型庭院（图1-3-3）。

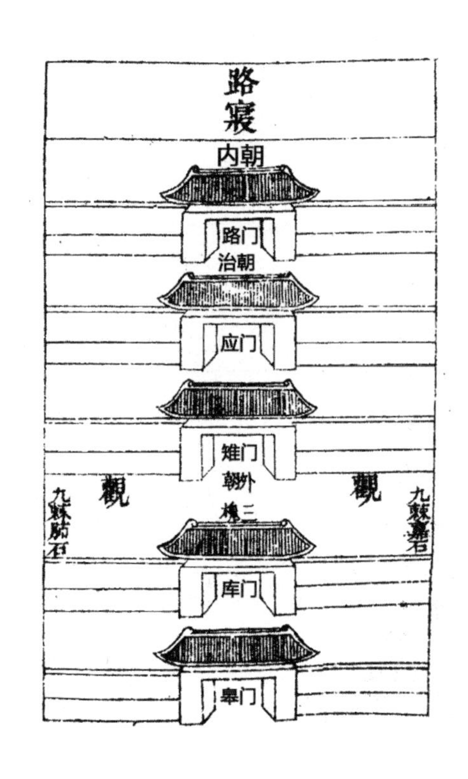

图1-3-3　清代库门内外朝与库门的关系（资料来源：清乾隆，《钦定周官義疏》）

通过这一系列的比较，再以

“外朝一、内朝二”的分类法来看待周制三朝，可以看出，早期周礼以库门作为内外边界。治朝被归结为广义内朝的一部分，与后世对位于后寝的“内廷”的想象不同，从内容和空间上都可以说是名副其实的“内廷”。而由于周王朝相对简单的政治结构以及比较朴素的文化背景，政治事务在国事朝会中的重要性并不突出，相反的是，表现君臣的礼仪占据了更重要的地位并贯穿了三朝仪式，通过仪式反复演绎强化了天子与臣民、地方与中央敬重守礼的上下级关系。

既然以宫室和政治为研究对象，就有必要先明确“朝”与“廷”的概念及发展。本章首先从甲骨文及金文中关于朝与廷的象形字出发，讨论了“朝”的发源；对照考古发掘的结果，指出空间朝向与“朝”事的联系，提出皇家建设重心在东周到西周期间实现了由礼仪性宗庙转向皇家事务殿堂的变换趋势。

在遗址的比较中，尚无法发现“朝”“廷”清晰的印记，因此在第二部分中以经典的反映都城建设的文献《周礼·冬官·考工记》为核心，从外延到内核分析其文章内容。从性质上看，《考工记》文章结构及内容都体现出了王城而非王都的构成，是一本服务于皇室的技术性书籍。从里面反映的职官及空间对照上看，只涉及了与制造机构有关的官员，并简略地提出了以男女划分内外的概念，表现为服务外朝的九卿与教化内寝的九嫔的对应。政治架构中，存在着政职与神职两个系统。这两个系统贯穿“周天子—诸侯国—士大夫”政权，在不同级别的方域中普遍存在。周天子及诸侯国君担负了行政首脑及宗教领袖的双重身份，并以宗教身份为重，各级政府也因此设置了行政和礼法两套职官系统。

在物质遗址及营造典籍中，尚未找到外朝、内廷的进一步证明，因此第三小节笔者回归到《周礼·秋官》中关于职官和礼仪的文献描述，侧面讨论三朝的空间形式、活动性质以及礼仪流程。通过整理进行各方面的比较，再以“外朝一、内朝二”来比对“外朝”“内廷”，推导出周礼中内外关系的边界即库门，这与后期以性别边界为准绳的区分形式不同。三朝制度中的政治部分集中于治朝，相当于“内廷”。周制三朝在内容上贯穿了君臣秉礼互敬的互动礼仪，这是它的主要特点，也反映了周天子为巩固维系其正统权的需要。但职官架构中反映的政职系统的空间场所尚未能够明确。

随着机构的分工及君主地位的提升，周礼朝会的价值日益降低，可操作性也日趋丧失。而伴随着国家事务的复杂化和仪礼的系统化，礼仪内容及政治体系都得到了发展，外朝举国规模的活动内容在不断扩充，经过两汉三国，在南北朝时期形成比较明确的以五礼为架构的宫廷活动内容以及完善的政治运作机构。

参考文献

[1] 常青，建筑志[M]. 上海:上海人民出版社，1998.

[2] 徐中舒. 汉语大字典[M]. 湖北辞书出版社，四川辞书出版社，1990.

[3] 张光直. 关于中国初期“城市”这个概念[J]. 文物，1978（2）.

[4] 董作宾. 夏商周三代都制与三代异同[J]，大陆杂志，1935[1].

[5] 杨鸿勋. 宫殿考古通论[M]. 北京：紫禁城出版社，2009：33.

[6] 杨宽. 中国古代都城制度史[M]. 上海：上海人民出版社，2006.

[7] 杨鸿勋. 宫殿考古通论[M]. 北京：紫禁城出版社，2009：45-51.

[8] 刘叙杰. 中国古代建筑史第一卷原始社会、夏、商、周、秦、汉建筑[M]. 北京：中国建筑工业出版社，2009：262-264，280.

[9] 闻人军. 考工记译注[M]. 上海：古籍出版社，2011：164.

[10] 贺业钜. 考工记营国制度研究[M]. 北京：中国建筑工业出版社，1985：176.

[11] 闻人军. 考工记译注[M]. 上海：古籍出版社，2011：168-182.

[12] 贺业钜. 考工记营国制度研究[M]. 北京：中国建筑工业出版社，1985：122-123.

[13] 闻人军. 考工记译注[M]. 上海：古籍出版社，2011：前言3-5.

[14] 闻人军. 考工记译注[M]. 上海：古籍出版社，2011：112.

[15] [汉]郑玄注. [唐]孔颖达正义. 吕友仁整理. 礼记正义[M]. 上海：上海古籍出版社，2008.

[16] 张荣明. 商周的国家结构与国教结构[J]. 社会科学战线，2000（02）.

[17] 韩连琪. 春秋战国时代的中央官制及其演变[J]. 文史哲，1985（01）.

[18] 《左传》. 襄公二十六年.

[19] [汉]郑玄注. [唐]贾公彦疏. 彭林整理. 周礼注疏卷三十五[M]. 上海：上海古籍出版社，2010.

[20] [汉]郑玄注. [唐]孔颖达正义. 吕友仁整理. 礼记正义[M]. 上海：上海古籍出版社，2008.

[21] [汉]郑玄注. [唐]贾公彦疏. 彭林整理. 周礼注疏卷十六[M]. 上海：上海古籍出版社，2010.

[22] 钱玄，钱兴奇. 三礼辞典[M]. 江苏古籍出版社，1998：288.

[23] [汉]郑玄注. [唐]贾公彦疏. 彭林整理. 周礼注疏卷三十四[M]. 上海：上海古籍出版社，2010.

[24] [汉]郑玄注. [唐]贾公彦疏. 彭林整理. 周礼注疏卷三十一[M]. 上海：上海古籍出版社，2010.

[25] [汉]郑玄注. [唐]孔颖达正义. 吕友仁整理. 礼记正义卷四十七・燕义[M]. 上海：上海古籍出版社，2008.

[26] [汉]郑玄注. [唐]孔颖达正义. 吕友仁整理. 礼记正义卷二十・文王世子[M]. 上海：上海古籍出版社，2008.

[27] 邵陆. 住屋与仪式[D]. 上海：同济大学，2004：78.

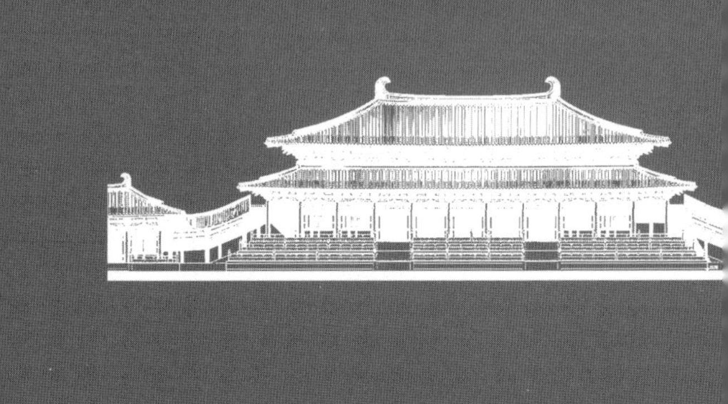

在20世纪的哲学领域，福柯借用解构历史学的方法提出了权利空间理论，他率先以空间性思维重新建构历史与社会生活，特别是阐释权力关系与运作的关联。这不仅为人们反思当代社会提供了一个全新的切入点，而且也适用于重新认识古代社会。他提出权力是“各种力量关系，多形态的、流动性的场（field）。在这个场中，产生了范围广远但却从未完全稳定的统治效应”[1]。固定的法律、阶级只是“权力采取的最终形式”，在“最终形式”发生作用之前，权力的“场力结构”便已在运作发生作用。放入历史的语境下，便是指将围绕权力的关系而不是作为权力表象的皇帝及其政令作为分析的对象。

借助这一历史哲学体系的支撑，本章展开对先唐时期围绕皇权的权力关系的梳理研究，空间格局作为权力关系交往的边界和通道，在其中发挥着重要的作用，也成为“虚无的权力主体”可见的标示。

2.1 秦汉的宫廷制度及空间关系

秦汉的大一统成就了其在营建上荟萃列国建筑制度的可能。“每破诸侯，写放其宫室，作之咸阳北阪上。南临渭，自雍门以东至泾渭，殿屋复道周阁相属。”[2]作为大一统国家，秦开创的宫城也开启了“帝都制度”的开端。“古者贵贱同称宫。秦汉以来，惟帝王所居称宫焉。”首座帝都秦咸阳由秦孝公时渭北的旧咸阳扩展到渭南而成，帝居咸阳宫。后世的西汉长安择地于秦兴乐宫位置而成；东汉洛阳则取址周代成周故地。

汉代为古代木构建筑特征及庙坛制度的成型期。但在宫室布局制度方面，虽然《周礼・考工记》中提出了王都的理想图示，但在实施中还未见可靠的承袭关系。在汉推崇奉行《周礼》之前，君主和王权的其他博弈方是如何建立自己的空间关系的？本节便是从秦政府权力架构的角度观察这一问题。通过研究当时职官设置讨论宫室空间格局层次。

关于先秦城市的城市形态及宫室布局的代表性论著有：曲英杰的《先秦都城复原研究》[3]和《史记都城考》[4]，作者结合文献与考古资料，复原了大量先秦时期的都城布局；许宏在《先秦城市考古学研究》[5]中通过详尽的资料总结验证了先秦都城建制“宫庙杂处、以庙为主”的特点。杨宽先生的《中国古代都城制度史研究》提出了自“成周”开始的“西城东郭”布局模式[6]；王学理的《咸阳帝都记》结合文献与考古探讨了秦都咸阳的城市布局和建筑，并对文中的一些推测进行校核[7]。这些研究成果都为本书的讨论提供了参考，《两汉全书》等历史文献则是研究推断的核心材料。

涉及秦汉宫室政治体系与职官制度研究的著作有杨鸿年的《汉魏制度丛考》[8]，其中通过对汉魏宫省制度的研究，指出了省官在两汉至魏晋时期政治权力递嬗中的关键作用。其他著作包括祝总斌的《两汉魏晋南北朝宰相制度研究》[9]以及卜宪群的《秦汉官僚制度》[10]，其中先后对两汉宰相及三公制进行了考述，讨论了相权与皇权的对峙关系。

2.1.1 秦宫室格局及空间关系

2.1.1.1 宫室格局

以商鞅变法及秦始皇统一中国为分界，秦宫室度过三个阶段。

1. 第一阶段（战国时期）

在商鞅变法之前作为东周属国的秦国以雍城为都（公元前677年～公元前383年），是宫室制度的第一阶段。考古队于1973～1986年对此进行了考古发掘，初步摸清了雍城的位置、形制规模，以及城内的三大宫殿区和城郊宫殿等建筑遗址。

雍城城内在春秋战国时先后建有三大宫殿区。分别是姚家岗附近宫殿区、马家庄附近宫殿区和铁沟、高王寺宫殿区。姚家岗在城内中部偏西，发掘出可以藏冰190多立方米的凌阴（冰窖）遗址和一处宫殿遗址。马家庄遗址位于雍城中部偏南，是保存较好的春秋中晚期大型宫殿宗庙区，推测是秦桓公居住的“雍太寝”之所在。

发掘证实，战国时期的秦王宫没有单一的宫城，而是分为若干散置的宫殿区，每个宫殿区由一组或两组以上建筑群体组成，分别构成封闭式的建筑群。在马家庄附近宫殿区及宗庙区中，其中的五进院落可以初步确定是秦公朝寝所在，其布局与宗庙存在明显差异（图1-1-6、图1-1-7）。

“*春秋以前据君位利势者，与战国秦汉以后不同。君臣之间差不甚远，无隆尊绝卑异。*”[11]这种“差不甚远”便表现在君臣和合的彼此揖拜中，也体现在天子主神职、丞相领政职的政治分工中。但君臣之间所距不远的礼仪差异在秦始皇时期被大幅度增强，在空间上就是遥不可及的“距离感”的塑造：就文献可见，秦宫殿的记载特征，一直集中在其“深”与“藏”的神秘莫测特征。这一时期帝王的神秘又不同于周天子作为宗教领袖的神圣，“国之利器，不可示人”，其神秘主要是指帝王权术中深藏不露的原则。这与政治对流畅运作、上通下达的需求是有所矛盾的：高墙宫禁、复道相连、空间深邃是对生活常态的遮饰。大陈仪仗、一呼百应、彰显威仪是对政治权力的放大。两者的冲突反映出帝国政治与天子皇权在空间制度上的不同诉求，对此问题的处理策略与理想图示共同构成宫室的最终形态。

2. 第二阶段

公元前350年商鞅变法时“筑冀阙宫廷”，形成首都的雏形。咸阳宫便兴自这一时期，是秦宫室发展的第二阶段。咸阳宫兴建自秦孝公迁都咸阳时起，至秦昭王时建成，历时90余年。在秦始皇统一六国过程中，该宫又经扩建。据记载，该宫“因北陵营殿”，为秦始皇执政“听事”的所在。秦末项羽入咸阳，屠城纵火，所烧似为咸阳宫。

《三黄辅图》云：“秦于渭南有兴乐宫，渭北有咸阳宫，秦昭王欲通二宫之间，造横桥。”后“始皇穷极奢侈，筑咸阳宫，因北陵宫殿，端门四达，以则紫宫，象帝居。”即咸阳宫先临渭水，又效仿天上紫薇星辰设计扩建。秦王政见“燕使者咸阳宫”“听事、群臣受决事，悉于咸阳宫。”据推测处理政务的曲台宫也在咸阳宫，为宫中之宫。

1959年以来，考古工作者对咸阳宫遗址进行调查和勘察发掘，取得了阶段性成果。在3公里范围内，发现有27处宫殿遗址，10多处大型夯土建筑基址，使得秦咸阳宫规模和建筑风格为世人所了解[12-14]。已经发掘的有3座基址，1号东西长60米、南北宽45米，高出地面6米，平面呈长方曲尺形；2号为台上方形殿堂，台下有回廊贯通；3号高台建筑发掘了局部，有廊道、屋宇及两侧绘有壁画的过廊。现学者经初步研究，仍认为它们作为咸阳宫的一部分，尚称不上是主体建筑，其议政的大型殿堂还待发掘寻觅。

3. 第三阶段

作为帝国的秦，国祚仅有短暂的十几年，在第三阶段这一时期最著名的非阿房宫莫属。今日可见的最早关于阿房宫的文字出于汉文帝时的贾山，《汉书·贾山传》：“又为阿房宫之殿，殿高数十仞，东西五里，南北千步，从车罗骑，四马鹜驰，旌旗不桡。”司马迁《史记·秦始皇本纪》中云：“始皇以为咸阳人多，先王之宫廷小，吾闻周文王都丰，武王都镐，丰镐之闲，帝王之都也。乃营作朝宫渭南上林苑中。先作前殿阿房，东西五百步，南北五十丈，上可以坐万人，下可以建五丈旗。周驰为阁道，自殿下直抵南山。表南山之巅以为阙。为复道，自阿房渡渭，属之咸阳，以象天极阁道绝汉抵营室也。”

贾山文中提及宫室规模东西五里，南北千步。300步为1里，则宫室占地为1500步×1000步。按秦汉1步6尺，又汉承秦制，汉尺尺度1尺约为今日之23厘米，则一步约为1.38米。故此阿房宫占地约东西2070米，南北1380米，总计285万平方米，相当于4个故宫规模。司马迁文中记载的宫内前殿，阿房宫前殿东西五百步，南北五十丈：秦汉1丈10尺，50丈即500尺。则前殿东西约690米，南北115米，占地面积约8万平方米，相当于1/9的故宫面积。

根据1994开始的考古探寻，发现有更大的夯土台基并被确认为是阿房宫遗址，其东西探测实际长度为1320米，南北宽420米，最高处高约7～9米，整体规模约55万平方米。其中三面又有夯土墙，遗址中有秦汉时的瓦筒、瓦板。

《史记·本纪·高祖本纪》17记“项羽遂西，屠烧咸阳秦宫室，所过无不残破。秦人大失望，然恐，不敢不服耳。”公开发表的发掘简报指出，在发掘中未见焚烧痕迹和破碎的砖瓦文化层，故此推断在几次兴起又屡屡被打断的建设过程中，阿房宫重要部分如前殿、周驰阁道并未建成。项羽所烧，极有可能是秦咸阳宫。

2.1.1.2　政府系统

政府体系方面，秦代确立了以丞相、太尉、御史大夫为核心的三公制官僚系统（图2-1-1），其中以丞相为最重：秦国丞相之设始于春秋时期秦武王二年（公元前309年），是年设左、右丞相，秦昭王三十二年（公元前275年），改称相国。秦王嬴政五年（公元前242年），又称相邦[1]，吕不韦为之。并置丞相昌平君，期间或左右二相并置，或设独相，或称相国。待其统一全国后，定制置丞相一人，以李斯为之。又设御史大夫、太尉形成三公，同为宰相之职位：丞相“掌丞天子，助理万机”，为百官之首；御史大夫主管监察百官及掌管群臣章奏，堪称副丞相；太尉则主管军事行政，属于没有实职的高级爵位，且不常置。“大驾属车八十一乘，法驾半之。属车皆皂盖赤里，朱幡戈矛弩箭，尚书、御史所载。最后一车，悬豹尾，豹尾以前，比省中”[15]。尚书[16]2、御史大夫作为禁中内外秘书事务处理者，位于

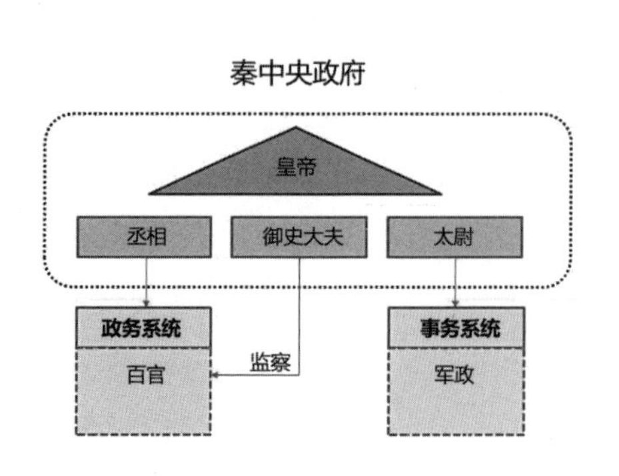

图2-1-1　秦中央政府构成示意

大驾属车的第一位，而太尉不在其中。

事务操作上，三者中丞相是政务官，太尉是事务官，而御史大夫作为皇帝的耳目、宰相的助手，较少独立执行决策。因此实际操作上丞相才是真正的宰相之任。就此而言秦朝实际上实行的是丞相制。这一制度的最大特点即以丞相为首的百官秉承皇帝的旨意，对整个国家实施统治，这也是秦所以在东周列国中脱颖而出的主要原因：一个全新的政府体系——对春秋诸侯国的双轴线体系进行了扬弃，侧重发展了其政务职能的领域。

在《汉书》和出土的张家山汉简二年律令中，有“制诏相国（丞相）、御史（大夫）”之语，这是诏令下达中常常见到的形式。但御史大夫作为监察官，虽然也名列其内，但实际上诏令都直接由丞相接收操作，足以一官独大。在这一时期，内外朝官和文武官尚未划分出明确的分界。不仅丞相具有军事处分权，在秦二世诛李斯后，还可以以阉人赵高为相，称为中丞相。模糊的内外朝官边界势必带来模糊的朝廷空间关系，这一情况发展至两汉演变得更加复杂。

2.1.2 两汉权力格局及空间关系

制度方面学界向来称“汉承秦制”，汉王朝在多方面承袭了秦代的制度并体现在都城的建设中。汉长安城是在秦都咸阳渭河以南的基础上发展起来的，天然地受到了秦都咸阳的影响。但汉长安城特别是宫室以及官员体制对其的选择性继承以及演变，才是本节讨论的重点。所谓“汉家自有制度”，便是表现了这一选择性继承的态度，在继承中权力空间的争夺，促发了宫室空间的进一步发展。

2.1.2.1 西汉中朝制度与内廷官员的出现

1. 宰相的变化与中朝制度的形成

汉初至武帝阶段是宰相权力快速发展阶段。西汉初建时承秦旧制以丞相或左、右丞相为宰相之职。在此基础上出现了权责的第一分化，即从一相发展到三公（即太尉、司徒、司空）。三公职责权很大，几乎参与所有国家重大事务的决策，掌握了选用官吏、总领百官朝议和奏事、执行诛罚、主管郡国上计与考课、封驳与谏诤等权，并拥有一定的立法、司法和军事权。这一时期对三公政务所在另有记载，反映出一个脱离皇帝官室的权力空间的存在。

西汉武帝时，为加强皇权，重用近

1“相邦”称谓见国家博物馆所藏战国青铜戈铭文，即“相国”，汉世因避汉高祖刘邦之讳，恒称相国。

2《通典》说：“秦时少府遣吏四人在殿中，主发书，谓之尚书。”

侍，收拢了丞相、御史大夫承担的部分职权归于尚书或中书，出现了权责的第二次分化。同时，为军事大计，先后任用卫青及霍去病为大司马统领以尚书台为主的官内官员。就此形成中朝和外朝两套政治班组。《文选》李善注："中朝，内朝也。汉氏大司马、侍中、散骑诸吏为中朝，丞相六百石以下为外朝也。"《后汉书·仲长统传》云："光武皇帝愠数世之失权，念强臣之窃命，矫枉过直，政不任下，虽置三公，事归台阁（台阁谓尚书也）。自此以来，三公之职，备员而已。"借此东汉内朝尚书台成为国家政务的中枢，事实上的中央政府。其首脑大将军的权势也超过原有的丞相、三公，由于兼具了"领（录）尚书事"的职衔而掌握了决策权和军事权[3]。汉武帝时设位高职虚的大司马，成帝时改御史大夫为大司空。大司马、大司空、丞相三公，都是宰相。哀帝改丞相为大司徒。东汉以太尉、司徒、司空为三公，但此时的三公已无宰相之内容仅剩宰相之空壳（表2-1-1）。

西汉的外朝、中朝及省中体系示意　　表2-1-1

	外朝	中朝	省中
首脑	丞相	大司马（将军）	大长秋
职官	御史大夫（司空）	大夫	中常侍
	太尉	尚书令	中书令
	都督	散骑	中谒者
		侍中	黄门常侍
空间区位	宫外	宫内省外	省内

下属职官方面，东汉时期正式确立了三公九卿制。与此同时以尚书为核心的中朝系统也在不断发展，并逐渐在职权与事务上跟三公九卿产生冲突。伴随着尚书系统参与决策，国家行政影响力的提升，是三公职权与机构的不断萎缩。但同时，九卿系统沿置不废，其结果是国家行政机构中出现了两套职权多有重复的行政系统，造成了行政体制的混乱。

2. 内廷官（省官）的出现

除了外朝官中朝官的出现，在东汉时期还存在着一股颇具影响力的政治力量，即出自宫中内"省"官员们，尤以宦官为主（杨鸿年先生将之称为省官）。《后汉书·刘玄传》有"左右侍官皆宫省久吏"，又《窦宪传》有"分宫省之权"之语。按杨鸿年研究结论，省即禁中[17]。宫省位于宫内，防卫更加森严，且依礼大将军、公卿大夫素不入内[18]。为处理政务、传达消息，发展出相应的省内官。既为省禁，其官员首选自宦官，此外又有一部分士人。又，汉家法律，针对大臣的重刑之中有“腐刑”即宫刑一条：“大逆无道殊死者，一切募下蚕室”[19]，仅武帝时期，受宫刑的大臣便有司马迁、张贺、李延年等人。受此刑责后的官员们仍有再被内廷启用的可能：谢灵运《晋书》中云：“汉武时司马迁被腐刑之后，为中书令，则其职也。”[20]“宣帝时，弘恭坐腐刑，累迁为令。明习文法，势倾内外。然恭死，石君防亦坐腐刑代为令。”[4]这些记载表明，受刑后的外朝官是可以进入内廷掌握权力的，这些人比起以亲昵君主生活而得以弄权的宦官来说，具有更高的政治素养，当其参与政治活动的现象也更被时人所接受从而丧失警惕，以致参与影响了西汉后期的权力震荡（表2-1-2）。

东汉的外朝、中朝及省中体系示意 表2-1-2

	三公	中朝	省中
首脑		大司马	大长秋
职官	司空	大夫	侍中/中常侍
	司徒	尚书令	中书令
	太尉	散骑	中谒者
			黄门常侍
空间区位	宫外东侧	宫内省外	省内

随宫省官员制度的完善，内廷宦官的品秩不断提高，以大长秋为首脑，俸秩两千石，与丞相和太尉相类。曹操的义祖父宦官曹滕便在桓帝时以拥立之功，被封为费亭侯，迁大长秋。这个俸秩显示出一个与外朝相类似的内臣格局的存在。这种情况的出现部分地在于皇帝对内臣的依赖，也与特定时期的刑法设置有关。

随着曹魏的兴起，这种品秩上的对称引起了君主的警惕，内侍的品秩架构相对朝官被大幅降低。直至唐中后期，类似的内省与朝官的对峙格局又现，重又带来政治危机。

2.1.2.2 两汉都城中的权力空间分布

西汉定都长安，号称“跨秦制、览周法”，汉高祖五年（公元前202年）兴建长乐宫，两年后高祖七年（公元前200年）造未央宫。以东西二宫为核心，惠帝时砌筑了长安城郭，宫城位于城南而民居散落其北。汉武帝时又兴建了北宫、桂宫和明光宫，在城外西面建建章宫。通过近

3 如梁冀、窦宪等，权势远在外朝三公之上。建安元年（公元196年），杨奉表曹操领司隶校尉，录尚书事，曹操由此开始掌握政权。
4 班固记石显即石君防，本有娶妻，萧望之称弘恭是刑人，即受刑之后入宫的士人。

年来多次对汉长安进行的考古发掘，已可以对这几处宫室特别是长乐、未央的信息得到比较充分的了解[21]：长乐宫，平面为不规则的方形，周围筑墙，周长1万余米，面积6平方公里左右；未央宫，平面接近正方形，四面筑围墙，东西长2150米，南北宽2250米，面积约5平方公里（图2-1-2）。

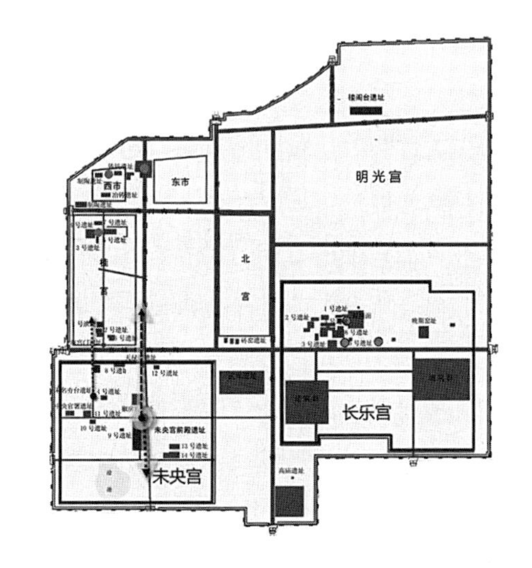

图2-1-2　西汉长安城宫室分布平面及权力轴线（资料来源：《中国建筑史第二卷》及汉长安考古资料整理）

考古揭示：长乐、未央两宫之宫墙比城墙更厚，从防御上可以看出更依赖于宫室自身戍卫而非都城治安的倾向。这种自成一体，不仅反映在防卫上，还反映在权力关系上。

西汉以孝治国，自吕后起东宫太后便掌握了极大的权力。惠帝时居未央宫即西宫，吕后居长乐宫即东宫。两宫东西并置，地位相当，规模陈设相仿，各有守卫部队。这种设置为吕后及其身后的外戚秉权创造了条件，也成为此后西汉太后外戚干政的先天优势之一。前文讨论了中朝官和内廷官的出现，对比长乐、未央的政治对立关系，或许可以理解这些官员的重复架构以及权力转移的必然性，种种官职的设置以及对内廷势力崛起的扶持，实际上都体现了皇帝通过更新官员体系以集权对抗后族外戚的意图。

及至东汉刘秀定都洛阳，针对西汉时期的主要矛盾采取了防范外戚和集中皇权的措施，反映在城市空间建设的历程中，便是洛阳城内宫室的空间方位配置。洛阳经过三代营建，呈现出南北两宫的分布形势，太后宫及省中官集中于北，皇帝与中朝官主要活动于南宫。太后宫和天子宫的并置的格局就此改变。

行政角度的诸多举措都是为了加强中央集权。操作上一方面则扩大尚书台的权力和规模，同时削弱三公权力。从考古发掘的信息中可以看出，空间上东汉的丞相三公府邸（太尉府、司空府、司徒府）都设置在刘秀始建的南宫以东，丞相府积威尚重，与南宫左右相邻。至于汉明帝之后兴北宫，扩大了与三公府邸的距离，这也是尚书省壮大后三公渐弃的直接反映。

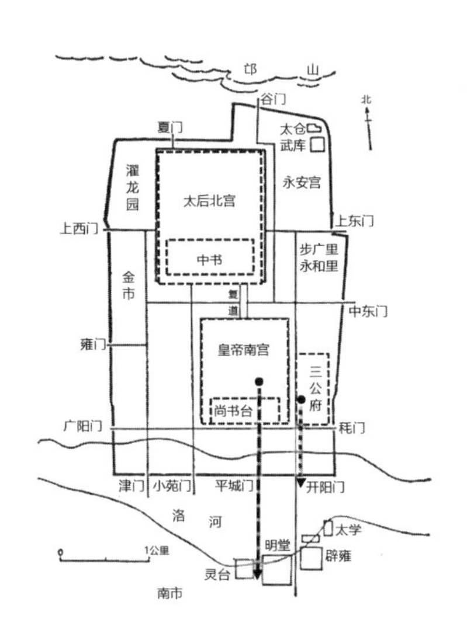

图2-1-3 东汉洛阳城宫室分布平面及权力空间布局

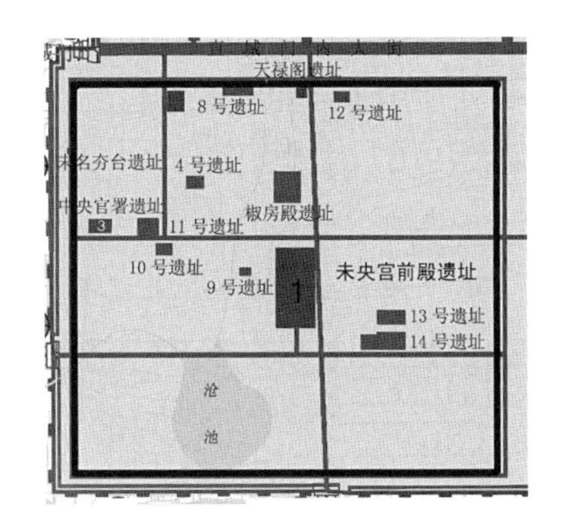

图2-1-4 西汉未央宫已发掘遗址位置图[资料来源：《考古》1996（3）及汉长安考古资料整理]

2.1.2.3 两汉宫内权力空间

关于西汉未央宫的政治空间布局，在《太平御览》卷三五四钩镶条引《汉名臣奏》中有：“**汉兴以来，深考古义，惟万变之备。于是制宫室出入之仪，正轻重之冠。故司马（门）殿省门闼，至五六重，周卫击刁斗。近臣侍侧，尚不得着钩带入房。**”按文字中，自司马门起，入宫禁之内又有五六重门。西汉未央宫四垣各有一司马门，并在北、东二门处设阙以为正门（图2-1-3）。在近年的未央宫考古发掘中已探得1、2、3号建筑遗址（图2-1-4）。其中2号殿按前朝后寝的传统理解，有学者推测为椒房殿一类的后宫[22]，但从出土材料中，尚未见到更有力的证据。

考虑到《汉书》中称北阙外有横门大街与直城门大街，北阙甲第区所住多权贵，“上书、奏事、谒见之徒”，皆经此门，又“司马（门）殿省门闼，至五六重”，则当以北司马门为正门时，拜谒皇帝时势必率先经过尚书台等官署，经重重门禁后到达1号遗址所在之前殿建筑群。由此看来，2号遗址也有可能是以尚书台为主的官署建筑群。

东汉洛阳宫中的官署区之记载见《后汉书左雄传》：“**……皆先诣公府，诸生试家法，文吏试笺奏，副之端门，练其虚实，以观其能。**”端门为前殿正南门，按文中诸生由台郎面试[23]，则东汉尚书台在端门外不远。另按《后汉书五行志》，尚书台在洛阳南宫。由此，推断东汉洛阳宫前期权力空间分布如图2-1-3所示。

2.1.2.4 两汉朝会空间制度

三朝之说经两汉初步确立，两汉典籍中确有存在“大朝、常朝”的说法，但这一时期的两朝是否便是周礼三朝中的大朝、常朝呢？其空间及行为是否与之一脉相承呢？以下内容重点在对各类朝会内容及空间进行梳理辨析，以试找出其对应演变的线索。

1. 大朝（会）

在对东汉时期中朝外朝并立的政治形势的理解上，再来看待这一时期行政办公及仪式朝会地的分布，可以更好地解释宫内官署的问题。关于这方面的研究有李俊方博士的论文《汉代皇帝施政礼仪研究》以及西嶋定生的《汉代即位礼仪》，渡边信一郎在其《元会的建构——中国古代帝国的朝政与礼仪》中也较为详细地讨论了两汉朝会的变换。

杨宽先生在《中国古代都城制度》中认为汉代已经形成了尊崇“皇帝之贵”的元会仪，并明确了群臣的序列。其仪式内容包括：群臣和宗室朝贺、上寿，通过郡国上计（即年度报告）的形式对全国各地一年的情况予以检查考核。以东汉最终定型的朝会格式看，汉代朝会分为大朝会及五日一朝的常朝两种。其中，大朝会的时间是元旦及十月一日，朝会的举行时间是每月的最初一日[24]。

大朝会内容见《续后汉书·礼仪志中》记述：

“每岁首正月，为大朝受贺。其仪：夜漏未尽七刻，钟鸣，受贺。及贽，公、侯璧，中二千石、二千石羔，千石、六百石雁，四百石以下雉。百官贺正月。二千石以上上殿称万岁。举觞御坐前。司空奉羹，大司农奉饭，奏食举之乐。百官受赐宴飨，大作乐。”[25]

又《续汉志·礼仪志中》刘昭注引蔡质《汉仪》，描述了正月在德阳殿进行大朝会的仪式场景[26]：

“正月旦，天子幸德阳殿，临轩。公、卿、将、大夫、百官各陪位朝贺。蛮、貊、胡、羌、朝贡毕，见属郡计吏，皆陛觐，庭燎。宗室诸刘亲会，万人以上，立西面。位既定，上寿。群计吏中庭北面立，太官上食，赐群臣酒食，西入东初。御史四人执法殿下，虎贲、羽林张弓挟矢，陛戟左右，戎头逼胫启前向后，左右中郎将位东南，羽林、虎贲将位东北，五官将位中央，悉坐就赐。作九宾散乐。舍利兽从西方来，戏于庭极，乃毕入殿前，激水化为比目鱼，跳跃嗽水，作雾障日。毕，化成黄龙，长八丈，出水遨戏于庭，炫耀日光。以两大丝绳系两柱间，相去数丈，两倡女对舞，行于绳上，对面道逢，切肩不倾，又踊局屈身，藏形于斗中。钟磬并作，倡乐毕，作鱼龙曼延。小黄门吹三通，谒者引公卿群臣以次拜，微行出，罢。卑官在前，尊官在后。德阳殿周旋容万人。陛高二丈，皆文石作坛。激沼水于殿下。画屋朱梁，玉阶金柱，刻镂作宫掖之好，厕以青翡翠，一柱三带，韬以赤缇。天子正旦节，会朝百僚于此。”

从其文字可见汉正旦节的活动及格局片段：

（1）觐见环节：天子临轩，当为南向。首先是公卿、大夫、百官的朝贺，其次是蛮貊胡羌等外族朝贡，之后为天子会见各属郡计吏。以上活动均在陛上进行。

（2）宴饮环节：赐群臣酒食，太官上食以西入东出为序。奏九宾散乐。杂耍百戏在庭中进行。倡乐毕，作鱼龙曼延而出。乐舞结束后，公卿群臣再拜，依卑尊顺序而出。

（3）空间布局：德阳殿为东汉洛阳北宫正殿，周旋可容万人，当为一大庭院中的独立建筑，其陛高二丈，皆文石作坛。殿下有水池，或在其南，亦有可能环绕。建筑主体画屋朱梁，有雕刻镂作，柱身有彩绘。据《洛阳宫阁传》：“南北七丈，东西三十四丈四尺”，即16米×79米见方。其建筑形象参考前文殿堂尺度，可见其活动主要集于殿外庭院，且室外还有丹陛（4.6米高）形成的双重空间层次。

图2-1-5　朝见图（资料来源：山东诸城汉墓画像石）

（4）站位布局：宗室众人，立西面。各属郡计吏在中庭面北而立。御史四人执法殿下。担任卫戍的虎贲、羽林张弓挟矢，陛戟左右。其主将分位于东南及东北，五官将位中央。

由此可以看出：与上古先秦时期不同，汉大朝会的空间由外向内转移，不再以门为边界，而定型成为有围合的、以正殿大堂为中心的院落空间。朝会的仪程包括了殿外的活动和殿内的宴飨，山东诸城所发掘的汉墓画像石最能反映这种仪式场景（图2-1-5、图2-1-6）。画中显示出：

（1）这一仪式空间由室内与室外庭院共同构成。主体在室内，仪

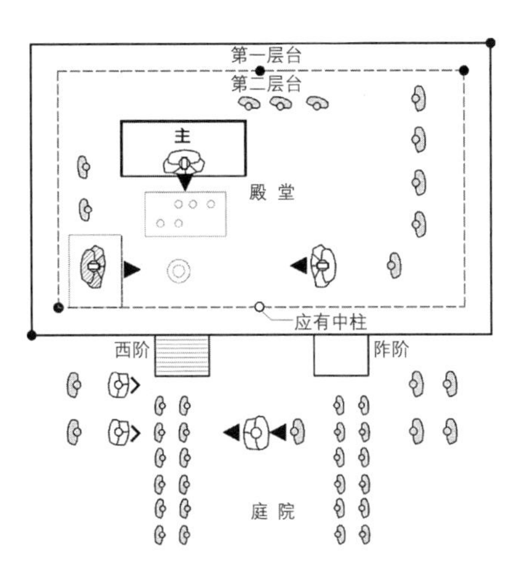

图2-1-6　朝见图平面布局推测

仗、参拜者在庭院，仪式的主要内容“朝”发生在廷中。

（2）受赞者坐西面东，坐于筵上。

（3）庭中众人除了出席参拜者，其他均对称位于殿廷左右，且东西相面。从其姿态看，参拜者长跪，其他众人皆立，第二排立者手持仗，应是负责卫戍的军卫。西面有一二人为坐姿，似符合《汉仪》中宗室立西面的身份。

（4）宴飨的场地在堂内，重要人物居西南，坐西朝东，拜者在东，与东阶对应。画中虽然将堂内表现为大空间，但可以推测室内柱网为多开间时，应为偶数开间，如此主人位才能不居中，以避开中柱。中柱是界定东西的重要标识。关于主位坐西朝东，天监六年（公元507年）的诏书中有：“顷代以来，元日朝毕，次会群臣，则移就西壁下，东向坐。”[27]可见梁以前历代朝见之后的宴会环节，在殿内以坐西朝东为尊。

这一画像砖内容充分展示了汉代仪式空间的活动，也体现了人与人之间的主次层级、权力关系。是对礼仪志中汉大朝的一个缩略的再现。

2. 常朝

职能上的常朝有君主出席，由大司马、左右前后将军、侍中、常侍、散骑参与，这些正是西汉所确立的中朝官。论及其举行频率，有一事颇可说明问题：蔡邕曰：“膶臣朝见之仪，视不晚朝十月朔之故，以问胡广。广曰：‘旧仪，公卿以下每月常朝，先帝以其频，故省，唯六月、十月朔朝。后复以六月朔盛暑，省之。’”每月常朝在东汉频率骤降为一年一度，可见其主要职能不在议政理事，虽号为常朝，参照古之三朝本为燕朝，但从实际效果上，未能达到治事议政的目的。为了确保国家正常运作，进行日常政事处理的当另有其地。

3. 外朝政务

两汉常朝与大朝侧重点在于举行重塑帝国秩序、强化君臣关系的礼仪活动。政治事务多在丞相府决策，其台省别置于宫室之外，从职能上相当于治朝。同时，在每年的大朝期间，还会分别在丞相府和司徒府举行各州行政事务的“上计”（年度汇报）：《后汉书·赵壹传》写上计规模：“元和元年……是时司徒袁逢受计，计吏数百人皆拜伏庭中，莫敢仰视。”可见此事在庭中进行。上计结束后，继续在丞相府的朝会殿廷，由丞相、御史大夫承皇帝之意，向上计官吏发布敕戒[28]——这又相当于一部分外朝的内容。为此，后世郑氏在《小宗伯》注中称：“以汉司徒府有天子以下大会殿，设于司徒府则为殿，则宜有后殿。大会殿设于司徒府，则为外朝。”[29]将三公府归为外朝，此说对理解曹魏的骈列制或有启发，但用以解释汉代宫室与周礼三朝的对应关系，还是颇有牵强。

以上从政府组成体系及朝会政治空间两个部分讨论了秦汉时期的权力架构。随着国家的大一统以及相应的行政事务的复杂化，先秦政府体系中的政职系统成为政治机构的重点。其首脑即宰相体系得到迅速的发展。行政事务的复杂化同样促发了政治机构的膨胀，发展至汉，带来中朝官及省官的出现。三层多有重复的政治体系中因与掌权者（皇帝、太后）的空间远近而形成三个层次，其斗争起落展示了皇帝私权影响下官员权力的更蜕与转移。同时期在朝会政治空间的利用上，还残存着礼仪与政治双架构双轴线的意识，政务处理及节日仪程分别在不同的区域进行，东汉是在宫外三公府处置国家政务，而在宫内正殿行元会仪。

“三朝”概念首现于汉代典籍中，东汉郑玄注《周礼·秋官·朝士职》中较早地提出：“天子诸侯皆有三朝，外朝一、内朝二。”但在从仪式活动及朝政的推行来看，天子朝会主要是元正大朝及常朝，间或替代为朔望朝。政治角度的三朝并不稳定，可以说，还属于概念的生成期。郑氏以“……司徒府，则为外朝。宫中有前后，则为内朝、燕朝”的说法将两汉朝会与典籍中的三朝相附会，实难以成立。

学界讨论通常认为是东汉末年曹操营建邺城为魏都，才设置形成了尚书台即丞相府与宫室东、西骈列的格局，但从先秦的政府职能结构、汉朝会仪式与行政的空间区分来看，这种政事功能与仪式功能的区分酝酿在先秦，初现端倪于两汉。经西汉至东汉初期，政事功能便是在皇帝居住的南宫外的东侧三公府邸中进行。

2.2 魏晋的宫廷制度

考察汉以前都城的空间问题之所以十分艰难，原因之一在于完全在单一时期内兴建者并不多见，因此相关影响因素的干扰颇多。真正经过先期筹划才进行建设的宫城当推邺城。不论从城市设置，还是从魏晋南北朝宫室，或者朝会与东西堂制度的创建明确，都以曹魏邺城为先。以郭湖生先生为代表的建筑城市史研究者认为，曹魏邺城宫殿开启了“骈列制”的先河，在宫城内设置了两条平行并列的轴线，且这一制度持续影响至南朝建康台城[30]；历史学者通常侧重曹操对政治体系施行的改革，并且因曹操终身未称帝，而认为他在营建方面并无立都新意而较少提及。张作耀认为曹操在其晚期进行的构筑项目如洛阳建始殿中已经在为篡汉进行明确表态和准备行动[31]。笔者认同这一看法，材料证明，正是自建安九年（公元204年）攻克邺城，曹操领冀州牧，便长期居住在邺城，不再去许都。以荀彧为首的尚书台阁也移居到邺城。官员体系的新建与邺城营造同时进行，又要兼顾对汉室持臣子礼节，以谦谨姿态示汉献帝，曹魏邺都就是这么一座在各种力量中寻找平衡点并孕育着帝王勃勃雄心的都城。

关于东西堂制度，以典籍所见，东西堂首现于魏明帝时期，但这是曹魏所创之制还是汉代已有呢？对此问题，刘敦桢先生曾有多篇文章涉及了相关讨论并对东西堂的流变提出了自己的看法[32-34]，认为南北朝承袭了汉东西厢并演变为东西堂制度；而焦阳博士在其论文中也谈及“东西厢”到“东西堂”的变化[35]。祝总斌先生在其《两汉魏晋南北朝宰相制度研究》一书中[36]，率先进行了将政治制度与宫廷内外建筑布局关联分析的尝试，开辟了建筑史及政治史研究的全新视角。本节讨论曹魏时期的政治调整与宫室格局的关系，其中邺城建设中的体现的制度创新是研究的重点。

2.2.1 尚书台阁在许都的确立

台阁制度，指尚书台或尚书省制度。因其在空间上位于宫中“高台榭”，即官署设在夯土高台上而得称“台”。《初学记》卷十一尚书令条说秦、汉“尚书为中台”，即前文之省外中朝官。台阁在汉属于中朝官，随着三公式微，东汉尚书权力“优重，出纳王命，敷奏万机”[37]。

汉末建安元年（公元196年），曹操迎汉献帝于许都，并“录尚书事”。在许昌时期，曹操身兼录尚书事、司空、丞相多职，通过先后委任荀彧（公元196年）、程昱（公元196年）、华歆（公元200年）为尚书令，仲长统为尚书郎（公元206年）把尚书台掌控到自己手中[38]。这些人员共同组成尚书台阁，直隶于身为丞相的曹操，外朝台阁制度从此形成。曹操移内廷台阁于外朝，使尚书台阁权柄直隶于丞相，此举是对秦汉君主治下的“外朝官—中朝官—省官”层次的重大调整，消除了中央权力被宦官、外戚割裂的隐患。直至建安十三年（公元208年），“罢三公官，置丞相、御史大夫”，此后三公不再参与入朝听政[39]5。夏六月，以曹操为丞相[40]。

随着尚书台阁的迁移，尚书台阁便从中朝彻底独立出来，变成以司空、丞相录尚书事为首的外朝台阁。《初学记》卷十一尚书令条有：“**故尚书为中台，谒者为外台，御史为宪台，谓之三台**”“**梁陈、后魏、北齐、隋则曰尚书省**”。“中”字的消失表现了自曹操以降台阁从内廷转移到外朝、从皇帝手上转移到了朝臣手中的过程。这种转移，夺走了皇帝事无不总的权力，也消除了皇帝的亲随宦官干预政治的隐患。

从权责和地位上，曹操完成了将尚书台从中朝至外朝的转化，使之成为限制皇权的外朝台阁。至隋朝吏、户、礼、兵、刑、工六部制成立，其间的设官分职，一直延续此格式。就此意义上来说，曹操实为外朝尚书台阁制度的建立者与奠基人。

与此同时，中央的军事权也归由丞相掌握，曹操设置了两种军职以掌握内外诸军。一是掌领禁兵的中领军和中护军。《晋书·职官志》称中领军为“魏官”，“**建安四年，魏武丞相府自置**”[41]，作为皇宫内廷的防卫；二是征战四方的四征将军（即征东、征西、征南、征北），皆掌征伐。《宋书·百官志上》记：“**鱼豢曰：四征，魏武帝置，秩二千石。**”丞相掌握了宫防和国防两个领域的军事权力，其隶属关系也直接影响到了后世丞相的权力。

在许都期间，曹操从架构制度上完成了尚书台阁的建立，遗憾的是，无论从文献的空间陈述上，还是考古发掘中，尚无法对许昌汉故城的空间制度有更多的了解。但可以确认的是，至迟到邺城时期，相应的空间制度已经得到了建立。

2.2.2 邺城创制

邺城城制肇始于东汉时期的袁绍，建安十八年（公元213年）曹操开始营建邺都。《魏都赋》谓邺城制度“**览荀卿，采萧相**”：荀卿即荀子，《荀子·王制》中强调将等级划分作为组织社会的根本法则，“**分莫大于礼**”。且“**隆礼尊贤而王，重法爱民而霸**”，强调礼制和法制的并重；萧相即萧何。“**萧丞相营作未央宫，立东阙、北阙、前殿、武库**”[42]，为西汉长安奠定了基本的结构。从这两者看，曹魏邺城承袭的两汉的制度，并强化了礼法的分界。

5《三国志·高柔传》载，高柔上奏说：自今之后，朝有疑议及刑狱大事，宜数以咨访三公。三公朝朔望之日，又可特延入，讲论得失，博尽事情，庶有裨起天听，弘益大化。可见三公只在每月初一、十五特诏入殿廷，议论得失。按东汉旧制，凡拜为三公，皆可参加朝会，魏废其制。

考古揭示：曹魏邺城实测东西长2400米，最长处2620米，南北宽1700米，平面呈横长方形，长宽比大致2∶1。宫城位于大道东，即邺都西北方位。自西向东，依次排列西苑（铜雀园）、大朝宫殿及后寝区、尚书都省区、南北大道、民居区。东西大道南，除尚书都省区所对应道路左右为衙署外，其他为居民区，并沿袭东汉设“里”管理[43]（图2-2-1）。

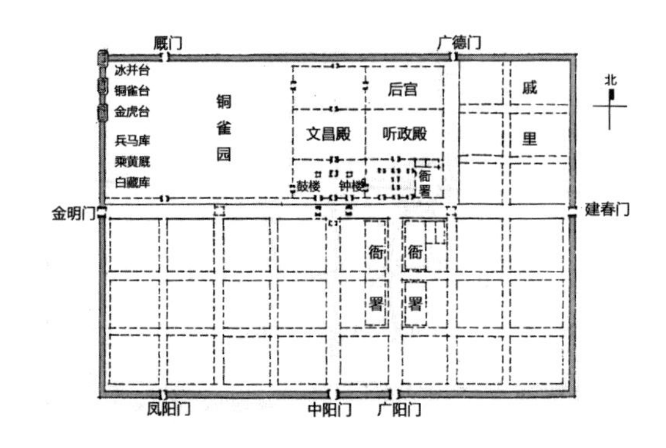

图2-2-1　曹魏邺城平面图示（资料来源：郭湖生《中华古都》）

邺城建置与布局规整，改变了秦汉以来宫廷建制分散、中央官署不集中的建置布局，“完成了都城建置向单一宫城的转变”[43]。《魏都赋》中介绍宫城布局，以文昌为主殿，其左右有两路，东路是设置在重门之后的听政殿及其他官署，西路是园圃池塘及三台：

“造文昌之广殿，极栋宇之弘规。……西辟延秋，东启长春。用觐群后，观享颐宾。

左则中朝有赩，听政作寝。匪朴匪，去泰去甚。木无雕锼，土无绨锦。玄化所甄，国风所禀。於前则宣明显阳，顺德崇礼。重闱洞出，锵锵济济。……禁台省中，连闼对廊。……膳夫有官，药剂有司。肴醳顺时，腠理则治。……

右则疏圃曲池，下畹高堂。……飞陛方辇而径西，三台列峙以峥嵘。亢阳台於阴基，拟华山之削成。上累栋而重霤，下冰室而沍冥。周轩中天，丹墀临猋。……附以兰锜，宿以禁兵。……”[44]

从文中看，不考虑铜雀园的话，邺城实为以文昌殿为核心的西路建筑群与以听政殿为核心的东路建筑群东西并置格局。其中东路建筑有“禁台省中”，可见除了原中朝的尚书台外，“省”中机构也合并于此。与两汉相比，郭湖生先生将此称之为“骈列制”并提出了曹魏邺城的平面格局复原，傅熹年先生亦对此进行过推测复原并绘出了类似的平面布局[45, 46]。不过在关于功能设定上，傅熹年先生认为皇帝居于文昌而理政在听政殿，这是忽视了邺城初建时的皇权旁落的政治前提。曹操兴建邺城目的在于迎驾汉献帝，以实现“挟天子以令诸侯”，从这一角度认识邺城的兴建中文昌殿和听政殿的并置，可以看出这实际上体现了独大的相权与徒有其表的君权之间并置。双轴线及衙署的位置都是受这种特殊的政治局势影响带来的变化的。曹操直至公元220年病逝也未称帝，可以想见，从曹魏邺城的运行上来说，听政殿一路一直是实际的权力核心。需要说明的是，邺城从未成为帝都，所以骈列制若未在许昌和洛阳实行，其实只是一个未实现的皇权—相权分立制度。

曹魏邺城开创的这一以理想的网格为规划基础，将宫城居于城市北端的城区布局对后世都城规划影响甚远。三曹七子们对邺都盛景的歌颂，使得邺城的形式名噪天下。曹丕称帝后，将魏都由邺迁洛，其后继位的明帝遵循先人制度，按邺城经验重整了洛阳都城。可以说，在魏明帝时期，曹魏初立时特定的政治权力关系已经发生变化，而后人却出于尊重先人的原则承袭了其开创的空间格式，这就从宫室的运作使用上带来了新的问题，并继而引发了东西堂的出现。

2.2.3 骈列制与其对职官体制的影响

不仅丞相和君主并置的权力格式促发了骈列制的形成，骈列制的存在也同时带动了新职官权力的上升。皇帝地处西路深宫之内，为了参与管理尚书省的政务，需要一个非尚书省的官员作为媒介、代理，即秘书。魏文帝的中书令即曹操秘书令的改称。中书省起到了沟通皇帝与尚书省的作用，是架构在皇帝与尚书省之间的桥梁。

如前文所说，东汉时的内官中书令为省官，非腐刑者不能任。“宣帝时，弘恭坐腐刑，累迁为令。明习文法，势倾内外。然恭死，石君防亦坐腐刑代为令”。[47]此职在东汉时期湮没，在汉末随着曹魏设立秘书令又复兴起，并以诸公兼之，使其人选从内朝转为外朝官。中书之职随尚书台阁的独立变得日益重要。魏晋以还，中书监、令与尚书令号为宰相之任，而中书监、令在魏晋人心目中，比尚书令尤为光彩。晋时中书之职有凤皇（凰）池、龙凤池之称。

曹嘉之《晋记》曰：中书监令常同车入朝。至和峤为令，而荀勖为监，峤意强抗，专车而坐，乃使监令异车，自此始也。又曰：荀勖自中书监迁尚书令，人贺之。勖曰：“夺我凤皇池，何贺之有？”[48]

荀勖被调往尚书省任尚书令。在他人看是一种职位上的升迁。但本人却抑郁惆怅，还是因为中书省专管机要之事，离权力更近，以致这种明升暗降，实在无可喜之处。“夺我凤凰池”之语，显然是以凤凰池指代位于禁中的中书省。《初学记》卷一一中书令条注引卞伯玉《中书郎诗》又有：“大方信包含，优渥遂不已，跃鳞龙凤池，挥翰紫宸里。”以龙凤池对仗紫宸里，显然中书郎之职行事在禁中。之所以被誉为是凤凰池、龙凤池，是因为中书号为天子的私人，尚书省向天子奏事，由中书接受；天子向尚书省所发的诏命，由中书起草并下达。此之谓“王言之职，总司清要。”后世中书省与汉末尚书台省一样由内廷走向外朝，失去了禁中的空间位置，也就丧失了“凤凰池”的别称。

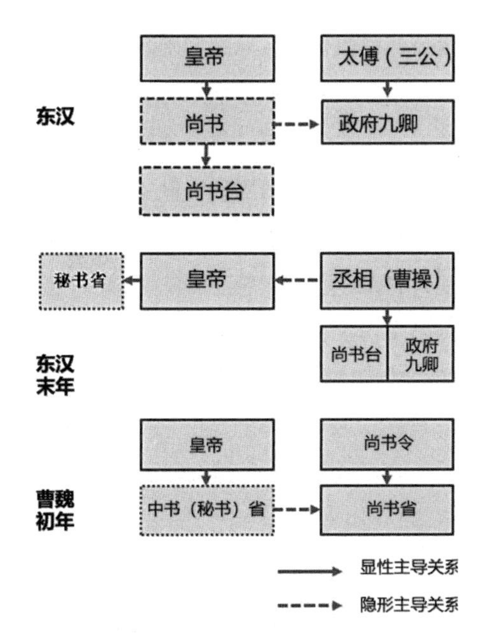

图2-2-2　东汉至曹魏初期皇权—相权结构图

综上所述，再次回顾整理东汉晚期至曹魏初建时期的皇权与多方的相权势力之间的组织关系，可以看到三个层次的变化历程（图2-2-2）。第一个阶段，君主为了与相权抗衡，在内廷扶持尚书省的建立；第二个阶段，从机构设置上，将尚书省转移至外朝（宰相衙门）配合丞相，成为宰相体系的一部分，实现相权下的决策权和执行权的架构分离，在内廷另设立秘书省；第三个阶段，尚书省架构完整，同时中书省作为联系皇令与尚书机构的桥梁，出现并处于了枢纽地位。皇权与相权的关系在由对立并置向整体联系演进。但所谓“骈列制”在东汉末并未真正实行，曹魏邺城宫廷空间布局也只能是一种“东西宫”而已。

曹魏明帝青龙三年（公元235年）在洛阳“营太极殿为大朝，又建东西堂供朝谒见、讲学之用”，创建了太极殿和东西堂（沿袭汉东西厢），并在宫内建立了总揽全国政务即中央政府的尚书台，二者（太极殿与尚书朝堂）承袭邺城制度，东西骈列，二者前方的宫门（阊阖门与司马门）亦东西骈列。外朝之北为内殿，再北为芳林苑。这一模式不仅由西晋全部继承，也被东晋、南朝所继承。两百多年后北魏重建洛阳时所依循的便是这一模式。太极殿和东西堂制度且曾为许多同时期的霸国所模仿。

2.3 南北朝时期的宫室格局

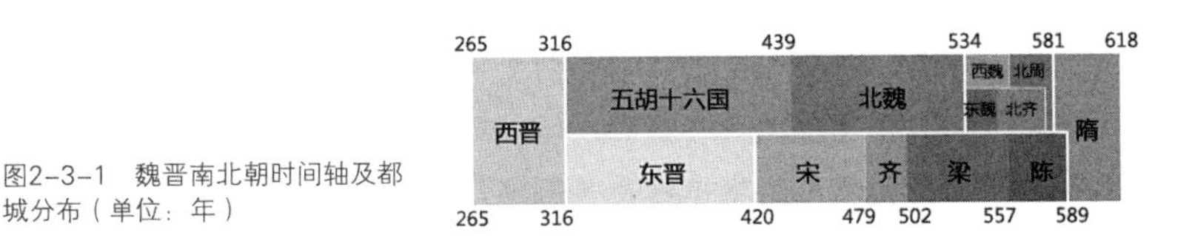

图2-3-1 魏晋南北朝时间轴及都城分布（单位：年）

建立在曹魏邺城的骈列制创制基础上，本节及下节将分别以南北两地为重点，讨论两晋及南北朝时期都城宫室的骈列格局与政治体系发展中的关系。其宫室整体格局呈骈列格式，行政重心在尚书朝堂，礼仪重心在于以太极殿为代表的正殿，东西堂的确立，以及其在政治运作和礼仪活动中处于什么地位，构成的殿廷空间又是何种形态，是本节关注讨论的核心问题。

自公元265年司马炎以禅让形式代魏建立晋朝（后称西晋），至公元589年隋灭陈统一中国，是分裂动荡的两晋南北朝时期。其中南朝（公元420年~589年）包含宋、齐、梁、陈四朝；北朝（公元439~589年）经过了五胡十六国时期，包含了北魏、东魏、西魏、北齐和北周五朝（图2-3-1）。自东晋以来，南朝便以建康为都城，北方则先后以洛阳、长安、邺城[6]为都城。在南朝，宫室制度表现得相对传承有序，而北朝经过五胡十六国时期出现了断裂，自北魏迁都至洛阳起，两地屡次兴建时互为参考，其宫室朝会区域均以太极殿东西堂为基本模式。以下就北方北朝时期各都城宫室的发展予以讨论。

2.3.1 北朝的宫室格局与政治空间

两晋时期（公元256年~383年）在政治架构建设上，朝廷的决策机关与行政机关逐渐分立。尚书省、中书省及门下省依序独立出来：西晋承袭曹魏，尚书的内部架构发展充分，在西晋时期形成了有省、曹、郎曹的三级机构，继续与宫室呈平行布局；同时，中书监职权甚重，地处枢近，与尚书形成制衡；门下也自中书切割得到部分权力，并在东晋期间完善成为门下省。为后世的南朝宋与北魏确立了明确的三省的架构[7]。

从三省的重要性角度来说，尚书省是国家的核心机构，东晋多以宗室掌尚书令一职，同时以他官“录尚书事”，作为宰相参与实际工作。《北齐书》卷一有“神武以万机不可旷废，乃与百僚议以清河王亶为大司马，居尚书下舍而承制决事焉。”[49]

6 即东魏北齐之都邺南城。
7 至于北周，其政治机构另辟蹊径，按周礼设置六官，即天官、地官、春官、夏官、秋官、冬官六府，这也成为后世隋唐六部制度的源头。由于与三省架构差异较大且出现较晚，暂不作为同一脉络主干的政治演变环节予以讨论。

以大司马居在尚书下省，决策在尚书上省，方称得上“万机不可旷废”，可见实际政务处理集中在此。此外，北齐一代，作为皇位继承人的皇子多有担当尚书令的经历，高澄、高演都担当过此职位。尽管有中书门下两省的分权存在，尚书省仍是处理政事的中心并成为未来君主的演习之地。

在官僚体系架构之外，还需要考虑到的是作为官员选录土壤的人才制度和权力背景：魏晋南北朝时期，由东汉豪强地主势力为渊源演变而来的门阀世家林立，士族作为皇权的主要支持力量，其政治能量根深蒂固。政治制度上，九品中正制的存在确保了士族子弟能够不断地进入到政府核心，以维持世家大族的私家势力及政治特权。

两晋期间，高门士族把持政权，西晋时完善的尚书省、东晋时确立的中书、门下省都成为士族渗透的主要部门，且东晋时期的中书监、令“往往同时是录尚书事宰相”[50]，掌握了相权：王导出身琅琊王氏家族，为司徒，领中书监，录尚书事；谢安出身名门陈郡谢氏，任中书监，录尚书事；而担任中书监22年的荀勖出身颍传望族；中书令裴楷出身河东大族[51]；东晋明帝时庾亮任中书监，其为皇后之兄[52]，亦是颍州庾氏。门阀世家子弟掌握了中书省大权，同时兼任尚书事，是名副其实的宰相。形成了宰相家族，因此世家对宗室的偏好可以深刻地影响政局，包括继承人之位稳定与否，当机会来临时，门阀家族亦可扶持其自己认可的势力登上皇位。

这一时期皇权与相权的关系实际上折射的是皇室与世家的关系。臣强君弱，世家所控之朝堂才是决定国家命运之关键，东晋初年桓温有不臣之志，意图逼宫禅位，其首寻便是宰相王坦之、谢安，“桓温出次（尚书）中堂，令兵屯卫”[53]。这也是尚书省对政局影响重大的表现。

2.3.1.1　太极殿与东西堂的发源

太极殿、东西堂设立于曹魏明帝时，这已经毋庸置疑，不仅《魏书》中记青龙三年（公元235年）“营太极殿为大朝，又建东西堂供朝谒见、讲学之用”，在《三国志·魏书·三少帝纪》又有记：

“高贵乡公曹髦于嘉平六年（公元254年）十月庚寅被迎入洛阳，至太极东堂见皇太后，同日即皇帝位于太极前殿。又记陈留王曹奂于甘露五年六月甲申被迎入洛阳见皇太后，同日即皇帝位于太极前殿”。

裴松之注所引《魏略》则明记曹芳废黜时是由太极殿南出而去。可见太极殿、东西堂此时已定型。太极殿作为宫中正殿，成为皇家活动最主要的场所。

司马氏于公元265年以晋代曹魏，由于采用“禅让”的方式，曹魏以来的洛阳宫殿未发生战事得以保存完好继续使用。《晋书·武帝纪》记泰始元年冬十二月丙寅设坛南郊行禅让之礼毕，晋武帝即至洛阳宫幸太极前殿宣诏称帝，足证西晋的太极殿是曹魏太极殿原殿的延续。又有东西堂制度，即大事在正殿“太极殿”，他事在左右即“东、西堂”。南朝宋山谦之《丹阳记》中讨论太极殿东西堂的演变过程[54]：

“太极殿，周制路寝也，秦汉曰前殿，今称太极，曰前殿，洛宫之号，始自魏。案《史记》，秦皇改命宫为庙，以拟太极。魏号正殿为太极，盖采其义而加以太，亦犹汉夏门魏加曰太夏耳。咸康中，散骑侍郎庾阐议求改太为泰，盖谬矣。东西堂亦魏制，於周小寝也。”

曹植《毁鄴城故殿令》中则说：

“汉氏绝业，大魏龙兴，只人尺土，非复汉有。是以咸阳则魏之西都，伊洛为魏之东京，故夷朱雀而树阊阖，平德阳而建泰极。”[55]

尽管“太”或“泰”字仍有争议，但通过两文对照可以了解：魏都以东汉北宫为宫室主址，其太极殿便坐落在东汉德阳殿的基础上。山谦之称太极殿为周之路寝。按三礼所记，路寝在路门后，为内朝、燕朝所在，职能上用以宴会宗亲、密议国事。从当时的太极殿活动记载来看，尽管它的职能与周制相比较已更加复杂多样，但仍非治朝。由此看来，山谦之的类比在于其空间而非内容，太极殿廷是此轴线上第一座大殿，前有路门且庭院封闭。至于称东西堂为“周小寝”，周制天子六寝，一路寝五小寝，也是指其空间格局而非功能。

至于周制中所谓之治朝，作为百官奏事决策之地，根据前文对政治体系的分析，实质上在太极殿东路的尚书朝堂。

2.3.1.2 两晋北朝时期的太极殿东西堂活动

1. 西晋太极殿及东西堂活动

西晋都洛阳后沿用了这一宫室，东晋都建康。两地宫室同处一脉，以《晋书》文献为基础，对两晋时期发生在太极殿区域的活动进行整理，如表2-3-1所示。

西晋太极殿及东西堂仪典行为（以《晋书》为基础整理）　　表2-3-1

	仪式内容	性质	备注
太极殿	1. 读时令	嘉礼	《晋书》帝纪第五
	2. 素服临朝三日	凶礼	《晋书》帝纪第八
	3. 即位	嘉礼	《晋书》帝纪第九
	4. 飨宴		《晋书》载记第十二
太极殿西堂	1. 驾崩	凶礼	《晋书》帝纪第八
	2. 举皇后哀	凶礼	《晋书》帝纪第十
	3. 举王公哀	凶礼	《晋书》列传第三十四
	4. 宴群公		《晋书》列传第三十九
	5. 饯行		《晋书》列传第四十四
	6. 策问		《晋书》列传第六十二
	7. 小会		《晋书》列传第六十九
	8. 见蕃臣	宾礼	《晋书》载记第十四
太极殿东堂	1. 听政议政		《晋书》帝纪第五、第十八，载记第五
	2. 朔望听政	嘉礼	《晋书》帝纪第七
	3. 驾崩	凶礼	《晋书》帝纪第九、第十
	4. 饯行		《晋书》帝纪第十，列传第二十二
	5. 天子举哀	凶礼	《晋书》列传第七
	6. 大朝发哀	凶礼	《晋书》载记第十八
	7. 见王国卿、诸州别驾		《晋书》列传第十二
	8. 策问		《晋书》列传第十三、第二十一
	9. 宴群臣		《晋书》载记第三
	10. 避正殿		《晋书》载记第三

2. 北魏及北齐时期的太极殿东西堂活动

北魏原都平城，孝文帝于太和十七年（公元493年）迁都洛阳并展开了对洛阳的重建，及至世宗景明三年（公元502年）完成主殿太极殿的建设及京城诸坊（图2-3-2）。但随着北魏中央政权的瓦解，高欢的北齐政权于公元535年拆洛阳宫室官署以修筑邺都宫

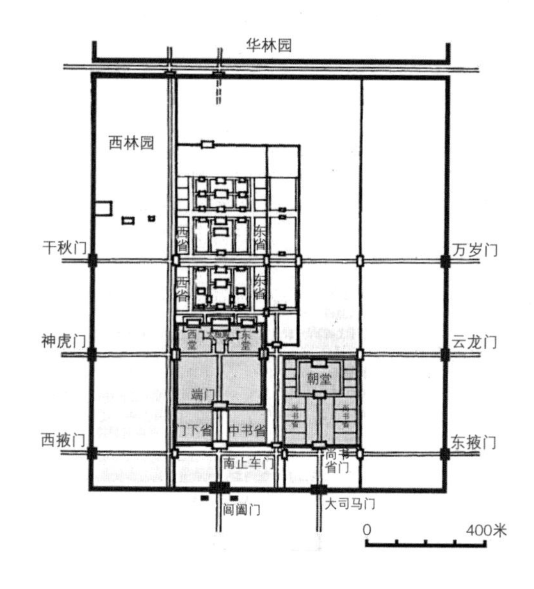

图2-3-2　北魏洛阳宫城平面复原示意图（资料来源：《中国古代建筑史第二卷》）

殿，洛阳宫又告瓦解。成书于唐的《隋书》“礼仪志”主要讲述了北齐、梁陈、隋（北周）的皇室礼仪制度。其中以北齐制度为主线，整理殿堂及其礼仪功能对应如表2-3-2所示。

北齐太极殿及东西堂仪典行为（以《齐书》、《隋书》卷九为基础整理） 表2-3-2

	仪式内容	性质
太极殿	1. 立春日受朝	嘉礼
	2. 立夏、季夏、立秋读令	
	3. 策秀才贡士	
	4. 发殡	凶礼
太极殿西厢	1. 宴宗室	嘉礼
	2. 遇天象	
	3. 立冬读时令	嘉礼
太极殿东厢	1. 遇天象（日蚀）	
	2. 有事避正殿	
	3. 举哀	凶礼
昭阳殿	1. 皇太后受尊号	
	2. 纳后、册后	
	3. 太子纳妃	
	4. 元日皇后受拜	嘉礼

综合各朝史书中《帝纪》章节记载的帝王活动，主要是在太极殿及东西堂，进行以五礼为核心的仪式活动，宫城正殿都以太极殿命名，主做仪式之用，帝王参与议事和宴会待客以东堂为多；涉及政事处理则多提及台省。其既可以独立运作，又便于到达太极东堂与皇帝讨论政务或参与政治性的国宴。郭湖生先生曾提出，这一时期政事处理主要在东西堂，太极殿仅为仪式之用，平常空置[56]。而笔者通过对朝仪内容和活动频率的梳理，认为国事的处置与政务的处理更多在正殿之东的尚书台省内进行，理想化的三朝制在这一时期从空间分布上分解为以东台省为核心的治朝政治区域和以西路太极殿为主体的大朝、燕朝仪式区域。

门阀家族交织的姻亲关系在皇家与世家间建立起千丝万缕的联系。同时，九品中正制的择官制度使得世家凭借出身即可牢牢占据多数高级官员岗位，进入三省的世家官员凭借尚书省的区位优势，在皇帝宫廷一侧形成了自成体系的治朝，“天子之廷”与“政务之朝”同列的格局分散牵制了王权对政务上的控制，导致君主自身的礼制价值甚于其决策价值，“晋室诸帝，多处内房。朝宴所临，仅东、西二堂”[57]。因此可以说，正是骈列式的布局格式，给予了以宰相为代表的世家以更大的政治影响力，从而巩固强化了魏晋南北朝时期“臣强君弱”的政治态势，提高了天子集权的难度，曲折促发了皇权动荡更迭的局面。

至于洛阳太极殿廷的布局格式，由于考古和文献的匮乏，现有的研究主要参考依赖了建康宫城制度，文献中仅有关于细节的片段，如马道的存在[58][8]。这与东汉洛阳德阳殿殿外庭院中有高差达4.6米的丹陛似有传承关系。傅熹年先生和郭湖生先生都做过其格局的复原研究，其布局制度将在下文建康台城的讨论中予以详细阐述。

2.3.2 南朝建康台城制度考析

2.3.2.1 建设历程与布局

南朝建康台城的历史始于公元316年司马睿称晋王立东晋。东晋南迁定都建康后，为保持正统地位，开始把建康城内部按洛阳模式改造，形成宫室在北，宫前有南北大道形成都城主轴，夹道建官署及“左祖右社”的布局。公元378年由大臣谢安主持、大匠毛安之按西晋洛阳宫殿模式修缮重修，立太极殿及东西堂，骈列尚书台朝堂。初期虽然名称齐备但营建草率，崇礼门是尚书朝堂的门名，初期门闼犹是茅茨而设鼓防火，可以想见当时之草创。在公元378年～396年的20年中是建康兴建的第一个高峰，之后各朝又有增建，至公元502年后梁形成高潮，完善形成其最终布局。

南朝建康宫城的平面布局和洛阳宫城相似且更加规范，宫墙有内外三重。外重宫墙之内布置宫中一般机构和驻军。宫墙内布置中央官署，而这时把中央机构的宿舍也建在此区域之举则为东晋与南朝所特有。宫内主殿太极殿与东西堂并置，都是在效法魏晋洛阳，力求在宫室制度上标明自己是正统。朝堂和尚书省仍在东侧，为常朝所在，与西侧大朝所在地太极殿骈列。向南各有门通出宫外，尚书省南通南掖门，太极殿南通大司马门（又名章门或阙门）。尚书台总揽天下政务，亦称天台，因此南掖门又称天门。尚书台所在宫城亦称为台城，此名称更多强调了其作为中央政府的意义，而非皇帝起居。

8《魏书・卷64列传52郭祚传》：“故事，令、仆、中丞驺唱而入宫门，至於马道。及祚为仆射，以为非尽敬之宜，言於帝，纳之。下诏御在太极，驺唱至止车门，御在朝堂，至司马门。”
9《中国古代建筑史・第二卷》中反映出有两处应门，参见本书图2-3-3。

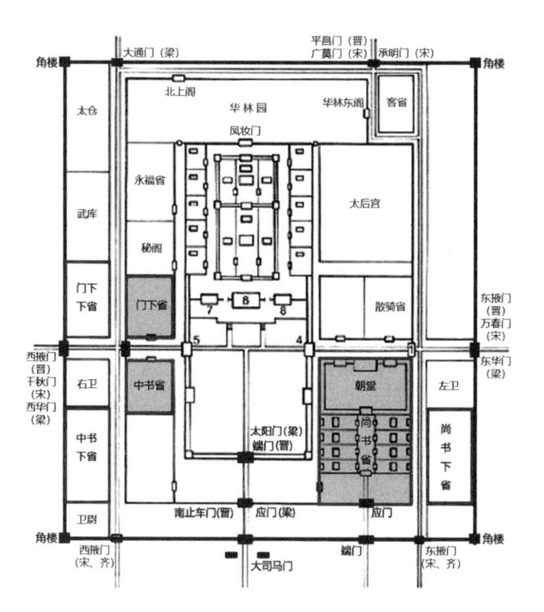

图2-3-3 东晋及南朝建康宫城平面示意图（资料来源：《中国古代建筑史》第二卷），105页

相较于洛阳宫室，建康台城的发掘研究更为充分，可借此探讨太极殿—东西堂布局以及骈列的政治空间制度。

历经萧梁完善而成的宫城部分，以大司马门为起点，经应门（晋之南止车门）、太阳门（晋之端门），到正殿太极殿和东堂、西堂；其东路以端门（晋之南掖门）为起点，经应门到达尚书省及朝堂[59]9。（图2-3-3）

洛阳宫城尚书都省南门称为尚书省门，在南朝建康此处则称应门，周制应门以内为治朝。另外，关于南朝的政务处理，《梁书》武帝本纪中所记讲述最为清晰：

大同六年（540）八月辛未，诏曰："尚书置令、仆、丞、郎，旦旦上朝，以议时事，前共筹怀，然后奏闻。顷者不尔，每有疑事，倚立求决……自今尚书中有疑事，前于朝堂参仪，然后启闻，不得习常。其军机要切，前须咨审，自依旧典"。

从活动内容上，每日令、仆、丞、郎均在尚书朝堂上朝以议政，参议之后方拿军机要切与皇帝请奏。可见在梁朝，不论是从实际的政务运作内容上看，还是从与固定大门的方位关系上看，尚书朝堂都堪为治朝的地位。

2.3.2.2 太极殿与东西堂的活动

建康作为营造于江南之地的都城，在城池的规模形制上与中原洛阳多有差异，但整体名称仍沿用魏晋之名，在自4世纪初期至6世纪后期的260余年的时期中，江南的建康堪称中国最为正统的都城。其宫内正殿也始终沿用曹魏、西晋主殿之名"太极殿"：建元元年（公元479年）四月，南齐高帝萧道成效东晋、刘宋禅让旧例，于建康南郊设坛受禅。礼毕，大驾还宫，临太极前殿宣诏即位；天监元年（公元502年）四月，梁武帝萧衍按前朝惯例，设坛南郊，告天受禅。礼毕，车驾还宫临太极前殿宣诏称帝；永定元年（公元557年）十月乙亥，陈武帝陈霸先于建康南郊设坛受禅，礼毕还宫，临太极前殿宣诏登皇帝位[60]。

在这个过程中，太极殿经过两次整修，一是天监十二年（公元513年）二月，梁王朝新建太极殿，《梁书·武帝纪》记殿的广度改为13间以从闰数。由此推想可见此前建康台城中的太极殿面阔皆为11间。二是永定二年（公元558年）七月，陈武帝命中书令沈众兼任起部尚书，少府卿蔡铸兼任将作大匠，重新建造太极殿并于当年十月迅速完成。同年十二月，陈武帝于太极殿东堂宴群臣，设金石之乐。永定三年正月降大雪，传说太极殿前有龙迹，以为吉祥。整理典籍，南朝各代在太极殿廷的主要活动如表2-3-3所示。

南朝建康太极殿及东西堂仪典行为　　表2-3-3

位置	仪式内容	性质	备注
太极前殿	1. 即位下诏	嘉礼	建元元年（公元479年）四月，齐高帝萧道成临太极前殿宣诏即位。江淹《铜剑赞序》，殿前有两铜钟
	2. 皇后、三公、藩王册拜	嘉礼	
	3. 太子冠礼	嘉礼	
	4. 元旦朝会	嘉礼	《隋书·卷九·礼仪志四》
	5. 郊祭前致斋	吉礼	《宋书·卷一四·礼仪志》
	6. 听时令	嘉礼	
	7. 遇天象		
	8. 举哀	凶礼	
	9. 宗教无遮大会		
太极东堂	1. 受万国朝	嘉礼	
	2. 宗室举哀	凶礼	《通典·卷八一·凶礼三》
太极西堂	宴会	宾礼	《宋书·卷一四·礼志一》
景阳殿	审案		
正阳堂	阅军	兵礼	
嘉德殿	宴饮	嘉礼	

2.3.2.3　太极殿廷格局

洛阳太极殿与建康太极殿格局互有摹写，其格局类似，唯太极殿间数有从12间到13间的变换过程。现阶段对太极殿东西堂的平面研究，有学者们以文献为基础复原有“魏晋洛阳宫城平面图”和“东晋及南朝建康宫城平面示意图”：刘敦桢先生认为太极殿与东、西堂的方位关系肇源自许昌景福殿中“景福左右翼以温房、凉室”的三殿横列方式，因此“南向成一横列”[61]；傅熹年先生亦持此见解，并认为这一格局也影响至内苑后宫，“台城宫殿常三殿一组，或一殿两阁，或三阁相连，对称布局，其间以廊庑阁道相连”[62]，帝寝乾殿（又称中斋），后寝显阳殿便都在两侧建翼殿，形成和太极殿相似的三殿并列布局。敦煌唐代壁画常采取“净土宫”背景，亦是这种一组三殿模式。

笔者认为除了依赖文献上对格局的陈述外，还要从空间活动的可行性——特别是大朝会的角度予以考虑，从而验证其空间制度。

1. 文献尺度的描述

关于建康台城内太极殿庭的尺度和规模的描述，主要是《景定建康志》卷二十一“古宫殿”引旧志所说的：

“太极殿，建康宫中正殿也。晋初造，以十二间像十二月，至梁武帝改为十三间，象闰焉。高八丈，长二十七丈，广十丈，内外并以锦石为砌。次东有太极东堂．七间。次西有太极西堂七间，亦以锦石为砌。更有东西二上阁，在堂殿之间。方庭阔六十亩。”[63]

又《南史》卷十四有：

“太史奏，东方有急兵，其祸不测，宜列万人兵于太极前殿，可以销灾。”

结合这两条记录，台城太极殿庭当为一大型方形广场。所谓“方庭阔六十亩”，按当时尺度，大亩相当于今日0.6916市亩，六十亩则相当于2.75万平方米。正殿十三间，左右有东西上阁门，又有七开间的东西堂。自文字看，三殿当为一线连缀之势，但这还不足以证明三殿排布的真实情况，尚需结合事件活动进行考量。

2. 事件仪程的描述

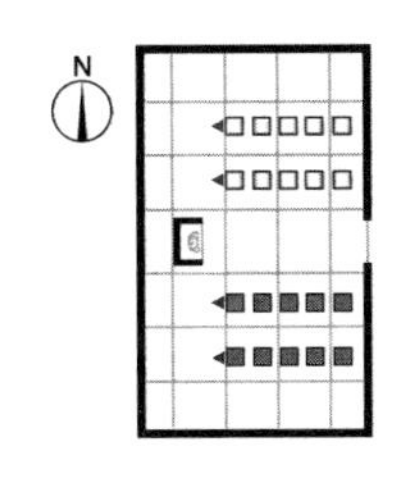

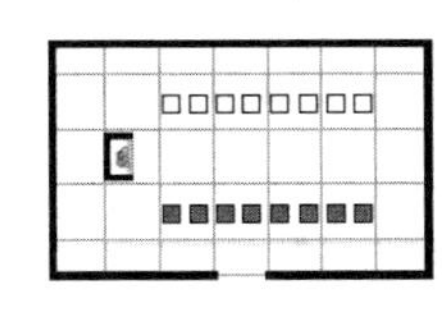

图2-3-4　后齐宴宗室时太极西厢主立面东向及南向情况下的殿内布局示意

按北齐太极殿西厢宴宗室的记录[64]10：皇帝着常服在西厢面东向而坐。宗室的座次安排使尊者坐南面，卑者坐北面，皆以西为上。以此描述，当西厢朝向不同时，可以推测出两个布局（图2-3-4）。回顾东汉诸城画像石“朝见图”（图2-1-6）中的内容，主人坐北朝南居西，入殿宾客以西为尊。由此看来，却是当太极殿西厢坐西面东时其布局更符合由汉代宴会传承下来

10 “后齐宴宗室礼，皇帝常服，别殿西厢东向。七庙子孙皆公服，无官者，单衣介帻，集神武门。宗室尊卑，次于殿庭。七十者二人扶拜，八十者扶而不拜。升殿就位，皇帝兴，宗室伏。皇帝坐，乃兴拜而坐。尊者南面，卑者北面，皆以西为上。八十者一坐。再至，进丝竹之乐。三爵毕，宗室避席，待诏而后复位。乃行无算爵。”见《隋书·卷九·礼仪志四》。

的座次格局。同样的制度在《宁城图》中也有所反映。庭院内人物坐东向西而拜，殿上一首要人物坐西面东，临近西阶（图2-3-5）。

图2-3-5 《宁城图》中的殿庭朝拜方位（资料来源：《文物》1974第一期）

由此引发了笔者对太极殿廷格式的疑问，太极殿及东西堂究竟是如秦雍城春秋宗庙那样自正殿两厢相对的格局，还是如傅先生等人复原的三殿连缀的格局呢？抑或是三殿各有院落，东西并列呢？

在《晋书·卷八·海西公纪》中记桓温事："百官入太极前殿，即日桓温使散骑侍郎刘享收帝玺绶。帝着白帢单衣，步下西堂，乘犊车出神兽（虎）门。群臣拜辞，莫不歔欷。"事在东晋建康，百官集于太极前殿，帝自太极西堂下，从神虎门即西门出。从这件事的记载看，百官在太极前殿前，尚可向自西堂下的晋帝拜辞，则东西堂各自有院一说自然不通，而西堂与太极殿平行而设的话，从行礼和观看的角度也有牵强之处，晋帝需折而至太极殿前。倒是如果西堂与太极殿垂直时，自西堂下便可到前殿所对之廷，似更符合书中所记场景。

此外，《隋书·卷九·礼仪志四》记载陈朝太极殿演习仪注之事：预演过程中，"宫人皆于东堂，隔绮疏而观"[64]11。即元旦朝会前，官员在正殿演练行止顺序，而宫人在东堂隔窗观礼。在这种情况下，若东堂与太极殿一线平行，并以东上阁门相隔，则宫人势必无法看到殿中仪式。如若两殿垂直，尚能看到部分殿外走动，至于看到殿内，则当在东序，而非东堂。陈朝元会仪，亦见于《隋书》，其中包括殿外和殿内的环节，因此，当东堂为坐东面西时，此记载尚可成立。

同书中又记载后齐"读时令"事曰："后齐立春日，皇帝……受朝于太极殿。尚书令等坐定，三公郎中诣席，跪读时令讫，典御酌酒卮，置郎中前，郎中尚，还席伏饮，礼成而出。立夏、季夏、立秋读令，则施御座于中楹，南向。立冬如立春，于西厢东向。各以其时之色服，仪并如春礼。"[64] 按此，立春、立夏、季夏、立秋时令时，皇帝均是在太极殿坐北朝南，仅有在殿内还是中楹下的区别。而立冬时，皇帝在西厢殿内设御座面东，其他官员就位关系

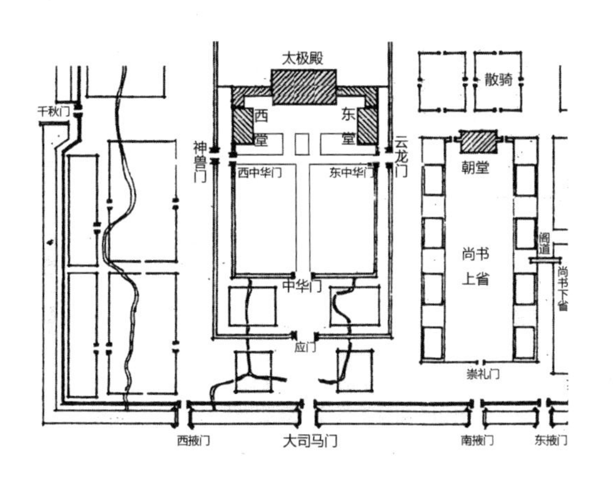

图2-3-6　太极殿—东西堂布局平面示意图（资料来源：以郭湖生建康台城改绘）

及仪式程序与太极殿中立春仪相同。这很直观地反映出西厢建筑本身便是坐西朝东的方位，否则殿内格局相对御座无法与太极殿同。

综上，建立在对南北朝两地各朝仪式事件的进程及可行性的分析基础上可以推断，太极殿与东西堂（东西厢）是三面环绕的组织关系，唯有这样，才能围合形成一个更为完整的殿廷（图2-3-6）。

2.4　两汉到南北朝宫室制度的发展总结

本章是秦汉至先唐时期宫室制度的梳理及总结。这一阶段皇帝作为宗教领袖的神秘色彩已经淡化，礼法主要用以展示其权威性和合理性。政务处理成为政府的核心职能。空间制度上存在政治处理区域与皇帝朝会区域的骈列制布局，同时，皇帝朝会区域功能细分形成东西堂制，这些空间布局形式，仍保存有“神职—政职”并置的意象。

在前面对魏晋南北朝时期所做的小结中，分析了骈列制与当时政治局势的密切关系，两者存在相辅相成、彼此助长的共生关系以及对皇权的威胁。又整理了各朝各代太极殿东西堂（厢）的活动类型。太极殿廷名义上附会了周礼中的“路寝”，在实际使用中融合了周礼中外朝大朝和治朝听政的职能，整合了五礼仪式以及宴饮居寝等功能在一处殿廷中。

这一时期的空间和政治关系上都与之后的隋有很大差异：空间上，汉至魏晋南北朝时期是“皇权（朝廷）—相权（朝堂）”骈列制“酝酿—发展—定型”的时期，大朝东西堂的治朝空间格局虽然较之略晚，但在使用布局上也沿袭了汉代制度的神韵；政治关系上，两汉魏晋南北朝时期，宰相是“重要性仅次于君主的一个环

11 “陈制，先元会十日，百官并习仪注，令仆已下，悉公服监之。设庭燎，街阙、城上、殿前皆严兵，百官各设部位而朝。宫人皆于东堂，隔绮疏而观。宫门既无籍，外人但绛衣者，亦得入观。是日，上事人发白兽樽。自余亦多依梁礼云。”

节"[65]。两汉是中书省和尚书省的发端，经过曹魏确立了尚书台阁的重要地位，在两晋南北朝时期依托着世家林立的大政治环境，从制度上强化维系了骈列制的存在。

骈列制的文化源头，最早或可以追溯至周天子的双重职能，而空间组织可以借鉴东汉三公府位于洛阳南宫之东的空间分布。这一时期，涉及国家各地财政事务的工作和决策是在三公府处理进行的[12]，而非在宫廷内。按儒家理念，天子择人善用，选定有才德的宰相后，自然可垂拱而治。而宰相作为处理实际事务的人员，其开府即三公府邸，均设立在宫城之外，以便直领百官，只留部分作为咨询职能的中朝官位于宫城内。曹操营建邺城之时，出于当时特殊的政治局势，将由自己主导的架构完善的尚书省衙署一路与皇帝所在的主殿一路东西并置，正式确立了骈列的空间制度，从政治运行上，强调东路尚书省的决策权和西路天子代表的礼制性；邺城而后，北魏洛阳、东晋建康沿袭同一格式：自魏邺城听政殿司马门前大道排列官署，官署与宫室分别被统一的轴线所控制，两者之间建立起强有力的联系。这一时期的政治动因在于门阀家族政治势力的强盛，相权掌握在门阀家族手中，相较之下皇权少有作为，与之对应的宫室空间格局就是抽象皇权的太极殿轴线与尚书都堂轴线的骈列，体现了权力不相上下的制衡关系。而骈列制既是以尚书台作为中央政府的宫内机构而产生，其消亡的根本原因，也正在尚书台的"见外"和威权日替。随着尚书由宫内机构变成与卿、监同列的宫外机构，骈列制也随之终止。这一过程由北齐邺南宫开始而为隋唐所采纳固定。

东西堂的确立晚于骈列制，其前提是独立的尚书都省的存在，垂拱而治的天子的主要职能在于充当礼法的代表并对重大议题进行决策。其中东堂因靠近尚书都省，主要作为议政及外交活动之地。两堂与太极殿的布局格式有东西一线串联及三面环绕的争议，从殿廷尺度、仪式进程以及空间文脉上来看，笔者认为其发源于春秋诸侯宗庙、以廊联系呈倒凹字形格局的可能性更高。

除了尚书省，南北朝时期的中书、门下两省坐落在宫城的禁中之中，即皇帝与后妃们饮食起居的宫禁之中。这一区域相当于汉宫的后宫，也是《唐六典·卷七·尚书工部》"工部尚书"条注所称"古之内朝"。之后发展至隋太极宫中，中书、门下两内省分别位于太极殿东西两侧，与太极殿广场一门之隔，相当于《唐六

12 诸国上计在三公府。所谓诸国上计，就是郡国即地方政府向朝廷汇报当地的社会经济与财政收支的基本情况，为国家制定地方发展策略、编制财政预算提供依据。同时，丞相也根据各郡国上计簿籍考核成绩的大小确定赏罚，即地方官员的评估。可以说，三公府的政务，涉及举国政策、财政和官员行政考核。

典》中所称“古之中朝”。当然这当是指政治区域，而非朝会。朝会的最终具体定型，还有待隋及初唐定制。

参考文献

[1] 米歇尔·福柯著. 刘北成，杨远婴译. 规训与惩罚[M]. 北京：生活·读书·新知三联书店，1999：118.
[2] 司马迁. 史记. 秦始皇本纪[M]. 北京：中华书局，1982.
[3] 曲英杰. 先秦都城复原研究[M]. 哈尔滨：黑龙江人民出版社，1991.
[4] 曲英杰，史记都城考[M]. 北京：商务印书馆，2007.
[5] 许宏. 先秦城市考古学研究[M]. 北京：燕山出版社，2000.
[6] 杨宽. 中国古代都城制度史研究[M]. 上海：上海古籍出版社，1993.
[7] 王学理. 咸阳帝都记[M]. 西安：三秦出版社，1999.
[8] 杨鸿年. 汉魏制度丛考[M]. 武汉：武汉大学出版社，1985.
[9] 祝总斌. 两汉魏晋南北朝宰相制度研究[M]. 北京：中国社会科学出版社，1990.
[10] 卜宪群. 秦汉官僚制度[M]. 北京：社会科学文献出版社，2002.
[11] 叶适. 习学记言序目[M]. 北京：中华书局，1977.
[12] 刘庆柱. 秦都咸阳几个问题的初探[J]. 文物，1976（11）.
[13] 考古发掘报告见陕西省社会科学院考古研究所渭水队. 秦都咸阳故城遗址的调查和试掘[J]. 考古，1962（6）.
[14] 秦都咸阳考古工作站. 秦都咸阳第一号宫殿建筑遗址简报[J]. 文物，1967（11）.
[15] [南朝宋]范晔撰. 后汉书志第二十九舆服上[M]. 北京：中华书局，1998.
[16] 赵奇. 秦汉中央秘书机构的确立与演变[J]. 成都大学学报（社会科学版），1987（04）.
[17] 杨鸿年. 汉魏制度丛考[M]. 武汉：武汉大学出版社，2005：6.
[18] [南朝宋]范晔撰. 后汉书（何进传、王莽传）[M]. 北京：中华书局，1998.
[19] [南朝宋]范晔撰. 后汉书·孝明帝纪[M]. 北京：中华书局，1998.
[20] [南朝宋]谢灵运撰. 晋书[M]. 扬州：江苏广陵古籍刻印社，1984.
[21] 刘叙杰. 中国古代建筑史·第1卷·原始社会、夏、商、周、秦、汉建筑[M]. 北京：中国建筑工业出版社，2009：458-471.
[22] 刘叙杰. 中国古代建筑史·第1卷·原始社会、夏、商、周、秦、汉建筑[M]. 北京：中国建筑工业出版社，2009：460-463.
[23] [南朝宋]范晔. 后汉书·左雄传[M]. 北京：中华书局，1998.
[24] “晋书卷二一礼志下”房玄龄. 晋书[M]. 北京：中华书局，1996.
[25] “续后汉书·第五·礼仪志中”郝经. 续后汉书[M]. 北京：商务印书馆，1958.
[26] [南朝宋]范晔撰. 后汉书[M]. 北京：中华书局，1998.

[27] 魏征等. 隋书卷九志第四[M]. 北京：中华书局，1997.

[28] [日]渡边信一郎. 元会的建构——中国古代帝国的朝政与礼仪[C]//[日]沟口雄三，小岛毅. 孙歌译. 中国的思维世界. 南京：江苏人民出版社，2006：381.

[29] [宋]叶梦得撰. 宇文绍奕考异. 侯忠义点校. 石林燕语卷二[M]. 北京：中华书局，1997.

[30] 郭湖生. 中华古都[M]. 台北：空间出版社，1997.

[31] 张作耀. 曹操传[M]. 北京：人民出版社，2008：3.

[32] 刘敦桢. 六朝时期的东西堂[C]//刘敦桢全集第四卷. 北京：建筑工业出版社，2007：75.

[33] 刘敦桢. 大壮室笔记[C]//中国营造学社汇刊第三卷第三期. 北京：京城印书局，1932.

[34] 刘敦桢. 东西堂史料[C]//营造学社汇刊第五卷二期. 北京：京城印书局.

[35] 焦洋. "营造"——一个中国观念史的个案研究[D]. 上海：同济大学，2012：143-154.

[36] 祝总斌. 两汉魏晋南北朝宰相制度研究[M]. 北京：中国社会科学出版社，1990.

[37] [宋]马端临著. 上海师范大学古籍研究所，华东师范大学古籍研究所点校. 文献通考卷五一职官五尚书省条[M]. 北京：中华书局，2011.

[38] [晋]陈寿撰. 三国志·魏书[M]. 北京：中华书局，2011.

[39] [晋]陈寿撰. 三国志·高柔传[M]. 北京：中华书局，2011.

[40] [晋]陈寿撰. 三国志·武帝纪[M]. 北京：中华书局，2011.

[41] 房玄龄. 晋书·职官志[M]. 北京：中华书局，1996.

[42] 司马迁. 史记·高祖本纪[M]. 北京：中华书局，1982.

[43] 傅熹年. 中国古代建筑史·第2卷·两晋、南北朝、隋唐、五代建筑[M]. 北京：中国建筑工业出版社，2001：2-5.

[44] 逯钦立. 先秦汉魏晋南北朝诗·魏都赋[M]. 中华书局，1983.

[45] 郭湖生. 中华古都[M]. 台北：空间出版社，1997.

[46] 傅熹年. 中国古代建筑史·第2卷·两晋、南北朝、隋唐、五代建筑[M]. 北京：中国建筑工业出版社，2001：2.

[47] 徐坚. 初学记[M]. 北京：中华书局，2004.

[48] 徐坚. 初学记·卷十一中书令条[M]. 北京：中华书局，2004.

[49] 李百药. 北齐书·卷二帝纪第二[M]. 北京：中华书局，1972.

[50] 祝总斌. 两汉魏晋南北朝宰相制度研究[M]. 北京：中国社会科学出版社，1990：345.

[51] 房玄龄. 晋书·卷三五裴楷[M]. 北京：中华书局，1996.

[52] 房玄龄. 晋书·卷七十三庾亮传[M]. 北京：中华书局，1996：1915.

[53] 房玄龄. 晋书·帝纪第九[M]. 北京：中华书局，1996.

[54] [宋]李昉等. 太平御览·卷175居处部[M]. 北京：中华书局，1960：854-855.

[55] [唐]许敬宗编. 罗国威整理. 日藏弘仁本文馆词林校证·卷695[M]. 北京：中华书局，2001.

[56] 郭湖生. 中华古都[M]. 台北：空间出版社，1997.

[57] 沈约. 宋书·列传第五十二良吏传[M]. 北京：中华书局，1997.

[58] [北齐]魏收. 魏书·卷64列传52郭祚传[M]. 北京：中华书局，1997.

[59] 傅熹年. 中国古代建筑史·第2卷·两晋、南北朝、隋唐、五代建筑[M]. 北京：中国建筑工业出版社，2001：105.

[60] 姚思廉. 陈书[M]. 北京：中华书局，1972.

[61] 刘敦桢. 六朝时期之东西堂[C]//刘敦桢全集·第四卷. 北京：中国建筑工业出版社，2007：75.

[62] 傅熹年. 中国古代建筑史·第2卷·两晋、南北朝、隋唐、五代建筑[M]. 北京：中国建筑工业出版社，2001：107.

[63] [南宋]马光祖，周应合. 景定建康志·卷二十一古宫殿[M]. 宋元方志丛刊（第二册）. 北京：中华书局，1990：1638.

[64] 魏征等. 隋书[M]. 北京：中华书局，1997.

[65] 祝总斌. 两汉魏晋南北朝宰相制度研究[M]. 北京：中国社会科学出版社，1990：379.

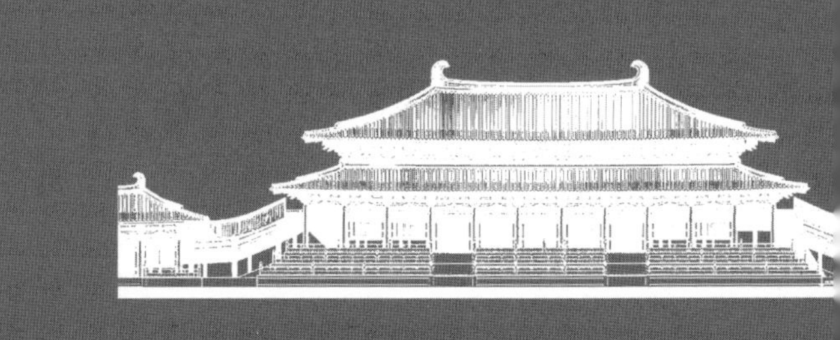

3.1 隋大兴城宫廷制度及空间关系

公元581年，杨坚代北周而立隋。次年隋文帝以“龙首山川原秀丽，卉物滋阜，卜食相土，宜建都邑，定鼎之基永固，无穷之业在斯”[1]之由，诏左仆射高颎、将作大匠刘龙、巨鹿郡公贺娄子干等创造新都，任宇文恺为将作大监。同年十二月，命名新城曰“大兴城”即后世的唐长安城。隋大兴城是继曹魏邺城后唯一又一在全盘规划之后进行建设的新城[1]。大兴城规模84平方公里，可容纳百万人口。整体近乎一正方形而南北略长，以坐落在城北的宫城为中心主体，宫城、皇城、郭城渐次展开。

大兴城置宫城于北而官署坊市于南，宫城北垣与京城北垣重合；宫城位于中央而闾坊向两侧发展，平面南北短而东西长。城市的网格状结构中又通过宽达150米纵贯南北中央的朱雀门街强调出了中轴对称的效果。整体结构设计周详、制度严谨、布局井然，唐代因袭沿用这一城市凡三百年。建设集中在宫室及寺庙上，基本完整保留了这一城市结构。

前文分析了历代都城及其权力空间，而隋初建设又是如何集前朝形制于大成的？政治制度和权力关系又在其中产生了何种影响？这一阶段出现了具有承前启后意义的建筑大师宇文恺，他身为规划设计师又发挥着怎样的作用？这都是本节将要探讨的问题。

3.1.1 大兴宫规划创制

3.1.1.1 制度及背景

1. 各朝制度的影响

隋之前身北周推行周礼制度，其体制、官职称号全依周礼，并设六官。但隋建伊始，“劝隋主除周六官，依汉魏之旧。从之。置三师三公及尚书、门下、内史、秘书、内侍五省，御史、都水二台；太常等十一寺；左右卫等十二府。”[2]隋文帝杨坚废除了大量北周附会《周礼》六官所建立的官制名称，以汉魏之制设皇城寺、府；以北齐官职名称（沿袭汉魏、西晋典章制度）为依据，确立了“尚书执行、门下决策、中书参谋”[3]的核心三省架构雏形。陈寅恪先生在其《隋唐制度渊源略论稿》一书中，已将其影响来源分析得颇为全面。除旧有制度的影响，更重要的在于对旧有问题的处理考量，即隋文帝及其官员对政治时弊的考虑。

1 先隋各朝都城，包括洛阳，建康及邺南城，均是在前朝故都或城市的基础上改建完善而成。

2. 隋文帝个人的意志及政治考虑

隋文帝登基伊始，大兴宫室并建新都，这除了乐观的彰显国威并务实地追逐水土外，其政治考虑也不能忽视。从北周到隋，从隋到唐，这几次王朝的嬗递，其实质是“最高统治权从关陇集团的一个派系转移到另一个派系而已”[4]，是同质集团间的权力转移。在几百年来分裂形成的离心因素影响下，因机缘上位者经常也在派系政治斗争中被取代。史言隋文帝“得政之始，群情不附，诸子幼弱。内有六王之谋，外致三方之乱。握强兵，居重镇者，皆周之旧臣。”[5]熟悉世家规则的隋文帝必然对险峻的政治局势更有所警惕，而尽力避免其王朝重蹈先朝覆辙。这种危机的原因之一便是上文分析指出的骈列制空间因素，受世家外戚把控的相权和官僚机构紧靠太极殿，东堂议政消息可以迅速反映到都省处。从深远看，改变这种形势需要强化天子集权，收拢世家的权力，加深对关陇贵族的控制；而从就近操作看，转变权责的分布、从空间上对军事和政治力量进行限定是更行之有效的方法。因此，有必要进行一系列权责调整和空间分布上的处置。如果说弃周法而取汉魏北齐制度，是为了展示万象更新的政治态度，那么兴建新都以及分置皇城之举，其安全和集权上的考虑更多。在具体操作上，便是皇城的独立划分以及里坊的管理控制。

大兴城继承了汉魏以来的邺城制度，置宫城于全城之北，其北垣与京城北垣合，南垣则可直入禁苑。又以延喜门（唐名）——安福门（唐名）一线为横街，把宫城与以南的“百司”坊里划隔开来。“百司”包括了尚书省、中书门下外省、十二卫、十一寺、都水、御史二台及太庙太社、东宫所属部门。百司所在为皇城，与居民分开，更与宫城分开，使得外臣无事不能轻易进入宫城。参与决策的三省亦在宫室之外，与从事执行的百司一处，作为拱卫帝居的一环。其空间地位相对前朝各代，不能不说是一种下降。

宫城内，废除原位于宫内的尚书台，改为内史、门下两省[2]，将之对称地置于大兴殿两侧，终止了骈列制。在这一调整中，与其说它体现了中书门下权力的上升，不如说是更具威胁力的尚书省整体班组的外迁。终隋唐二世，在宫城内再未出现合法的军事部门，更未出现军事部门和行政部门并置的情况[3]。这不能不说是汲取了前朝政变的教训。

3. 风水与地势特征

关于隋大兴城的内部功能布局，向有六爻之说，即在龙首原与少陵原之间大致有六

2 隋代内史门下两省，文帝父讳忠，改中书为内史。

3 至于唐代中晚期又出现了由宦官独掌军事、决策权的情况，这又是在政治发展中浮现的新矛盾了。

条东西向、宽窄不等又断续起伏的黄土垄，所谓龙首原六坡。宇文恺在考察地形时将六条高坡比拟《周易》乾卦卦象，乾卦为阳，称九。横贯长安地面的这六条土岗从北向南依次被比会为九一、九二、九三、九四、九五、九六，作为大兴城功能设计的依据之一。

卦论称初九是潜龙，潜龙勿用。而九二高坡是“见（现）龙在田”，适于“置宫室，以当帝王之居”。且九三之坡，“君子终日乾乾，夕惕若，厉无咎。”百官衙署在此正契合官员健强不息、忠君勤政的理念。就此宫城与皇城分别布置于九二和九三坡上，而从实际上则难以规避其低洼之处，这一理想主义、象征主义主导下的宫室建设继承至唐代，又出现了新的问题。

3.1.1.2 大兴宫的建制

1. 皇城建制

皇城建制的突破在于重新确立了朝政区域与政治机关的空间关系，即对魏晋南北朝以来骈列制的突破。其中以决策部门的方位变化为核心，而其他附属机构的转移也涉及财政和军事的集权。

首先是决策机构的转移。隋文帝杨坚时期的大兴宫把朝堂、尚书省迁出宫外，这主要是出自权力的变化，政府的决策权已转移到中书省和门下省。中书门下外省因事关决策，最靠近承天门；尚书省只是执行机构，尚书朝堂不再议政只依令而行。隋迁朝堂于广阳门外阙的外侧，建尚书省于皇城。这样直接改变魏晋以来宫城南面阊阖门与司马门并列的制度前提，正门与主殿重新归拢在一条中轴线上，并向南与全城的几何中轴线重叠延伸。可以说，将决策部门在中轴线左右对称安置，始自隋并重复在了唐大明宫的建设中。

这种对称结构的美感在操作中与集权所追求的一言堂及效率略有抵牾，因此从实际上还是更加依赖政事堂议政，唐时政事堂便先在门下省，后在中书省。

其次是执行机构的调整。隋大兴宫皇城百官衙署除决策及戍卫机构外，还包括有直接服务于皇室生活的神职机构寺监以及负责事务执行的政职机构：宗主神庙以八卦方位为依据置于皇城西南，太社位于坤位，太庙位于巽位；东宫在东方震位，东宫衙署正对东宫轴线，成为相对独立的一组官署；生产服务部门在皇城中占据最大区域，包括将作监、少府监、仓库，这些功能——除了匠作和宗法部门，还包括护国军及卫府，在魏晋南北朝时期均陈列在宫城以南的城市干道东西两侧。隋大兴宫落成后，转移至皇城内，可以更好地确保把控财政、就近领导军队力量并加强戍卫。

2. 宫城外朝建制

宫城建制的重点仍在于与政治及礼仪相关的朝会区域，以及皇家仪典活动的组织，与历史上的空间制度比较，就是对“东西堂制度”的突破。

隋制，改正殿名与宫室名同为大兴殿，并取消了东西堂之名。按前文统计的南北朝时的皇家活动看，原本在东西堂进行的活动包括：朔望议政、宴宗室、见藩国、举哀等，这些仪式在隋王朝的举行地点又是如何呢？而大兴殿在使用内容上与太极殿又有何异同呢？

隋国祚短暂，其宫室活动记载亦有限。《隋书·卷五·帝纪第五》记大兴殿用以即位：“义宁元年十一月壬戌，上即皇帝位于大兴殿。”《隋书·卷九·礼仪四》记大兴殿举行正旦日朝会。此外，《隋书·卷二高祖》：“乙卯，发丧。八月丁卯，梓宫至自仁寿宫。丙子，殡于大兴前殿。”《隋书·卷九·礼仪四》又有“隋册太子仪”：“隋皇太子将冠，前一日，皇帝斋于大兴殿。”可见，隋大兴殿用以大朝会、皇帝发丧、皇帝致斋、册命太子。《隋书·帝纪》中还有：“丁未，宴突厥、高丽、吐谷浑使者于大兴殿”的记载，则大兴殿的职能还包括宴藩使。这与前朝之太极殿功能相同。

除大兴殿外，另一屡见于典籍的殿堂为武德殿[4]，主要用以飨宴百僚并举行大射活动，是具有独立殿庭的可供外朝官员出入的区域，其性质与前朝之西堂相近。

关于大兴殿中发生的事件仪程，有详细记载的主要是“隋册太子仪”[6]及“正旦日朝会”[6]二事：

（1）隋皇太子将冠，前一日，皇帝斋于大兴殿。皇太子与宾赞及预从官斋于（东宫）正寝。其日质明，有司告庙，各设筵于阼阶。①皇帝衮冕入拜，即御座。②宾揖皇太子进，升筵，西向坐。赞冠者坐栉，设纚。③宾盥讫，进加缁布冠。赞冠进设頍缨。宾揖皇太子适东序，衣玄衣素裳以出。④赞冠者又坐栉，宾进加远游冠。改服讫，宾又受冕。太子适东序，改服以出。⑤宾揖皇太子南面立，宾进受醴，进筵前，北面立祝。皇太子拜受觯。宾复位，东面答拜。⑥赞冠者奉馔于筵前，皇太子祭奠。礼毕，降筵，进当御东面拜。纳言承诏，诣太子戒讫，太子拜。⑦赞冠者引太子降自西阶。宾少进，字之。赞冠者引皇太子进，立于庭，东面。诸亲拜讫，赞冠者拜，

4 “庚寅，上疾愈，享百僚于观德殿。”“甲子，百僚大射于武德殿。”“十九年春正月癸酉，大赦天下。戊寅，大射武德殿，宴赐百官。”“戊申，车驾至京师。丙辰，宴耆旧四百人于武德殿，颁赐各有差。”

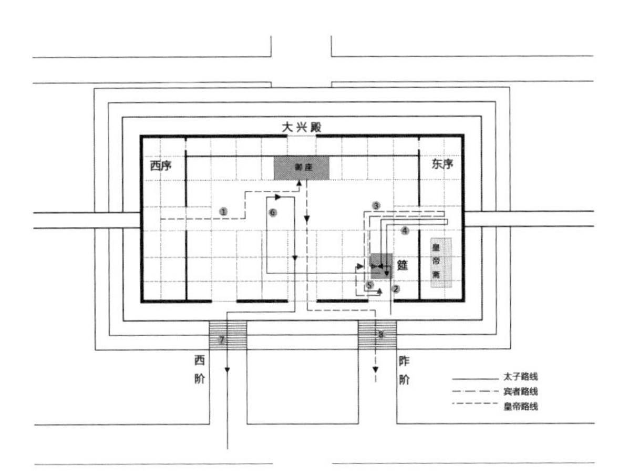

图3-1-1　隋大兴殿册太子仪式流线

太子皆答拜。与宾赞俱复位。纳言承诏降，令有司致礼。宾赞又拜。⑧皇帝降复阼阶，拜，皇太子已下皆拜。⑨皇帝出，更衣还宫。皇太子从至阙，因入见皇后，拜而还（图3-1-1）。

（2）元旦大朝会时，“正旦及冬至，文物充庭，①皇帝出西房，即御座。②皇太子卤簿至显阳门外，入贺。复诣皇后御殿，拜贺讫，还宫。③皇太子朝讫，群官客使入就位，再拜。④上公一人，诣西阶，解剑，升贺；降阶，带剑，复位而拜。⑤有司奏诸州表。群官在位者又拜而出。⑥皇帝入东房，有司奏行事讫，乃出西房。⑦坐定，群官入就位，上寿讫，上下俱拜。皇帝举酒，上下舞蹈，三称万岁。⑧皇太子预会，则设坐于御东南，西向。群臣上寿毕，入，解剑以升”（图3-1-2）。

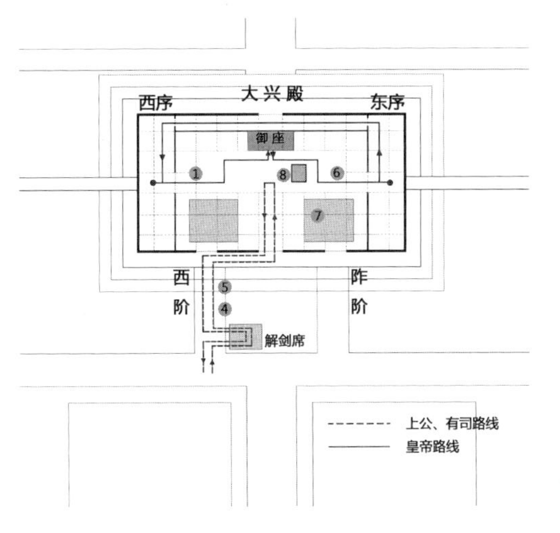

图3-1-2　隋元会大朝时仪式动线推测

根据上文，可以提炼出隋外朝的空间特征：一是殿内以坐北向南者为尊：天子坐北而面南。太子加冠改服前，坐东而面西。加冠改服后，其殿内方位也改为立北而面南。显示出了太子受册前后地位的变化。在殿廷内，则以立西面东者为尊，加冠后的太子进入廷中受诸亲臣公拜，保持有东西堂时期的特征。二是大殿主要服务于五礼功能。大兴殿与太极前殿其功能相类似，其前后殿的多次出现也反映当时正衙的形制特征。三是内部官员站位序列上，沿袭了魏晋南北朝特征，以宗室/官员作为划分依据而非职能：武德殿布列甲兵，百官肃立东面，宗室立于西面。这一情况直到炀帝即位进行改革，将朝参班序，按品秩高卑为列[7]。总之，隋虽然初步形成了三大殿的纵向布局，但在空间职能上，还部分保留了周、齐时期的以礼仪功能为主的功能特质，主殿功能及空间层次上都难以摆脱前代制度的影响。听政区域由于隋两代君主多在离宫或东都，因此也未形成完善的体制。定时、定级别的三朝制度以及其功能和空间上的统一，要待到唐代才得到进一步发展。

3.1.2 宇文恺的作用

宇文恺，生于北齐天保六年（公元555年），卒于隋大业八年（公元612年）。是大兴城建设的灵魂人物。出身武将世家，父兄皆以弓马显名。父宇文贵为西魏十二大将军之一，仕周后位至大司徒。次兄宇文忻为周、隋时名将。而他本人独好学，解属文，多伎艺，尤善建筑[8]。隋代著名工程多有他参与的痕迹。其一生诸多设计和督造的工程中，以两都的营建及广通渠的开凿最有影响。其著作有《东都图记》《明堂图议》《释疑》。除《明堂议表》见于本传外，其他均已失传。

关于宇文恺人物及事业的记载，主要见于《隋书·卷六十八·列传》中。随着建筑史研究向古代营造人物及其思想史领域的延展，近年也出现了相关研究，不过更侧重对其籍贯及生平的挖掘[9, 10]。考古进展上，隋炀帝时期由他主持的隋洛阳宫已经部分得到了发掘；其主持的离宫群即隋仁寿宫（唐万年宫）也得到了较为全面的勘探考察，这都是了解他作品的重要案例，其中仁寿宫主殿配殿的发掘更是完善了隋唐时期正殿布局发展系统的重要一环。

关于宇文恺的建设成就主要记载于《隋书·列传》：从隋后他首先参与的是宗庙的建设，官职拜营宗庙副监，庙成后备受封赏，别封甑山县公。这一时期所建宗庙在迁都之前。其有记载的参与的第二件大型建设项目即大兴城的建设及迁都。隋文帝基于他在宗庙营建上的表现，以其有巧思而诏宇文恺担任营新都的副监。其兴建大纲由高颎总领，而具体规画皆出自于恺。

根据《列传》中所记，整理宇文恺生平主要建设项目见表3-1-1。

宇文恺生平建设项目　　表3-1-1

时间	项目	官职	地点	备注
开皇二年（公元582年）	宗庙	营宗庙副监		
开皇二年（公元582年）	大兴城规画	营新都副监	大兴城	高总大纲

续表

时间	项目	官职	地点	备注
开皇四年（公元584年）	治理渭水运漕	总督其事	渭水	后拜莱州刺史
开皇十二年（公元592年）	修复鲁班故道			
开皇十三年始，开皇十五年结束（公元593～595年）	建仁寿宫	检校将作大匠，仁寿宫监。授仪同三司，寻为将作少监		杨素推荐并监之
	营建文献皇后山陵	事后复爵安平郡公，邑千户		与杨素营
仁寿四年（公元604年）	营建东都洛阳	营东都副监，寻迁将作大匠		穷极壮丽。帝大悦之，进位开府
大业三年（公元607年）	营建长城，西距榆林，东至紫河			
大业三年（公元607年）	做北巡大帐、观风行殿			拜工部尚书
大业八年（公元612年）	做六合城			

3.1.2.1　大兴城大兴宫的规划创制

开皇二年（公元582年）初，时年28岁的宇文恺为初登大位的杨坚设计修建了杨氏宗庙，受到杨坚赞赏受封甑山县公。同年，当隋文帝欲营建大兴城时再次委派宇文恺参与规画营造。大兴城的筹建由高颍总其大纲，高颍“习兵事，多计略”“拜左卫大将军”，作为一位擅长军事的官员，虽总大纲，凡所规画，“皆出于恺”[8]。从宗庙到城市，建设项目出现如此大尺度的跨越，从委托方的角度看，可以说明宇文恺的宏观组织能力，特别是对皇权所强调的礼法布局、天文堪舆、等级制度的把握能力是非常突出的。纵观他一生的作品，体现出了在水利疏浚、礼制典章及建筑形制多个领域的博学多识。大兴城的择址和落成便是这种综合能力的集合。

城市的择址受地理特别是水文的影响最重，新城所在位于汉长安西南高地，“龙首山川原秀丽，卉物滋阜，卜食相土，宜建都邑，定鼎之基永固，无穷之业在斯”[11]，长安周围原有泾、渭、浐、灞、沣、滈、涝、潏八条河流，大兴城内开掘龙首、清明、永安三条水渠，从浐水、潏水引入水系。新辟的水道，一方面作为漕运，另一方面也形成了良好的城市景观曲江池。

《隋书·天文志》曾记载过宇文恺对天文的造诣，他关于天文与堪舆的知识也反映在大兴城的功能布局上：“宇文恺之营隋都也，曰朱雀街南北尽郭有六条高坡，象乾卦六爻，故于九二置宫殿，以当帝王之居，九三立百司，以应君子之数，九五贵位，不欲常人居之，故置元都观及兴善寺以镇其地。”[12]“宫城位置坐北朝南的改变、皇城的新设立以及在城东南隅开凿曲江池等，这都应是模仿天体设计建造的典型事例”[13]。

《周礼》是大兴城建设的主要礼制根据。《考工记》中有“匠人营国，方九里，旁三门”，大兴城四面俱各开三门。对于城内划分，徐松指出：“皇城之东尽东郭，东西三坊。皇城之西尽西郭，东西三坊。南北皆一十三坊，象一年有闰。……皇城之南，东西四坊，以象四时。南北九坊，取则《周礼》九逵之制。隋《三礼图》见有其像”[14]。陈寅恪曾说宇文恺：

“盖其人俱含有西域胡人血统，而又久为华夏文化所染习，故其事业皆藉西域家世之奇技，以饰中国经典之古制。如明堂、辂辇、衮冕等，虽皆为华夏之古制，然能依托经典旧文，而实施精作之，则不藉西域之工艺亦不为功。夫大兴、长安都城宫市之规模取法太和洛阳及东魏高齐邺都南城，犹明堂、车服之制度取法中国之经典也。但其实行营建制造而成宏丽精巧，则有资于西域艺术之流传者矣。故谓大兴长安城之规模及隋唐大辂、衮冕之制度出于胡制者固非，然谓其绝无系于西域之工艺者，亦不具通识之言者也。”[15]

“依托经典旧文”体现了宇文恺对典籍制度的精深，按陈先生所语，西域家世背景则为其提供了很大程度上的技术支持，西方技术东方意匠，共同构成其出众的建筑才能。由于考古发掘的局限，宇文恺所营造之大兴宫的建筑信息并不多，但从后世文献可知，他对大兴城的建设贡献，不仅局限在规划上，也体现在建筑单体中：唐太平公主下嫁薛绍，在万年县设宴，因嫌县门狭窄，有碍通行而欲拆除，高宗特意下诏：“宇文恺所造，制作多奇，不须毁拆也。”[16]一门屋尚有可称道之处，可见时人对宇文恺作品的认可。欲研究其“制作多奇”，现可考察的主要作品即仁寿宫及洛阳宫乾阳殿。

3.1.2.2 仁寿宫宫城创制

隋文帝杨坚于开皇十三年（公元593年）二月下诏营建仁寿宫，以右仆射杨素监之，宇文恺检校将作大匠为之设计，监督营造。至开皇十五年（公元595年）三月建成。由于仁寿宫地处山区道路崎岖，运输材料和建筑殿宇极不方便，驱使丁役非常残酷。但地形没有影响它成为一处形制完整并别有创新的宫苑。《唐书·地理志·凤翔府》记载：九成宫“周垣千八百步，并置禁苑及府库，官寺（衙署）等”。其隋代即已有禁苑与衙署等建筑。其城址分两部分，一是宫城遗址，建在峡谷中，范围较小；二是外围的缭墙遗址，环绕在宫城周围山脊上，范围较大。

九成宫北有玄武门，南有永光门。西城紧邻人工湖“西海”，东面邻近麟游县城，并有直通长安的要道，东侧应有城门。考古勘探已发现部分道路，应可向东直通东城门。

仁寿宫建设的重要突破在于其1号殿及3号殿，1号殿址所在地势为宫城内最高之处，此殿也位于宫城内核心位置，其他殿多环绕于周围，似为仁寿宫之中心所在。殿前探得有东西相对的隋代阙楼遗址，东西各1座。其遗址特别是东阙破坏严重，从西侧阙址看，它北距殿址30米，现保存有高10米、东西残长6.5米、南北残宽6米的夯土台一座。与铭碑文中所记“南注丹霄之右，东流度于双阙”之说相符。关于殿前是否有龙尾道，经过反复钻探，在南处平地未发现遗迹。

从1号殿殿址及双阙布局来看，与大明宫含元殿建筑形式基本相同，后者很可能是借鉴此殿的模式而建。殿前设左右二阙的形制，有洛阳宫门外三叠阙的印迹，也与太极宫以连廊连缀东西两翼的组织形式相类似，可以视作是承前启后之先声。具体分析在下文中会联系唐宫室进行展开。

3.1.2.3　东都洛阳乾阳殿

仁寿宫落成10年后，仁寿四年十一月（公元604年），隋炀帝杨广诏令营建东都洛阳，宇文恺作为将作大匠参与营画。其宫室的核心正殿为乾阳殿，“永泰门内四十步，有乾阳门，并重楼。乾阳门东西亦轩廊周匝。门内一百二十步，有乾阳殿。殿基高九尺，从地至鸱尾高一百七十尺。又十三间，二十九架。三陛（一作阶）轩……四面周以轩廊，坐宿卫兵。殿庭左右各有大井，井面阔二十尺。庭东南、西南各有重楼，一悬钟，一悬鼓。”[17]乾阳殿以北，经大业门有大业殿，也展现了纵向布局的意识。

乾阳殿为宇文恺又一重要作品，这一项目是大兴宫落成20年后他营建的又一处正殿，“穷极壮丽”，其规模当较大兴殿更为宏大，是理解大兴宫殿廷制度的重要参照，其具体格局将在下一章进行讨论。

隋文帝立国后，政治上借汉魏旧典，置尚书、门下、内史（中书）三省与闻政事。空间建设上，经过大兴城的新建，在皇城和宫城两个领域都突破了原有的骈列制以及东西堂制。通过设置皇城和内史（中书）、门下内省，重新布置组织了核心决策机构和执行机构的方位，分解了决策部门分别于宫城与皇城中，加强了对核心机构的把控。将原本位于都城内的宗法和军事部门迁入皇城，强化了对军事和宗法的领导。通过宫城内大兴殿庭及左右的建设，改变了大朝、治朝、燕朝居于同一空间的制度，其东都乾阳殿与大业殿的层次便体现了这种转变。

“天生时、地生利、材有美、工有巧，合此四者而为良”[18]。在隋统一中原、政治面貌焕然一新的时代背景下，在择地新建都城及宫室的地理条件下，在南北朝典章、辂辇、衮冕俱集于隋王室的物质支持下，宇文恺的出现恰逢其时。四美俱全，奠定了隋唐都城和宫室的总体结构，揭开了隋唐王朝气象蓬勃的序幕。作为将作大匠的宇文恺，开启了主体居中央，以廊庑、阁道连接两翼从体的中轴对称构图模式[19]。并且其能力不只体现在建筑设计中，还反映在对水利、天文、典章多方面的综合处理中，由此形成了大兴城创制，并为后世大明宫的兴建提供了启示。

3.2 唐外朝政治机构权力及空间的变迁

唐皇城官制大致上延续了隋朝的体制，主要分为省、台、寺、监四大组成部分，政治架构中以中书、门下、尚书三省为核心。唐初职事官可总结为：“有六省一台九寺三监十六卫十率府之属”[20][5]。从实际的执行力和权力的分布来看，可以分为安史之乱之前的三省政治和安史之乱后的内廷政治。但官方体制组成及官署在唐一代基本都安置在皇城空间内。根据其具体职责及功能分派，可以分为政治决策部门，国家事务处理部门及皇家生活辅助部门[6]。其中尚书、中书及门下三省共同构成了核心决策部门。《新唐书·百官志》所记“**唐因隋制，以三省之长，中书令、侍中（门下）、尚书令，共议国政，此宰相职也。**”[21, 22][7]其中尚书省又领吏、礼、兵、刑、户、工六部，分掌国内相关政务。“三省六部”可以说是中央政府的主要组成部分，即决策核心。国家事务处理上主要负责部门是尚书省下的六部以及其对应的寺、监。皇室生活的服务集中于礼仪及生活两个领域，其相关部门分别分布在皇城和宫城之中。

5 六省即中书、门下、尚书、秘书、殿中、内侍，一台即御史台，九寺为大理寺、太仆寺、少府寺、太常寺、光禄寺、卫尉寺、宗正寺、鸿胪寺、司农寺。

6《唐六典》以品秩、文武，由内之外的顺序对各职官的组织及权责进行排序。笔者以此书为基础，根据其具体职能，提出这一分类方法。

7 关于三省的关系，宋人总结为：“中书出令，门下审驳，……尚书受成，颁之有司”。此种说法自宋以来便很流行，如南宋赵升《朝野类要》卷二云：“中书拟定，门下进画，尚书奉行”。南宋陈振孙《直斋书录解题》卷六《职官类》“唐六典”条云：“中书造命，门下审覆，尚书奉行”。这一理解已经被认为是片面的，随着对唐代官制进一步的研究，学者们早已提出不同看法。

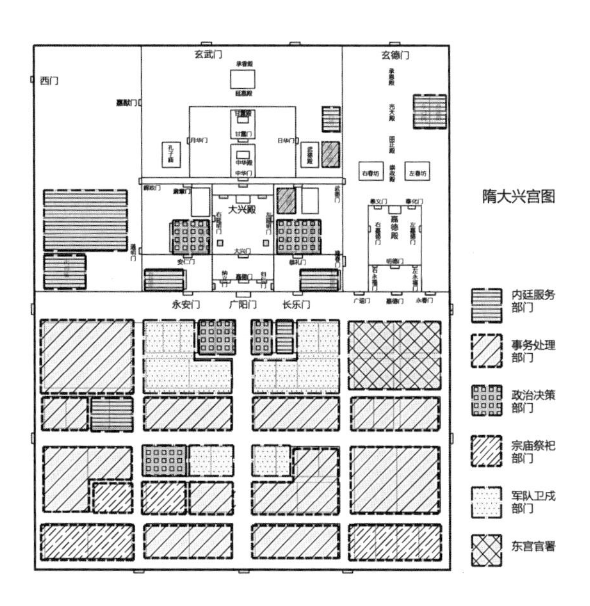

图3-2-1 隋大兴宫官署分类

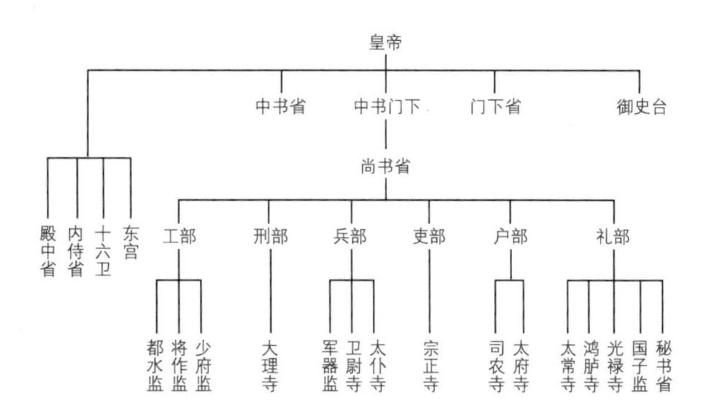

图3-2-2 唐官僚体制结构

3.2.1 三省制度的流变

3.2.1.1 尚书省

纵观历史演变，政务机构多是经服务于皇帝的侍从结构脱胎成长而来：尚书在秦至汉初，原是少府的属官，与尚冠、尚衣、尚食、尚浴、尚席合称“六尚”，因其在殿中主管收发文书并保管图籍故称尚书，两汉时期，在政府最高权力机关的新陈代谢中，尚书在架空三公的过程中触碰到政治核心。经过三国时期曹魏的设置调整，尚书台总揽政务成为宰相机构。从两汉至曹魏时期，尚书台由禁中内臣逐渐走出成为政务总领者，其机关位置一直位于禁中。曹魏邺城将尚书台与前殿骈列并置并分设正门的举动使得尚书台达到其执政的高峰。这一布局方式沿用影响至东晋建康、北魏洛阳。西晋时期，由于其事务逐渐繁杂，人员往来频繁，甚至官吏家属和八座门生也可以随入，继续留在禁中，安全起居上均有不便。自刘宋始，尚书台分为上省和下省两个部分。上省即原来的“都坐”及附属办事机构，而原设于最内一层宫城中、与“都坐”相邻也处于崇礼闼内的尚书诸曹，包括两百多名令史，则移出宫城，称尚书下省，或径称尚书省[23]。

北魏道武帝皇始元年（公元396年）始仿魏晋立尚书台，置三十六曹，孝文帝元宏改定官制使得尚书省及其他官职都依照魏晋制度以尚书省总领庶政，中书、门下二省分掌机权。其中门下之权尤重。这一机构组成与孝文帝对北魏洛阳宫室制度的全盘继承是分不开的。之后的北齐承袭北魏，并且在首都邺南城置尚书上、下两省，其中上省称“都省”。尚书省发生这一分化后，都坐即上省便仅作为八座丞郎议事之地，是宰相机构的主体部分。

隋文帝杨坚代周称帝，于开皇元年（公元581年）恢复了尚书省，以尚书左仆射为首相，高颎任此职达19年以总理全国政务。大业元年（公元605年），杨素升任尚书令，之后尚书令便空置，左右仆射也无补任，尚书省呈现出决策权旁移的迹象。唐沿隋制，并置三省，此时尚书省号称“事无不总”，成为全国行政的总汇机构[8]。政务处分权加强，下设六部四十二司。由于李世民为秦王时曾一度担任尚书令，登基即位后为避其讳，尚书令这一职位在唐一代均为虚设[9]。

早在刘宋的尚书上省在隋代迁出禁中之际，尚书省与其说是取消了上下之分，不如说其职能里“上端决策”的部分就此被取消，而只保留了向下执行的功能。对此原因，学者们普遍认为在于隋以来以尚书令为代表的决策部门品阶过高、权力过大，与三省制的原则不合。尚书令作为魏晋南北朝制度存在的历史惯性，在隋时通过空置开始削弱，沿用至唐代，以达到让其权力自然枯萎的效果。研究者指出，这是由尚书令一枝独大进行决策、到组织多人的“八座集议”商讨，直至化解传统宰相权力的过程[24]。

以上分析都是从消解尚书令的权力角度进行的认识，而从机构的服务对象——国家

8 其名称在唐代屡有变更，龙朔二年（公元662年）改尚书省名为中台，左右仆射为左右匡政，咸亨（公元670年～674年）初复旧；光宅元年（公元684年）又改名为文昌台，左右仆射为文昌左右相；垂拱元年（公元685年）又改省名为都台，万岁通天（公元696年～697年）初复旧；长安三年（公元703年）又改为中台，神龙（公元705年～707年）初复为尚书省；开元元年（公元713年）又改左右仆射为左右丞相，天宝元年（公元742年）复旧。其下六部名称也有改复。

9 唯一的例外出现在唐中叶后期，唐德宗李适为雍王时曾兼此职。

10 贞观八年（公元634年），左仆射房玄龄、右仆射高士廉于路逢少府监窦德素，问北门近来更何营造。德素以闻。太宗乃谓玄龄曰：“君但知南衙事，我北门少有营造，何预君事？”玄龄等拜谢。魏征进曰：“臣不解陛下责。亦不解玄龄、士廉拜谢。玄龄既任大臣，即陛下股肱耳目，有所营造，何容不知？责其访问官司，臣所不解。且所为有利害，役工有多少，陛下所为善，当助陛下成之；所为不是，虽营造，当奏陛下罢之，此乃君使臣，臣事君之道。”

11 根据《唐六典》《唐会要》、两《唐书》整理。其中很多事务的处理需要多家单位协作完成，如祭祀事务需要太常、光禄、祠部相互协作进行，这种协作被称为“联事”。

来看，隋代是跨越三百多年后继汉再次出现的大统一国家，复杂的国家事务也需要一个更加通晓政务且部门完善的机构，几代持续运转的尚书台当仁不让被推向执行具体事务的前台。尚书六部是按国家政务分为人事、经济、军事、礼仪、工程、刑法六大部分，性质、职能相近的曹司置于同一部之下。《册府元·台省部》的《总序》论及尚书省的三级体制：“**尚书省……领二十四司。一曰吏部，领主爵、司勋、考功；二曰户部，领度支、金部、仓部；……六曰工部，领屯田、虞部、水部。**”其具体人员设置及所辖司虽号为平级，但从人数规模及重要性来看，实有悬殊。

除六部以外，另有九寺五监也担任事务机关的职能，并且和六部有所重叠。《贞观政要》中记有一次涉及尚书职能范围的讨论[25]10。所涉及的兴造在北门即宫城内，由少府监执行。此事表明，除工部外，少府监亦有工程建设职能，而少府监的工程项目无须报请尚书省批准，故对于北门营造，身为六部之首的尚书左右仆射的二人毫不知情，甚至太宗认为外朝尚书（工部）本不需过问。由此招致宰相魏征的反对，其论述重点便在于尚书工部的职能涉及了兴造之筹划计算及役工组织，而不仅是单纯的兴建。

这些职能上的重复设置成为唐皇城官署中很普遍的现象，各寺监职能都多有相似。究两《唐书》《唐六典》《唐会要》所记，有寺监与六部二十四司职能对应关系如表3-2-1所示。

寺、监与二十四司对应关系表[26]11 表3-2-1

部	吏部	户部		礼部 兵部				刑部			工部	
对口司	司封	仓部	金部	礼部	主客	膳部	礼部	库部	驾部	刑部	工部	工部
寺、监	宗正寺	司农寺	太府寺	太常寺	鸿胪寺	光禄寺	国子监	卫尉寺	太仆寺	大理寺	少府监	将作监

尚书省各司的事务，属于政务处理过程中的具体环节或技术操作性工作，这与寺监主要作为具体事务部门的工作是有区别的。六部每部四司，整齐划一，具有对称的美感，但形式上的和谐并不能反映各部的实际发展情况。从高宗、武则天时期，六部体制出现了独立化与使职化的趋势，前者是南北朝、隋及唐初以来的发展趋势的延续，后者是社会剧烈变动、事务增多情况下新的发展方向，这两种趋势到唐代中后期表现得更加明显，并逐步向宋制演变[27]。

3.2.1.2　门下省

门下省始于晋，《旧唐书·职官志》中云："晋始置门下省。南北朝皆因之"。其前身是东汉侍中寺，同属于宫廷侍从组织少府，职掌为侍从皇帝左右、赞导众事、顾问应对，皇帝外出，则侍从参乘。晋形成了门下省的称呼，并初步确立了皇帝颁发诏书要先通过门下省的制度流程，从而使门下省获得了封驳权（审核权）。南北朝时期的门下省是一个综合性的服务部门，除涉及诏书外，南朝梁的门下省还统领公车、太医、骅骝厩丞；北齐门下省领左右、尚食、尚药、主衣、斋帅、殿中等六局，观其名可见工作都是围绕服务皇帝日常生活展开的[12]。

隋开皇初的门下省主要是沿用了北齐门下六局的形式，但也吸收了北周的职掌，将城门和符玺列入门下六局内[28][13]，其他四局（尚食、尚药、御府、殿内）仍为服务皇帝生活所设。由此六局设置可见，门下省仍未摆脱宫廷内侍的角色，其作为侍从组织的职掌甚于国家机关。但与此同时，源自南北朝，负责"讽议左右、从容献纳"的集书省也被废，并且"徙诸散骑入门下省"，使得门下省从此具有了名正言顺的献纳左右的职能。

隋大业三年（公元607年）隋炀帝改革，剥离了门下省、太仆寺中服务性质的机构共同组成殿内省六局：门下省迁出了尚食、尚药、御府、殿内四局，太仆寺迁出的乘黄署、车府署组成尚辇局，太仆寺原有的骅骝署易名为尚乘局。由此，开皇时的以侍奉皇帝为主要职掌的门下省通过拆分，大大减轻了其内侍色彩。所留唯城门局及符玺局，其中城门局在大业三年至十二年间（公元607～616年），仍隶属殿内省，因此在隋炀帝时期，门下省的核心职能就是作为符玺局的职掌：掌管皇帝印玺，这与审署、下达诏令密切相关，也由此为门下省带来更高的政治权利（图3-2-3）。

可以说经过隋朝两代皇帝的改革之后，门下省明承了北齐六局组织架构的传统，却暗袭了北周主符玺的职掌，它摆脱了作为服务机关的功能，而成为纯粹的处理政务并出令的国家机关。这也是对隋唐制度溯源研究上的又一进展。自此形成了门下省的架构。

确立了掌握城门关卡及符玺大权的门下省在唐代权力达到高峰，其首脑侍中正式步入宰相队伍。《唐六典·卷八·门下省》"侍中"条中对其职掌有详细的规定，其职能主

12 北周实行六官制度，不置门下省。其天官府御伯中大夫（后改名为纳言）即相当于侍中之职。
13 从名称上来说，或许可以说是尚书省制度沿袭北周，门下省制度沿袭北齐，但就具体职掌来说并非如此，近年来学者研究认为，北周虽无门下省仅有掌符玺的部门，但这一职能被隋文帝吸收进其门下省改革内，并成为门下省职权上升的一重要环节。

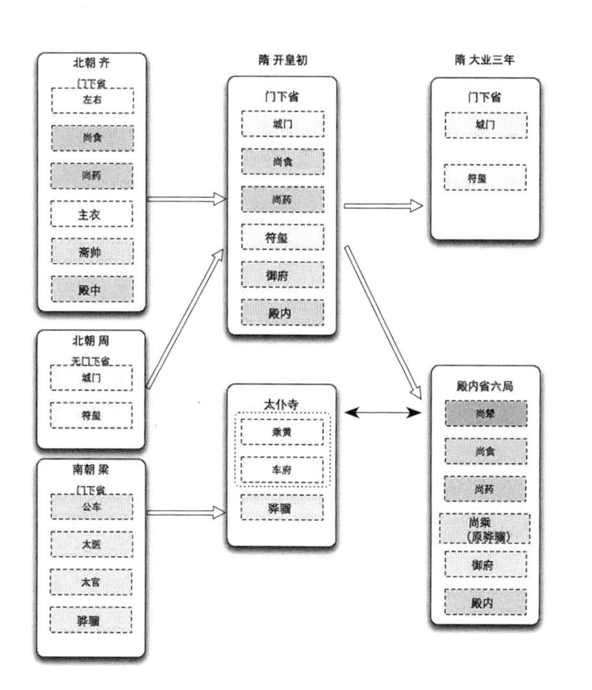

图3-2-3　门下省组织架构演变

要涉及决策与礼仪：

第一、政治决策方面[29]

掌出纳帝命，缉熙皇极，总典吏职，赞相礼仪，以和万邦，以弼庶务，所谓佐天子而统大政者也。凡军国之务，与中书令参而总焉，坐而论之，举而行之——此其大较也。

凡官爵废置，刑政损益，皆授之于记事之官；既书于策，则监其记注焉。凡文武职事六品已下，所司进拟，则量其阶资，校其才用，以审定之，若拟职不当，随其便屈，退而量焉。

第二、礼仪方面[30]

凡法驾行幸，则负宝以从。大朝会、大祭祀，则版奏中严外办，以为出入之节，舆驾还宫，则请解严，所以告礼成也。

凡诸侯王及四夷之君长朝见，则承诏而劳问之；临轩命使册后及太子，则承诏以命之。

凡制敕慰问外方之臣及徵召者，则监其封题。若发驿遣使，则给其傅符，以通天下之信。

综上所述，唐前期门下省依署敕权审核以皇帝名义发出的诏、制、敕并下发；审批百司通过门下省上奏的包括奏抄在内的文书，负责官员任免，协助处理日常政务。在仪典活动中出于枢纽地位并掌管符宝。作为皇帝与官员之间的交接者而存在。门下省的作用和地位在武则天以后逐渐发生了变化，呈现出了更多的独立处理事务的趋势，为此充实配备了相当多的文官编制以配合决策。

3.2.1.3　中书省

中书省的出现大大晚于尚书省与门下省。东汉末，尚书省首脑由宦官改为士人担任，尚书台独掌枢要，地位日益崇重。在尚书总领政务的大趋势中，曹魏时置秘书令以分尚书奏事权，其后秘书令改为中书令，增设中书监，组成中书省。又一股出自皇帝侍从队伍的官员开始参预机密的要职，以消解尚书台独大之势。曹丕即位后，改秘书为中书，设监、令各一人，下置中书郎若干人，于是中书省正式成立。

中书省为分化尚书台权力而设，成立后原来由尚书郎担任的诏令文书起草之责便转由中书省官员担任。其官员由士人充任，与西汉时用宦者充任的中书不同。中书监、令的品秩虽低于尚书令、仆射，但与皇帝的近密程度过于尚书，故机要之权逐渐移于中书省，尚书台的地位因之削弱。三国孙吴亦设中书。曹魏制度对西晋及其之后影响甚大，西晋后历代都设立中书省，只有北周实行六官制，无中书之名。14

南朝时，皇帝为了便于驱使，多以低级士族或寒人充任舍人："入直阁内，出宣诏命，凡有陈奏，皆舍人持入"，草拟诏诰成为舍人的专职，使得他们有机会参与决策。南朝梁武帝信任周舍、朱异，两人先后任中书舍人专掌机密。北朝的中书监、令掌握诏命起草权，如北魏高允、高闾均以能文为中书监、令；北齐邢邵、魏收为中书监、令。北齐中书省则记为："管司王命，及司近御之音乐"，又"掌署敕行下，宣旨劳问"[31]。隋代内史省之职与此相类，主要职掌是起草、宣行诏敕。不过北齐舍人省分置，至隋则已合并于内史省，内史省因此有了内省和外省之分。

隋代废六官制而置内史省，即中书省。炀帝末又曾改名内书省。隋代内史令与门下省的纳言、尚书省的仆射并为宰相之任，地位尊崇。下置内史舍人（即中书舍人）八员，专掌诏诰。唐初沿袭隋代，亦名内史省，武德三年（公元620年）始复名中书省15。置中书舍人六员，以撰作诏制为其主要职责，又分押尚书六部，佐宰相判案。故舍人之职在唐代颇为显赫（表3-2-2）。

唐之前中书省内外位置变迁　　表3-2-2

<table>
<tr><th>魏晋时期</th><th>南北朝时期</th><th>隋</th><th>唐</th></tr>
<tr><td rowspan="2">中书省（内省）</td><td>北齐舍人省（皇城外）</td><td rowspan="2">内史省（分外省及内省）负责起草，宣行诏敕。重在文章写作而非谋议决策。特别授权者才可典机密或是掌朝政</td><td rowspan="2">太极宫中保留内外省
大明宫中仅中书省</td></tr>
<tr><td>北齐中书省（内省）</td></tr>
</table>

中书省以中书令为首脑，也是宰相队伍的成员。佐政方面其部门职能中最主要者为中书舍人，据《唐六典》的记载，唐前期的中书舍人的主要职掌有六个方面：

（1）起草和进画制敕。

（2）侍奉进奏。

（3）在朝堂册命大臣时使持节和读命册。

（4）劳问将帅宾客（出使劳问，携带玺书）。

（5）受理天下冤滞。

（6）预裁百司奏议及文武考课。

中书令作为机构首脑在唐朝前期与侍中、仆射同为真宰相。宰相们集议朝政的政事堂初设于门下省，高宗死后移至中书省。诸人中因中书令执政事之笔有出令之权，遂居宰相之首。唐代出现的所谓“同中书门下三品及同中书门下平章事”即宰相，而其原本官职为中书侍郎、门下侍郎。

3.2.1.4　三省的权力转移及空间变化

太宗虽然曾担任过尚书令，但是在他掌权时期，对把尚书省移出决策部门转向执行机构一事，表现出了坚定的态度。即位之初称：“元置中书、门下，本拟相防过误[32]”，一方面，寻求机构的相互制衡而稳定自己的权力；另一方面，将尚书省在实际上排除于宰相机构之外。当皇权相对稳定的时候，又在贞观三年（公元629年）提出：“中书、门下，机要之司”。这说明在中央政权机关中，唐太宗已经把中书省和门下省放在了核心位置，侧重其处理政事的功能。政治决策以中书、门下为核心的格局逐渐成形。贞观四年唐太宗提到每事“皆委百司商量，宰相筹画”，前文所提及的一事也符合这一说法：贞观八年，太宗认为（尚书）左、右仆射但知南衙事即可，北门营造与之无涉。宰相魏征的看法是：尚书省领导玄龄等对于营造一事的“所为有利害，役工有多少”皆有发言权及相助之责。也反映他们的权责在于具体事务的执行。

尚书省脱离核心决策机构的表现还在于其空间位置和建筑类型上，将做监职掌，将营建项目分为“内作”及“外作”：“凡西京之大内、大明、兴庆宫，东都之大内、上阳宫，其内外郭、台、殿、楼、阁等，苑内宫、亭，中书、门下、左右羽林军、左右万骑仗、十二闲厩屋宇等，谓之内作。凡山陵及京・都之太庙、郊社诸

14 北周春官府有内史中大夫、下大夫等职，即相当于中书令、侍郎的职务。
15 高宗龙朔二年（公元662年）改称西台，咸亨（公元670～674年）初复旧；武后光宅元年（公元684年）改名凤阁，中宗神龙（公元705～707年）初复旧；玄宗开元元年（公元713年）改名紫微省，五年复旧。

坛·庙，京、都诸城门，尚书·殿中·秘书·内侍省、御史台、九寺、三监、十六卫、诸街使、弩坊、温汤、东宫诸司、王府官舍屋宇，诸街、桥、道等，并谓之外作。”[33]中书门下担宰相之职，属于内作范畴，而尚书省与其他三省并归外作。此内外所指显然不仅仅是方位上的皇城与宫城之分，因为一方面内侍省位于禁中之内，另一方面中书门下也有位于皇城的部分。其内外划分更在于与君主的亲疏距离，与权力及安全卫戍的远近关系（图3-2-4）。

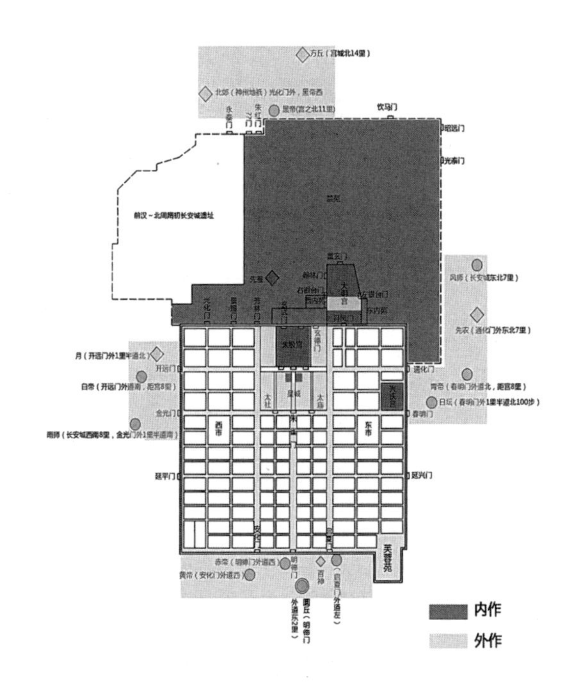

图3-2-4　西京内作及外作的分布

龙朔二年（公元662年）修就大明宫，由于大明宫与太极宫不同的结构层次，只转移了部分的官署机构入驻，包括：“中书省，门下省，御史台，史馆，殿中省”[33]，并无提及尚书省。总章二年（公元669年），东台侍郎张文瓘、西台侍郎戴至德等，始以同中书门下三品著之入衔[16]，这首先表明尚书仆射不再属于官方最高决策层，但也为他们参与政事留有余地，并进一步开启了其他品秩官员与闻政事的大门。而以当时三品品秩的人员来看，主要范围就是尚书省的高层官员。

武则天当政初期因对其权力的不安全感，决策上主要凭借个人“万机独断，发命皆中，举事无遗，公卿百僚，具职而已”。及至后期随着权力的稳定，为使政务机构更充分地运转以处理繁杂的事务，对宰相群体进行了调整，把宰相议事的政事堂从门下省迁至中书省。强化了中书省的地位，为宰相群体树立了隐性的领导者。武则天朝的宰相狄仁杰，担任的是鸾台（门下）侍郎同凤阁（中书）鸾台（门下）平章事，即门下省和中书省的首长，也反映出两省一人负责制的倾向。

玄宗朝，宰相的工作重点已经不再是在

16 见《旧唐书职官志》二中书省中书令条原注。

政事堂议决军国之务，而是侧重于具体政务的处理。这一阶段中书令终于成为宰相中主要负责人员。此后除了个别波动，终天宝之世，中书令在宰相中一直处于首要和核心地位，同时伴随的是三省体制断裂，宰相身兼数职，事权向宰相和皇帝手中集中。天宝时，李林甫身兼数职，杨国忠更是身兼40余职。这严重影响了政务的正常运转，并使中央政府丧失了应付突然事件的能力，导致面临安史之乱不能做出有效的反映，这一不良惯性持续影响到中唐和晚唐。源自禁中的政治力量不断企图对皇城施以影响而遭到抵抗，造成了后期宫城皇城边界的模糊不清。

3.2.2 唐代文史机构的变迁

《唐六典》中记载宰相职掌，侍中条曰：所谓佐天子而统大政者也。中书令条曰：盖以佐天子而执大政者也。可见统大政、执大政是宰相执掌中重要的两个方面：一是和皇帝一起讨论国家大事，确定基本国策，制定方针政策，并且对一些重大问题做出决定，这是国家最高层次的决策，也就是国家决策；二是宰相集体讨论和处理军国事务。凡是重要政务和五品以上官员的任免都需要宰相在政事堂讨论决定，然后按程序：中书省起草诏敕，门下省审议，奏请皇帝批准后施行。

除此之外，皇城内的官署中尚有服务于皇室的服务部门，以及针对全国行政事务的执行部门，此外，文史典籍及人才机构也位于皇城内。中国古代政府文官的职能大体可以分为三类，一类通史，作为知识储备为君主提供大量的案例和史料援引；一类定策，对事务处理有经验有洞见，为君主提供具体的决策意见；另一类执事，操持进行具体事务的处理。两省官员用以定策，尚书省以执事，通史叙古一事依赖的就是围绕宫城设置的文史机构。其中文官的作用主要在于铺陈史料，为决策提供依据，其中又往往有人被选拔出来参与决策，以下讨论的文史机构的演变过程便呈现出特质，分别是史馆与弘文馆，集贤殿书院，秘书省及翰林院。

3.2.2.1 外朝机构渊源与空间方位

与近现代不同的是，“中国文化以历史观取代了政治学”[34]，因此掌握了书籍和历史素材的机构便成为仅次于决策机构的、需要密切控制在核心权力下的部门。国家对文化的掌控很大一方面在于藏书，历代帝王均求书于天下，并藏之书府。早期典籍多深藏内宫，汉代，未央宫中有麒麟阁、天禄阁藏书。后汉藏之禁中东观。因收藏于大内，因此为之设置秘书监，掌禁中图书秘记。空间上，汉时，以御史中丞掌兰台秘书图籍，故此历代制都邑，建台省时，均以秘书与御史为邻[35]。晋武时，惠帝认为："秘书典综经籍，考校古今，中书自有职务，远相统摄，于事不专。"将秘书省外迁并入中书省。隋时秘书省又被拆解出来，与尚书、门下、内史、殿内为五省，此制基本为唐代所承袭。

唐代秘书省作为独立的藏书机关，位于太极宫皇城内，中书门下又分别建立了自己的史料机构，门下省有弘文馆，中书省有集贤院。弘文馆的主要作用在于收藏典籍，进行校理。其最早可追溯至汉，初唐先置修文馆，武德末改名弘文馆，属门下省。弘文馆学士的职能在于参详校正图籍，授教生徒。同时也以典籍为基础参与朝廷有关制度礼仪的讨论。其学生教授考试，如国子监制度。集贤院出现于玄宗朝，为便于学士写书而设。玄宗开元五年（公元717年）开始写四部书。初时位于乾元殿东廊下，十二年在玄宗驾幸东都时安置于命妇院。十三年因召学士张说等宴于集仙殿，于是改名集贤殿修书所为集贤殿书院，并归于中书省。集贤殿书院的职能，除了搜索遗逸图书、隐滞贤才、掌刊缉古今之经籍以外，还在朝堂上作为顾问应对。图3-2-5中展示了有唐一代文史机构在大明宫中先后的分布，结合其设立的时间，可以清晰看出作为信息顾问的文史机构由中书、门下左右逐渐向皇帝起居的内廷转移的过程。

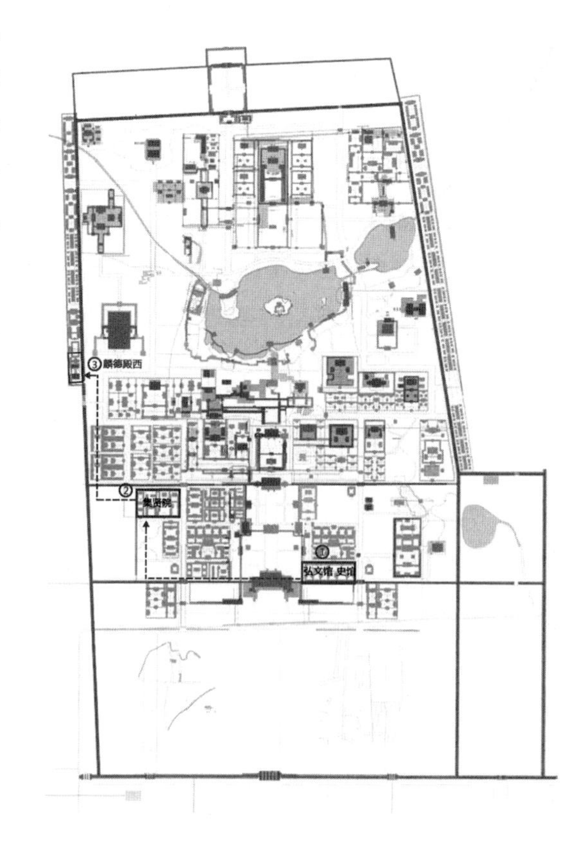

图3-2-5　太极宫、大明宫中文史机构分布

1. 秘书省

虽然号称唐初六省之一，但唐秘书省长官秘书监（皇家图书馆馆长）品秩不过从三品，与两省长官正二品相差甚远。秘书省标准规模不到百人[35]，在太极宫皇城中位于司农寺、司天监附近，距离中书、门下外省距离颇远，无法实现“典综经籍，考校古今”以配合“中书统摄”的作用。在东内建成之后，由于其距离随迁的中书门下两省更远，进一步降低了它参与政事、提供史料咨询的机会。随着弘文馆和集贤院的兴起出现，秘书省进一步成为单纯的藏书机构。

杨炯有《登秘书省阁诗序》[36]：

“陶泓寡务，油素多闲。命兰芷之君子，坐芸香之秘阁。徒观其重栏四绝，阁道三休，红梁紫柱，金铺玉舄。平看日月，唐都之物候可知；坐望山川，裴秀之舆图在即。虹为之回带，寒暑由其隔阔。八月秋分。风生阊阖之门，日在中衡之道。高阁连，有似安仁之兴。列芳馔，命雕觞，扼腕抵掌，剧谈戏笑。假使神仙可得，自蔑松乔；富贵在天，终轻许、史。闲之以博奕，申之以咏歌，陶陶然乐在其中矣。登高而赋，群公陈力於大夫；闻善若惊，下走自强於元晏。轻为序引，缀在辞章。”

杨炯为初唐诗人，所述应为皇城中秘书省高阁。按描述，皇城内办公建筑为三层建筑，重栏四面，通过廊道与周边其他衙署高阁相连，建筑高大且布局较为紧凑。不同区域功能多样，官员劳逸结合，在秘书省区域内亦能感受有园林雅趣。

2. 弘文馆

武德四年（公元621年），唐高祖置修文馆于门下省，五年后改为弘文馆。唐太宗时以虞世南、姚思廉、欧阳询、蔡允恭、萧德言等人，各以原官兼任弘文馆学士。建立弘文馆，并以他官兼任学士，旨在更好地将咨询与决策相结合。正是由于弘文官策略的行之有效，中宗景龙二年（公元708年）时，以宰相李峤领大学士，弘文官（时称修文馆）正式成为从属宰相的文史机构。唐玄宗开元期间，进一步扩充了其下属架构，置校书郎、校理等官，又有令史、楷书手、供进笔、典书、折书手、笔匠等若干人。这些匠人与秘书省的配置极其相似[37][17]，侧面证明了机构的重复和秘书省的式微。

弘文馆原在太极宫门下省之内，既然以

17 秘书省有校书郎八人、正字四人，主事一人，令史四人、书令史九人、典书四人、楷书十人、亭长六人、掌固八人、熟纸匠十人、装潢匠十人、笔匠六人。

他官兼领，应无独立办公场合。自朝政迁至大明宫后，弘文官位于门下省南，与史馆相邻[18]。

3. 集贤殿书院

随着开元间对弘文官制书人员配备的完善，学士咨询的职能又一次产生了转移。开元十三年（公元725年）四月，诏改“丽正殿”为集贤院，有学士、直学士、侍讲学士等十八人[19]，集贤院成为又一处供学士修撰、侍读之地。集贤院位于大明宫光顺门外，靠近中书省，其用地原为命妇院[20]，集贤院的设立大大压缩了命妇院的空间，这也是武后之后女性参政式微的表现之一。

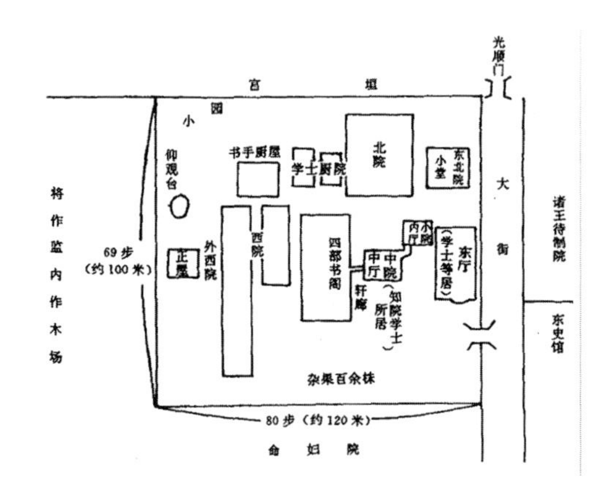

图3-2-6　池田温对集贤院推测复原图（资料来源：《唐研究论文选集》）

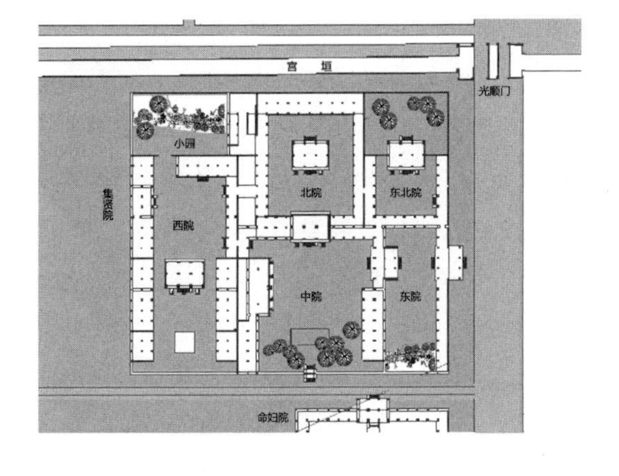

图3-2-7　集贤院布局推测图

对于集贤院的格局及尺寸，《玉海》中有详细描述[21]，其中涉及的度量单位包括：院落尺度为“步”，建筑尺度为“间”与“架”。屋顶形制除“厦”外则不另作说明。

而对于集贤院的环境与景观，《唐会要》之《集贤院山池赋》中记载其环境优美，自然山水元素丰富：“郁乎群贤之林，有山其秀，有池而深。幽流澹泞，苍翠嶔崟。千门下隔，三殿旁临。对石渠之铅粉，会金马之衣簪。日落池上，云无处所。尔其秋风既起，秋兴爰至。”[38]

除此以外，《野客丛书》27引《注记》又有集贤院内部壁画的介绍：“集贤院南壁，画阴铿诗图。北壁，画丛竹双鹤。四库当门，画夫子座于玄帐，左右诸弟子持经问道。”[39]池田温曾以《玉海》中描述为根据，标示过集贤院内各部分。笔者结合近期考古成果及唐代尺度单位及院落布局模式，推测集贤院平面如图3-2-6、图3-2-7所示。其特征反映出，当时官署在所划归的区域内，具有相当的建筑自主性，以中厅为核心，多重院落套叠，并设置不同功能。从兴建上或许以统一的间架模数建设，但在组团上相对自由并设有独立的环境优美的内部园林。

4. 翰林院

翰林院初设于玄宗兴庆宫，后转移至大明宫右银台门内，成为大明宫内独有的参谋机构。关于翰林院的历史和方位，最为详细的记录是《全唐文》455所收录，书于翰林院墙壁上的《翰林院故事记》：

“翰林院者，在银台门内麟德殿西重廊之後，盖天下以艺能伎术见召者之所处也。学士院者，开元二十六年之所置，在翰林之南，别户东向。……其後又置东翰林院於金鉴殿之西，随上所在而迁，取其便稳。……此院之置，尤为近切，左接寝殿，右瞻彤楼，晨趋琐闼，夕宿严卫，密之至也。”[40]

翰林院设置在宫内深处，麟德殿之西，比属于中书省的中书舍人院更接近于寝宫内殿，而为更恪守机密。开元二十六年（公元738年），又在原翰林院之南另建翰林学士院供草拟诏制者居住。翰林独承密令，在中晚唐时期皇帝削弱宦官力量的努力中起到了重要作用（即文宗筹划去王守澄事），商议确定如此机密之事其方位距离必定不远。志大才疏的德宗亦曾在掌权期间于麟德殿东的金銮殿附近建立东翰林院。

3.2.2.2 其他执行机构

在唐中期，尚书省已正式转型为国家民生行政事务处理机构，其下属六部，分别为吏、户、礼、兵、刑、工，所涉及内容兼及土地制度、赋税土贡、都城规制、宫殿建筑、行业分工、礼乐仪制、文化教育，乃至宗教外交等众多方面。九寺三监与尚书六部的职能多有所呼应，参考《唐六典》及新、旧唐书中的职官制度，特此对尚书六路部及寺监工作内容做职能对比，发现规模上寺监人数及组成大大多于六部。以车驾事务为例，职掌车乘的驾部与负责车马的太仆寺，规模相差数十倍之多。这也是定策决断与执行上的巨大差异。品秩上，寺监首脑为从三

18 史馆，初属门下省，后属中书省，负责国史的修撰，记录帝王起居决策，不参与决策咨询，与朝政无干，因此不做特别论述。《旧唐书》中记大明宫中史馆“在门下省之南。馆门下东西有枣树七十四株，无杂树。开元二十五（公元739年）三月，右相李林甫以中书地切枢密，记事者官宜附近，史官尹愔奏移史馆于中书省北，以旧尚药院充馆也”。

19《新唐书·百官志二》：“集贤殿院。学士、直学士、侍读学士、修撰官，掌刊辑经籍。凡图书遗逸、贤才隐滞，则承旨以求之。谋虑可施于时，著述可行于世者，考其学术以闻。”

20《两京城坊考》：（殿中内院）院西为命妇院，命妇朝于光顺门，后改为集贤殿书院。

21 在光顺门外大街之西。南邻命妇院，北接宫垣，东隔街则诸王待制院。东史馆，西即将作监内作木场。院内东西八十步，南北六十九步。中院中厅三间六架，知院学士所居。堂东序开阁，曲入小院内厅，三间四架。厅西轩廊三间接书阁。厅西四部书阁及纸笔杂库，十间六架。东廊七间四架，诸学士等分居之。东北院小堂，三间五架两厦。北院北行十间十架。屋西学士厨院。西行三间两厦，东行两间偏庇。西院西行二十间四架，东行十间四架。院北面书手厨屋，六间两厦。院内正屋，三间四架。一行师所居，院中有仰观台，即一行占候之所。院北有小园一所。池田温论文中《分纪》15引《注记》。参看《玉海》162、169引《注记》。

品，六部二十四司最高不过从五品上。寺监又各有执行署，机构层次较六部更多。

以吏部司封及宗正寺的关系为例，两部门均以皇室亲眷品级制定，但司封以定级及造册为主，宗正寺在造册定级之外，还负责相应品级对应的宗庙、陵墓的处理。分等之时，“皆先定于司封，宗正受而统焉”“凡大祭祀及册命、朝会之礼，皇亲应陪位豫会者，则为之簿书，以申司封。”另有如工部对将作监，城池修葺需由工部发令，而将作监依令行事。寺监之间也存在着职能重叠的现象，将做监及少府监两者各行其是而互不相闻。遇有大型活动如大祭祀、元日等，各寺监合作，称为“联事”。

总体来说，虽然职能类似，但尚书六部的职能倾向于针对民生及皇室事务制定政策标准，而寺监倾向于具体执行的职能。六部对相应的寺监有指导定策的作用，而寺监之间合作联系非常松散，合作时也有赖六部的统筹。其关系在洛阳宫的办公部门设置上格外明确：尚书省作为大规模的事务处理部门，与相关的寺监独立位于洛阳宫之东，上下各设三处寺监以便于公务往来。

3.2.3　三省的权力变化与空间调整

3.2.3.1　内外省的合并

中书省在唐一代经过了整合、权力交替与扩张。由于其机构运作与门下省息息相关，故而在此将中书门下两省的发展一起予以考量。

魏晋以来，中书、门下两省都处于宫禁之中，北朝时开始在皇宫外有舍人省。隋朝建立了禁省制度，门下、中书两省都出现了内、外省之分，两省官员拥有了内外朝官的双重身份，唐代的“供奉官”指的便是这一身份，是一种沟通内外的建置[41]。太宗朝，中书、门下两省继续设有内省。《贞观政要·卷一·政体》第一章载，贞观元年诏“京官五品以上，更宿中书内省”。而且直到唐高宗初年，中书省内仍置内省。《薛元超墓志》记：“中书内省旧有磐石，相传云，内史府君常踞以草诏。公每游于斯，未尝不潸然下泣。”[42]薛元超（公元622～683年）为初唐官员。先后在高宗朝任中书舍人和中书侍郎，可见在高宗迁至大明宫之前，按唐制度，仍在太极宫中保留有中书内省。

唐开国继承了隋大兴城及大兴宫，沿用了隋代的宫城皇城，也就在某种程度上沿袭了其机构设置。随着行政事务的增多及工作重心的转移，各部门组织势必要重新排列有所增减。大明宫的兴建为满足当时新的机构组织要求提供了可能。而建成后，其有形的空间形态又强化了制度改变的内容。袁刚在《隋唐中枢体制的发展演变》认为高宗龙朔三年（公元663年）将朝政中枢从西内太极宫迁至大明宫时两省内外的合并反映了内省建制的撤销。对此，笔者认为这实质上是两省外省的撤销以及宫城建置的放大。

关于大明宫官署区及前朝布局最早记载见于李华（公元715年~766年）《含元殿赋》，这也可看作是身为臣子在大明宫中所能踏及的领域介绍：

“排层城而廓帝居，豁阊阖而面苍苍。左翔鸾而右栖凤，翘两阙而为翼；环阿阁以周墀，象龙行之曲直。……其南则丹凤启涂，遐瞩荆吴；十扇开闭，阴阳睢盱。容鼎九扃，方驾五车，示王者之无外，不树屏於清都。望仙辟於巽维，建福敞於坤隅；偃朱旗而元甲，屯仡仡之骁夫。其後则深闱秘殿，曼宇疏楹；瑞木交阴，元墀砥平；鲜风历庑，凌霰飘英；荫蔼武楏，增华穆清。玉烛内融，则嘉盛丰备；太阳临照，而天下文明。古有六寝，御兹一人；今也三朝，繇古是因。布大命於宣政，澹元心於紫宸。羲和弭节於通乾，望舒停景於观象。密勿旒茀，臣人是仰；左黄阁而右紫微，命伊皋以为长。其下则簪冠鱼服，良家茂族，厉禁非宜，金吾领之。其前则置两石以恤刑，张三侯以兴武。告善之旌，登闻之鼓；节晷漏於锺律，架危楼之；以辨内外之差，以正东西之序。……其东於是宏文教而开馆，对日华之清阈；盖左学之遗制，协前王之讲德。其西於是延载笔之良史，俯月华之峻扉；集贤人於别殿，朝命妇於中闱。王风阐而成化，阴教备而不亏。加以咏周诗而展亲，睦鲁卫而敦叙；因合族之来宴，置更衣之丰宇。至於殿内诸曹，则在右有局，通轩并庑；物有恒司，供无废举。”

这一段文字当是描述的玄宗时期的大明宫。大明宫的宣政殿殿庭及左右基本原样临摹了太极殿庭及左右的形制。分别以一门（日华门、月华门）正对中书省及门下省。弘文馆、史馆对称于中轴线左右，此外又有命妇院及集贤院。可以说，大明宫在含元殿后至宣政殿一路的东西两侧布置官署，并不是通常以为的对皇城职能的微缩提炼，而是对太极宫宫城前区的复制。除决策机构外，尚有事关文史图书的史馆、集贤院以及服务于朝会的殿中省、命妇院等。执行性的官署寺监与尚书省均留置在皇城中，纵观唐代之后的政治生活可以看出，太极宫宫城仅留作皇家仪式之用，参政决策的工作几乎都在大明宫和兴庆宫中完成。

3.2.3.2 中书省的权力汇聚与分化

高宗建大明宫时理想化的中书门下对称式格局随着政事复杂性的提高和君权的集中，不断地被打破和调节。中书、门下原本分列于宣政殿左右，方位和权力的界限一样分明。但自开元时期，中书省权力扩大、事务增多，聚拢了大量关联部门，并分化出了新的机构关系。

武德时在门下省设政事堂用以宰相议事，它取代“八座集议”，成为重臣商议决策国家事务的主要方式。武则天执政之后，裴炎移政事堂于中书省[22]。这是决策重心在方位上的转移。

开元十一年（公元723年），中书省于政事堂后部设置了五房，分别为吏房、枢密房、兵房、户房、刑礼房[38]。与尚书六部吏、礼、兵、刑、工、户对照。由此财政、军事、官员任免权以及刑事裁决权均在中书设置了管理部门，尚书六部中事关国家命脉的几大部门的制法审批权就此被剥夺，这不仅进一步将尚书省置于决策团队之外，还大大削弱了尚书省作为事务执行部门的权力，使得权利向中书省集中。经过合并简化的中书省继政事堂之后得到第二次扩张。

开元二十五年（公元737年）三月，右相李林甫以中书地切枢密，记事者官宜附近，令史官尹愔上奏，将史馆迁至中书省北部“以旧尚药院充馆也。”[23]唐贞观以后多以宰相监修国史，初唐在太极宫时史馆邻近门下省，大明宫初成后随门下省迁入并置于门下省南。但随着中书省对权力的掌控力增大，史馆与政事堂一样，由门下省迁移至中书省。这是对信息的控制和扩张。

中书省作为宰相议政的机构，以政事堂为核心，由于政事堂在中书议政决策，配合持笔誊写的中书舍人也变得愈加重要，制敕的权责集中于舍人院。中书舍人原本从属于中书侍郎，随着职权的加重朝着以专门负责撰写制敕机构的方向过渡，在空间布局上，舍人院逐渐成为相对中书省独立的存在。舍人院的分化不仅体现在空间管理上，也体现在配套服务上。《南部新书》乙载：“政事堂旧有后门，盖宰相时过舍人院，咨访政事，以自广也。常衮塞之，以示尊大”[43]。《唐摭言》卷3“过堂”条记主司领新进士见宰相之后，复见中书舍人，“主司复长揖，领生徒退诣舍人院”。舍人院从空间管理上，有了独自

22 李华《中书政事堂记》记；《旧唐书·职官志》二侍中条小注：“旧制，宰相常于门下省议事，谓之政事堂。永淳二年（682）七月，中书令裴炎以中书执政事笔，遂移政事堂于中书省。”

23《唐会要·卷六三·史馆》上。

24《全唐文·卷612·虔州孔目院食堂记》。

25《唐语林》卷8载御史台会食的座次为，“杂端在南榻，主簿在北榻，两院则分坐。虽举匕箸，皆绝谭笑”。

26 有研究者以《唐六典》工部尚书条所记为依据，认为两处宫室的三朝格式正相吻合且承袭隋代。

的院落和门禁。后勤方面，唐代内外官员公厨会食[44]24。公厨是按照机构设立，同一机构不同级别的官员在同一个公厨会食[25]。舍人院以中书舍人为长官独立存在，也配有独立的公厨。这也侧面证明了权力不断集中的中书省正在分裂孕育着另一个新的权力机构。

围绕唐代体制内的官僚机构，本节按决策、文史、执行三类，分别论述了相关机构的演变历程及在唐一代的发展。对它们在宫城及皇城内的方位关系予以分析，根据人口规模讨论其范围和空间形态，并对其中部分机构建筑群进行了复原性探讨。

初唐沿袭隋制，形成六省九寺三监一台的组织架构。其中又有六部二十四司与寺监对应，这种对称的数字关系与其说是公务所需，不如说是对数字美感及象征意义的追求。以尚书省为例：都堂居中，左右分司，东侧为吏部、户部、礼部三行，每行四司，以左司统之；都堂西侧有兵部、刑部、工部三行，每行四司，以右司统领。这种部门名称上的对应关系一直维持到了唐代后期，未做大的改变。但在职能分配及权力布局上，仍然出现了较大的变化：为了更契合实际工作的需要，职官上的调整变成了机构空间位置的变化。这些位置的变化开始时往往只是表现为对某一事或一类人的特殊安排，或者源于空间上的某种偏爱，但中央职官的权责和运作紧密地与衙署区位联系在一起，最终都对唐朝中央官僚体制和权力结构产生重大影响。尚书省由禁中迁至宫外；中书门下取消内外省制度，合并为更靠近朝政区的外省；提供咨询职能的文史机构，追随着两省分设和它们的区位变化，也呈现出“秘书省—弘文官—集贤院”的发展过程。本节论述的是官僚体制内的机构及方位变化，而随着政局的发展，一些“非法”的、体制外的权力机构也在寻觅着自身的发展空间。

3.3 唐代宫廷空间的定制

虽然早在战国《周礼》中便已出现，但延续至明清的三朝制度正式确立实施当始于隋唐。建筑史学界对三朝空间特征的讨论经久未歇：傅熹年先生《中国古代建筑史》第二卷中在谈及隋大兴宫时提到隋文帝复兴周礼的意图，部分地解释了三朝的转变[45]；东南大学陈涛、李相海有《隋唐宫殿建筑制度二论——以朝会礼仪为中心》[46]；主要争议点在于大明宫三朝与隋太极宫三朝建制是否完全吻合[47]26。这些讨论的局限在于对初唐完全沿袭隋朝朝制似乎未加任何追问；另一盲点在没有解释唐代所称的“三朝”之名在玄宗时期才正式出现。在本书第2章的分析已经说明，三朝与纵向建筑布局形成的进深层次一直的是脱节的，那么三大殿的排列形式又是何时形成的？带着这几个问题，本节以大明宫为主体展开唐三朝空间格局研究，这也是论文的核心内容之一。分析其背后的政治考量，阐述其形制的原型传承，探讨三朝制度下影响空间的其他可能，其中部分的援引东都洛阳的外朝制度，作为初唐长安制度的补充。

3.3.1 唐代三朝制度

在前一章中已经总结，作为政事处理和皇家典礼的空间，不同时期的宫室组合表现为：两汉时期以前殿与东西厢作为大朝会及内朝，治朝职能因尚书省对政事的控制而名存实缺；魏晋南北朝以太极殿及东西二堂三面环绕一殿庭的空间作为大朝，后期部分礼仪功能纵向安置至太极殿轴线之后。考古史料显示，直至隋方出现三殿纵向重叠的组合方式，即三大殿空间层次。研究唐三朝制度，便不能不提到隋代这一变革的伊始阶段，在此基础上，论述唐代三朝制度，而唐初的三省改革又担当了何种角色也是本文的突破点。

3.3.1.1 初唐三朝制度的雏形

开皇三年（公元583年）春正月，隋文帝入主新都大兴城，大赦天下。隋时朝会包括“正月受朝（元会及冬会）、朔日受朝及视朝”三类[48]。关于隋所以较前代在朝政空间制度上有一突变，呈现三朝的组织形式的原因，史学界对此有两方面的意见，一是以吉田欢为代表的北周制度影响论[49]，即隋大兴宫的宫殿制度主要来源于北周。隋文帝承自北周，而北周奉《周礼》为圭璧，废除魏晋制度，在职官及礼仪上都力图恢复姬旦的典章，因此大兴宫的宫殿制度来源于北周宫殿制度。另一方面是郭湖生和傅熹年先生的周、齐融合论[50]，郭先生认为隋代再循周制建立三朝五门制度，是对北周及北齐制度的折中[51]。傅熹年先生指出：隋大兴宫对北齐、北魏、南朝宫殿均有模仿，而在前半部放弃了魏晋以来在太极殿东西建东西堂的做法，形成三殿并列的布局，和北齐的邵阳殿有关。

讨论这一问题，秉承从政治架构看空间格局的切入点，笔者认为更有必要引入同时期政治体制的对照。隋代形成的国家管理体制分别在两个层次上运转：首先是国家政务的决策层次，在皇帝的直接领导下，八座集议共同商议决定国家的大政方针，由中书省草拟诏令，经过门下省审核，如有不妥即予以封驳，否则由皇帝批准后，交由尚书省施行。中书和门下两省位于宫内中华殿东西两侧[52]，尚书六曹三十六侍郎则位于皇城。宰相商议机密大事，应在宫内门下内省[53]。其次是国家礼制的精神层次，以大朝（《六典》所谓古之外朝）和朔望朝（《六典》所谓古之中朝）为代表，继承北朝对太极殿及其后建筑的使用方式，将接见地方官及京官的朝见仪式以参与者品秩为依据进行划分，形成不同等级的朝参活动，实现渡边信一郎所指出的那种“通过朝会之礼的重复而实现君－臣关系的更新”[54]。随着参与品秩越高，则越频繁而私密，并更接近议政即第一层次。

两个层次的融合形成了隋代政治与仪式朝制度。隋文帝徙建长安新都，远绍礼经，依前代之法改周之六官。置三师、三公及尚书、门下、内史、秘书、内侍等省，御史、都水等台，太常、光禄、卫尉、宗正、太仆、大理、鸿胪、司农、太府、国子、将作等寺[7]。这时的国家事务仍主要掌握在尚书省中，“三公参议国之大事，依后齐置府僚。其位多旷，皆摄行事。置公则坐于尚书都省。朝之众务，总归于台阁”，尚书省内六曹三十六侍郎“分司曹务，直宿禁省，如汉之制”[7]，此外御史台虽由吏部选用，但同前朝一样入直禁中。

关于朝参的空间形态，大兴宫的落成改变了东西堂之制，将大朝日朝的平面配置，易横为纵，恢复文献中所记三朝五门制度[27]。但在内部动线和站位上，通过前文对隋代册太子仪的分析中可以看出，此时仍保有前代痕迹：

一是殿内以坐北向南者为尊，以殿廷作为主要仪式空间，廷内以立西面东者为尊，保持有东西堂时期的特征。二是大殿主要服务于五礼功能。大兴殿与太极前殿其功能相类似，其前后殿的多次出现也反映当时正衙的形制特征。三是内部官员站位序列上，沿袭了魏晋南北朝特征，以宗室/官员作为划分依据而非职能：武德殿布列甲兵，百官肃立东面，宗室立于西面。这一情况直到炀帝即位进行改革，将朝参班序，按品秩高卑为列[7]。总之，隋虽然国祚甚短，初步形成了三大殿的纵向布局，但在空间职能上，还部分保留了周、齐时期的以礼仪功能为主的功能特质，主殿功能及空间层次上都难以摆脱前代制度的影响，三朝制度在功能和空间上的统一，到唐代才得到进一步发展。

究其原因，作为一个新兴的大一统国家，重塑一套全新的礼法行事制度是彰显帝运的有效方式，也是隋文帝、炀帝两代在制度上反复推敲的动力。但是初期开皇年间诸

27 贺业钜先生在《中国古代城市规划史》中曾指出，隋唐宫城内三处宫殿，分别以3道、2道、1道城门至于殿堂前，以划分三朝层次。这一说法与实际的朝会场合略有出入，但对认识隋宫室的等级划分及空间组织手法，具有启发性的意义。

事未得齐备，造成理想制度的确立领先于实际的执行力。以冠服为例，从君臣到后妃的服制虽然早早议定，但高祖元正朝会及郊丘宗庙时，“皆未能备”。平日百官“皆著黄袍，出入殿省”，高祖朝服与之相同，不过加十三环略加差异[55]。书面制度与行事规程的统一直到隋炀帝大业元年才逐渐走向落实：“炀帝诏吏部尚书牛弘、工部尚书宇文恺等，宪章古制，创造衣冠，自天子逮于胥皁，服章皆有等差”。这套衣冠及朝参班序制度一经确立，在大业三年正月朔旦大显光彩，使得当时朝见的突厥等各族甚为仰慕，“并拜表，固请衣冠”[55]。隋炀帝大悦，谓：“今衣冠大备，足致单于解辫”。全新塑造的元旦大朝会以其宏大华丽起到了感召属国、同化民族的作用，这也正是隋设置“大朝”的主要目的。

3.3.1.2　高祖太宗时的太极宫三朝制度

后世评价隋文帝：“隋无德而有政，故不能守天下而固可一天下。以立法而施及唐、宋，盖隋亡而法不亡也。”[56]隋文帝的创规建制奠定了隋唐帝国的制度与规模，规定了当时的政治运作模式，不少方面对后世造成持久深远的影响，不仅宇文恺的宫廷空间制度设计是值得深究的，其礼制渐全的朝会空间层次也是主要的遗产之一。

初唐三代君主均有在太极宫执政的经历，特别是高祖和太宗。《新唐书·高祖纪》：武德元年（公元618年）五月甲子，即皇帝位于太极殿。丁卯，宴百官于此殿。《旧唐书·太宗纪》记：太宗于武德九年（公元626年）即皇帝位于东宫显德殿；贞观三年（公元629年）四月甲午始御太极殿听政。《旧唐书·高祖纪》记，贞观八年（公元634年）三月唐高祖宴西突厥使者于两仪殿；《旧唐书·太宗纪》记，贞观二十三年（公元649年）年五月己巳唐太宗死，甲戌朔日殡于太极殿[28]；《旧唐书·高宗纪》记，唐高宗李治于贞观二十三年（公元649年）六月即皇帝位，次年永徽元年（公元650年）正月御太极殿受朝。《旧唐书·令狐德棻传》记，永徽元年高宗召宰臣及弘文馆学士于中华殿即两仪殿问事。这些记载明显反映出，太极殿的功能、效用与隋大兴殿及历代太极殿接近：册命，听政，发殡，大事见百官，与之后的历代宫室主殿存在明显差异。但从典籍上，还是可以看出政令日益完善，且两仪殿日益重要的趋势。据《唐六典》记：此后每逢朔望二日，太宗视朝于太极殿，平日听政则在两仪殿。不同于前代纵向轴线之后的昭阳殿，两仪殿在初唐的重要性则得到明显提升，按胡三省注《资治通鉴》卷一九七中记：“承乾既废，上御两仪殿，（按唐六典，两仪殿在太极殿之后，盖古之内朝也，常日视朝而听事）群臣俱出，独留长孙无忌、房玄龄、李世勣、褚遂良”，则两仪殿是官方明确的每日视朝之处。

尽管不同于历代太极殿附设东西堂，但隋大兴殿时内有东房/东序，西房/西序。这一殿内空间形式沿袭至大明宫含元殿，其考古揭示大殿左右稍间封闭，当为典籍中之东西序。

承天门在太极殿之南，是皇帝举行大型仪典之地：太宗时“丙戌，诏立晋王治为皇太子，御承天门楼，赦天下，酺三日”[29]；开皇九年（公元589年）十月庚戌隋文帝受平陈师献俘；贞观十七年（公元643年）四月丙戌唐太宗册封李治为皇太子；景云元年（公元710年）六月睿宗即位；开元二年（公元714年）六月丙寅玄宗受吐蕃宰相尚钦藏献盟。中唐之后，会昌五年（公元845年）正月辛亥武宗大赦天下，均在承天门举行典礼。按《唐六典》工部尚书条所记“若元正、冬至大陈设，燕会，赦过宥罪，除旧布新，受万国之朝贡，四夷之宾客，则御承天门以听政”，即古之外朝，也是唐代大朝[30]。大典时，承天门内则由左右卫挟门列队于东西廊下，门外则由左右骁卫挟门列队于东西廊下。承天门楼还是皇帝欢宴群臣之处。先天二年（公元713年）九月己卯，玄宗宴王公百僚于承天门，并向楼下抛撒金钱，让百官争拾。如此众多丰富的内容是否可以证明承天门就是“大朝”之地么？关键还是在于“大朝”和核心任务。

唐太宗登基后对唐律进行大幅度修订，制定了《贞观律》《贞观令》《贞观格》和《贞观式》，这是唐代建国后的重要立法成果[57]。其中界定了三种朝会类型。

日朝：日朝为视事之朝，即决策日常行政工作的朝会，日朝频率为规范化的每日朝见或隔日朝见：“贞观十三年（公元639年）十月三日。房玄龄奏：天下太平。万机事简，请三日一临朝。”“二十三年九月十一日。太尉无忌等奏。请视朝坐日。上曰：自今以后，每日常坐。”“显庆二年（公元657年）二月。太尉长孙无忌等奏。以天下无虞。请隔日视事，许。”

朔望朝：朔是农历每月的初一，望为农历每月十五或十六。朔望日朝参，原指每月初一、十五两次比较大规模的朝会。高宗武后时期有载：“永徽元年（公元650年）十月五日。京官文武五品。依旧五日一参。”“永徽二年（公元651年）八月二十九日下诏。来月一日。太极殿受朝。此后。每五日一度。太极殿视事。朔望朝。

28 胡三省注《资治通鉴》卷一九七“壬申，发丧太极殿，宣遗诏，太子即立。（太极殿，西内正朝，于此发丧，太子于柩前即位。）”
29 胡三省注《资治通鉴》卷一九七。
30 在中国建筑史研究中，刘敦桢在《大壮室笔记》中最先使用大朝、常朝、日朝的说法来代替外朝、中朝、内朝。侧重其频率而非内容。

即永为常式。”既然号称依旧，可见太宗时即如此行事，且沿袭至高宗朝，武则天在其《改元光宅赦文》中称：“**其在京诸司文武职事，五品以上清官，并六品七品清官，并每日入朝之时，常服裤褶。诸州县长官，在公衙亦准此。自馀官朔望朝参皆依旧，其色皆依本品**”[58]。可见，这一时期由不同等级的官员参与组成的日朝、朔望朝已成为定制。

大朝：冬至的意义在于一阳初生，万物潜动。自古圣帝明王以此日朝万国，观云物。所谓“礼之大者，莫逾是时”。至于唐元正冬至大朝会的定制却又稍晚，开元八年九月，敕令“冬至日受朝，永为常式。”始成为明文所定的大朝会。大朝的核心内容在于接见万国，这是承天门一地所难以全部承担的。

3.3.1.3　太极殿庭布局格式及尺度考略

1．模数研究及布局的佐证

由于太极宫外朝平面的不可考，关于其平面格局的主要依据来自宋吕大防的《长安城图石刻》，此外经考古发掘探得[59]：太极宫宫城（不含掖庭及东宫）东西宽1285米，南北长1492.1米，本身面积1.92平方公里。傅熹年先生通过模数规律对一系列宫殿平面布局进行过研究[60]，对考古发掘的隋洛阳宫的前朝平面进行了几何关系分析。其中隋乾阳殿即正衙大殿位于宫城大内两道对角线的交叉点上，以此为中心连接东西。在南侧半边区域内，乾阳殿之乾阳门又位于其两道对角线的交点。借鉴这一规律核对唐宫室，可推导出太极殿及太极门在太极宫中的位置。以对角线取点择中的话，太极殿当在承天门北740米左右，合唐尺290丈，太极殿与太极门之间南北距离370米，合唐尺145丈（图3-3-1、图3-3-2）。

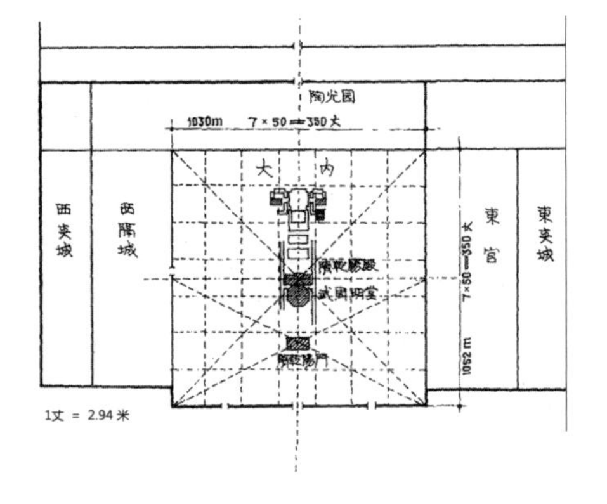

图3-3-1　隋唐洛阳大内平面布置分析（资料来源：傅熹年）

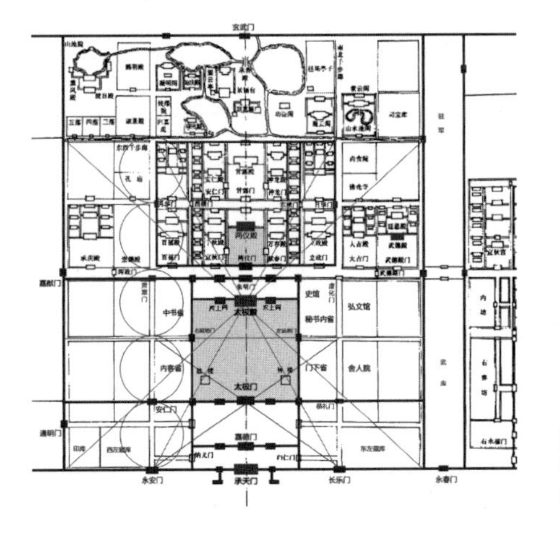

图3-3-2　隋唐长安太极宫大内外朝太极殿及太极门布置推测（资料来源：傅熹年）

2. 东都乾阳殿的建设

仁寿四年十一月（公元604年），隋炀帝杨广驾幸洛阳，下诏称："洛邑自古之都，王畿之内，天地之所合，阴阳之所和。控以三河，固以四塞，水陆通，贡赋等。故汉祖曰：吾行天下多矣，唯见洛阳""今可于伊洛营建东京，随即设官分职，以为民极也。"诏尚书令杨素、纳言杨达、将作大匠宇文恺营建东京。洛阳东京至大业二年（公元606年）春正月完工，其中宫室的核心正殿建筑便是乾阳殿。

史料记载乾阳殿：

"永泰门内四十步，有乾阳门，并重楼。乾阳门东西亦轩廊周匝。门内一百二十步，有乾阳殿。殿基高九尺，从地至鸱尾高一百七十尺。又十三间，二十九架。三陛（一作阶）轩……其柱大二十四围，绮井垂莲，仰之者眩曜……①四面周以轩廊，坐宿卫兵。殿庭左右各有大井，井面阔二十尺。②庭东南、西南各有重楼，一悬钟，一悬鼓。""乾阳殿北三十步有大业门，门内四十步有大业殿，规模小于乾阳殿而雕绮过之。乾阳殿东有东上阁……乾阳殿西有西上阁"[61]。隋炀帝作有《冬至乾阳殿受朝》一诗，其中涉及建筑及空间形制的有"北陆玄冬盛，南至晷漏长"。"新邑建嵩岳，双阙临洛阳。圭景正八表，道路均四方"，"缨佩既济济，钟鼓何锽锽。文戟翊高殿，采眊分修廊。"其中亦谈到了门阙、钟楼鼓楼、殿堂、东西上阁门及两侧廊轩。

建筑规模上，关于这时乾阳殿的具体尺度虽没有记载，但是在去隋不远的初唐显庆元年（公元656年），司农少卿田仁佐用旧余材修乾元殿，记所成之殿高一百二十尺，东西三百四十五尺，南北一百七十六尺。因其沿用了隋乾阳殿之旧址，在尺寸上也应有对隋代旧尺的参考[31]。王贵祥教授在其《关于隋唐洛阳宫乾阳殿与乾元殿的平面、结构与形式之探讨》一文中，对此格局及建筑进行了复原研究[62]，以此为基础，推测其文献中记载的格局如图示（图3-3-3）。

空间配置上，洛阳宫至少从两个方面都呈现出了与大兴宫所不同的新创，一是四周轩廊座宿卫兵的防卫制度，二是钟鼓楼的设立。隋文帝营建大兴宫时尚无钟鼓楼，据宋敏求《长安志》记述：直至贞观四年（公元630年），长安太极宫中才出现了钟鼓楼，"太极殿东隅置鼓楼、西隅置钟楼"[32]。相比而言，早在二十多年前，隋炀帝洛阳乾阳殿已经设立了这一制度。影响了初唐太宗对太极宫的增建与完

31 以一尺为0.294米计算，其东西面广345尺，折合今尺为101.43米；其南北进深为176尺，折合今尺为51.744米；其高120尺，合今尺约为35.28米。一步以唐尺度计则折合1.514米，120步即181.68米。
32《永乐大典》所收《阁本太极宫图》则示钟楼在东，鼓楼在西。

善，反映了隋东都宫殿正殿区域建设对长安唐宫室的影响。

3. 大明宫作为旁证

大明宫外朝区的发掘已经揭露了自紫宸殿到含元殿一系列区域的情况。其中含元殿得到完整的发掘，并由多位专家进行过格局和单体的复原。宣政殿、紫宸殿及左右也探得了殿址的大概范围，并明确了日、月华门的位置（图3-3-4）。其中有几条特征值得注意。

（1）宣政殿庭的横街与日华门、月华门。日华门、月华门外为两省衙署与中路朝政区的联系入口，在针对大明宫的考古发掘中，已揭露在含元殿至宣政殿之间的东西两侧有建筑，由图可见处当为西部月华门，此处平面范围较大，似乎超出了一门屋应有的规模。结合前文通过黄麾仗布局推导的东西堂尺度看，笔者大胆推测：先唐时期的东、西堂建筑的空间格局及规模为隋大兴城所继承，但其功能随着三朝格式的转变而变化，在太极殿中作为太极殿庭与两侧核心官署区域的联系通道而存在。大朝会时，此两处作为东西厢设置卤簿。这一空间及其方位形态承袭至大明宫的建设中，故此宣政殿庭左右的日、月华门台基宽大，且拥有多开间。

（2）含元殿的平面柱网。大

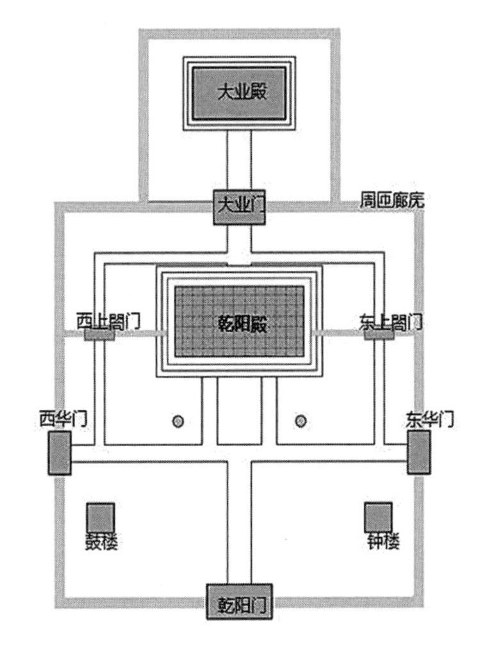

图3-3-3　隋乾阳殿区域布局示意（资料来源：参考王贵祥先生图纸绘制）

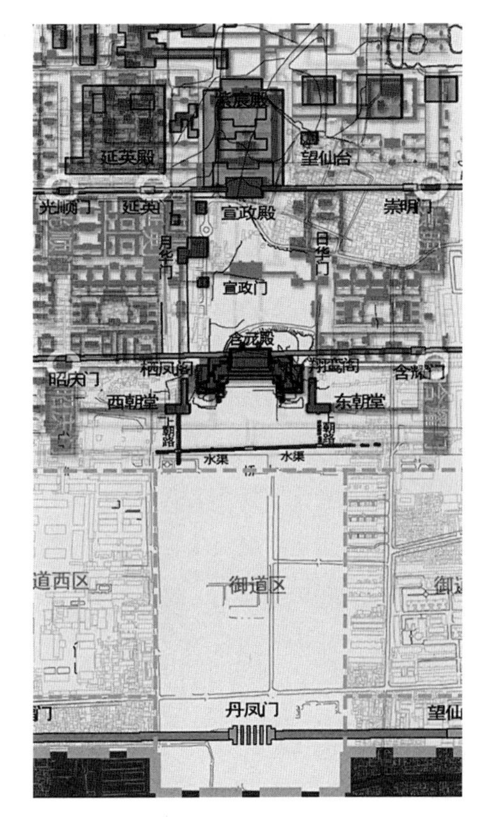

图3-3-4　大明宫考外朝区域考古发掘示意及宫室分布研究示意（资料来源:《大明宫遗址遗存一览表》）

明官含元殿已得到充分发掘，其遗址显示，含元殿殿址台基东西长75.9米、南北宽41.3米，面阔11间、进深4间，各间广5.3米。殿东西山墙和北面的后墙皆为版筑夯土墙，墙内外壁涂白灰，内侧底部并绘有朱红色边线。殿外四周有宽5米的副阶。太极殿始建于隋文帝，之后此殿未见有改建重建的记录。按文帝立国之初的朴素建设风格，以及太极殿宴会布局的记载看，参考含元殿的平面，太极殿其面阔及进深当不及含元殿，且两侧有廊展开并南折联系至东西厢。

4. 尺度方面的考虑

大朝会的意义在于显示“朝廷之尊、百官之富，所以夸示夷狄”[63]，前人统计，初唐参与大朝会的官员使节们达2600人[64]，加之万人左右的卤簿兵士，以及体量庞大的仗马、仪象、辂、辇，这势必要占据面积可观的室外空间。由此也成为我们考校太极宫殿庭尺度的出发点之一。

大明宫考古中，月华门遗址到宣政殿的南北距离明显短于到含元殿的距离，除了中间宣政门的存在外，另外一点需要考虑的是“横街”的存在。横街也是太极殿庭中主要的交通干道，作为空间的主要标示领域，多次出现在仪式陈列格局的规范之中。横街以南，向东西由品秩高到底展开各司官员，宴会时亦按此式，其长度当不短于太极殿至太极门之距离。由此看来，太极殿庭也应是一处不小于15000平方米的广场。结合前文几个参照系，笔者试绘太极殿庭格局图（图3-3-5），以此底图作为下文分析仪式活动的空间基础。

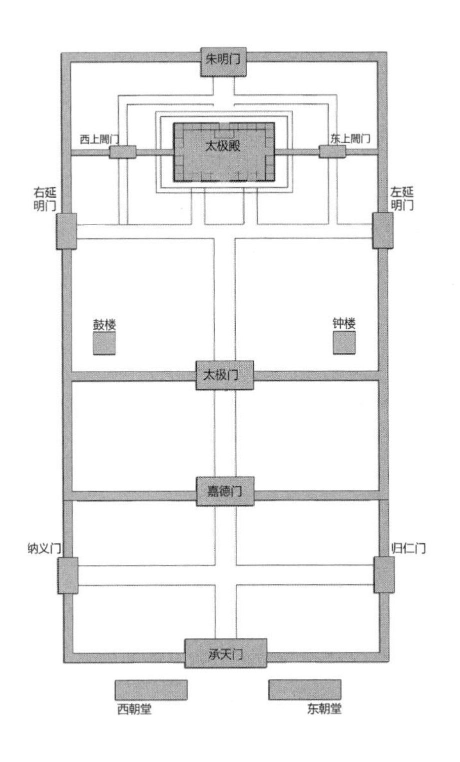

图3-3-5 太极宫殿庭推测示意

《五代会要》记后晋洛阳，天福四年（公元939年）十二月，太常礼院奉敕“约《开元礼》，重定正旦朝会”时，提出“今京邑新造，殿庭狭隘”，无法如《开元礼》所规定那样“称贺后……，百官朝服受坐，解剑履于乐府之西北”[65]。由于殿庭狭小无法满足场面铺陈的要求，只得令百官“请法近礼，依内宴升殿”。殿庭的尺度与仪仗铺陈和仪式制度的实现密切相关。太极殿殿庭广场虽然规模可观，但要铺陈开万人的卤簿及近三千人的官员使节的话，仍有局促不堪之感。如若其五辂、属车、辇展及仗马铺陈开，则势必更加拥挤。从满足仪式要求、实现卤簿制度的完整性这一角度，似乎也可以部分地解释大明宫的兴建以及含元殿指代的大朝与宣政殿指代的朔望朝的分离。

3.3.2 唐宫廷建设与三朝空间

唐代的三朝制度，在功能性质上与古代有着根本的不同，所谓内朝是日常会见五品以上文武官员及相关人员[33]讨论具体政务的场合，其中上下交流互动频繁；中朝作为定期举行朝仪的场合，接见九品以上文武职事京官，有一定的礼仪寓意，用以颁布政令，如读时令；外朝则是举行大规模朝贺仪式的地点[66]，时间为每年元旦和冬至，九品以上京官，各地朝集使，藩国友邦使节皆出席大朝会，这是彰昭帝威，重建心理等级秩序的仪式空间。这已经明显超出了《礼记》中涉及的三朝的职能，也是国家规模扩大、政务复杂后的必然结果。在空间与职能关系上，《六典》中称，太极宫以承天门为大朝，太极殿为中朝，两仪殿为内朝[34]。对此，有争议提出承天门的建筑形式不适合举行大朝会，太极宫中大朝会应在太极殿中举行，认为《六典》中对大朝、中朝、内朝所对应的宫殿空间有附会之虞[35]，太极宫并不存在与三个等级朝会礼仪相对应的三朝制布局。这一争议也是建筑史中的一个重要问题，即三朝制的定制出现在初唐还是伴随着大明宫的建成才得以确立？带着这个问题，下文以大明宫的兴建动机、大朝建筑形制与三朝活动为主题展开，为其职能空间做一相对清晰的梳理并寻求解答。

3.3.2.1 大明宫建设的政治文化背景

1957～1959年的对大明宫的考古大致厘清了大明宫宫址的形状及范围。大明宫平面不规则，城北墙宽1135米，合386丈，南城墙宽1370米，合466丈。南部呈东西向长方形，北部呈直角梯形，周长7.6公里，面积约3.5平方公里，基本格局采取“前朝后寝”的传统，分前朝（有含元殿、宣政殿、紫宸殿三大殿）和后宫（有麟德殿、金銮殿、蓬莱殿、浴堂殿等寝殿和太

33《唐会要》卷二十五所载“仪制令”记：诸在京文武官职事九品以上，朔望日朝。在京文武官五品以上，及监察御史、员外郎、太常博士，每日朝参。

34 刘敦桢先生在《大壮室笔记》中又使用大朝、常朝、日朝的说法来代替，以侧重其频率而非内容。似与唐实际施行的朝会频率不符。

35 东南大学陈涛、李相海在《隋唐宫殿建筑制度二论——以朝会礼仪为中心》中，分析了承天门建筑形式和元日大朝会礼仪程序得出这一结论。

液池园林等）两大部分。整体规模宏大，建筑制度完备。

关于龙朔时高宗要大规模营造并徙居大明宫的原因，传统的历史研究者结合史料将其归结为三个方面原因：首先，此事缘起自唐太宗选定长安城北禁苑中龙首高地，营造大明宫，为太上皇消夏的夏宫，因太祖过世而作罢[67]；其次是称太极宫地处龙首原南坡之下，内里潮湿，“高宗染风痹，以宫内湫湿”需就高敞之所，因而沿用太宗时欲为太祖修的离宫旧址，大明宫旧基“北据高原，南望爽恺”，适应修养要求；最后的补充说法是由于永徽六年（公元655年），武后杀王皇后和萧良娣之后，太极宫中时有鬼祟，“频见王、萧二庶人披发沥血，如死时状，武后恶之，祷以巫祝，又移居蓬莱宫，复见。故多在洛阳”[68]。至龙朔元年（公元661年）武后又有身孕，促使高宗再建旧大明宫，以为新居。因避暑、避祟而兴建如此大规模的宫室在近世的研究中备有争议。随着宏观探测技术的发展，辛德勇等提出了新塑轴线的看法，将大雁塔、大明宫与祖陵连缀一线。这一说法激动人心，但在初唐时期昭穆制度模糊，而以营寺追念父母一事屡屡见于唐皇室，似也缺少唯一性。帝国都城新轴线的确立还需要其他方面的推动力，除了风水的考虑，还有权力空间的考量。

1. 风水与地势——太宗时期的择址

兴建新宫的议题最早出现于太宗贞观六年（公元632年），监察御史马周上疏：“臣伏见大安宫在宫城之西，其墙宇宫阙之制，方之紫极，尚为卑小。臣伏以东宫皇太子之宅，犹处城中，大安乃至尊所居，更在城外。虽太上皇游心道素，志存清俭，陛下重违慈旨，爱惜人力；而蕃夷朝见及四方观听，有不足焉。臣愿营筑雉堞，修起门楼，务从高显，以称万方之望，则大孝昭乎天下矣。”[68]《新唐书·地理志》则记载大明宫始置时间：“本永安宫，贞观八年置，九年曰大明宫，以备太上皇清暑，百官献赀以助役。”虽然此事后因李渊身故而作罢，但当时确已进行了七个月，可见大明宫的选址定位在太宗时便已确立。

有研究者认为之所以选址长安城东北，除龙首山地势高敞的优势、永康陵中轴线南延穿越外，可能与李唐王朝的发祥地在晋阳（今太原），在隋都城的艮方，故其新宫也压于隋宫的艮位有关[69]。太原在长安东北方，据此推测，大明宫的这种面向东北的环抱意象或是为了面对其发祥地——晋阳。另外从防御角度讲，“东城的北部如不偏西，而是正南北的话，则北部的城垣就恰好处于龙首山折向北去的西麓之下，这样原高城低，对宫廷的防卫来说显然是不利的”[70]。因此有学者认为大明宫的设计者刻意营造出西与南部高峻、东北部低下的意象，可能是既适应地形以满足防卫要求，又营造出了其面向北都晋阳的形势。

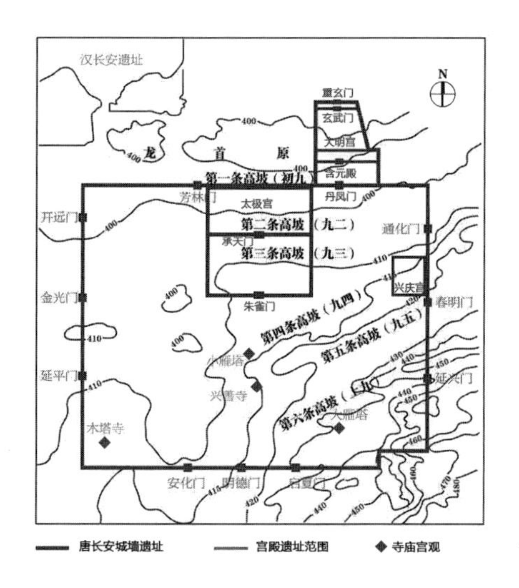

图3-3-6 长安六爻地形及大明宫位置

长安城内地势不平，有东西向的六条丘陵土岗，俗称“六爻”(图3-3-6)。隋之大兴城，以“潜龙勿用”而未选择在初龙高地上兴建太极宫。九二宫城所处，地势最高的位置在于承天门及太极殿区域，而作为起居之地的后寝所在则地势低洼，这势必影响日照，导致环境潮湿。参考这一地势，也可以理解为什么除大兴宫外，记载中的隋帝活动都在东部武德殿或西部崇德殿，这几处都位于九二位的土岗上，其后地势顿跌，从使用上难以确保纵向排列，在纵向礼仪轴线的确立上难以尽如人意。

“潜龙勿用”本系第一卦乾卦的象辞，隐喻事物在发展之初，势头微弱而孕育利好，不可轻动。在大明宫兴建之初，进行位置选择时，决策人不可能不对卦象说辞有所认识，但最终，他们仍然选择了龙首原，其高地比太极宫高出10米左右，且按风水学里形势宗的理解，大明宫含元殿所在为龙首额头，这一方位与仁寿殿相同，即风水龙额之位。由此看来，初唐的兴建有意识地选择了另外一套风水体系，以强调更宏观的风水方位。并从心理学角度，占据了隋王朝敬而不用的“初龙”之地，也展现了李唐王朝对于前代的优越感。

大明宫之称一改以往城、殿以“太极”为名的传统，开启了宫名与主殿名称不同的先河。“大明”即太阳之名。《广雅》曰：“日名耀灵，一名朱明，一名东君，一名大明，亦名阳乌”。汉铜镜铭文有“见日之光，天下大明”之语。而大明宫宫名的确定，也可能是源于李渊经营晋阳时可能居住使用过的北齐“大明宫”[71]。

至于这种在旧宫室东北垣外筑宫，取名寓意太阳的方式，与建康在太初宫东北新筑昭明宫相类似，即“西不益宅”[72]：新建宫室不在旧地址之西，且不与其齐平。亦与邺北城之雍城相仿：高欢曾于邺北宫东北城垣外筑雍城，北周于雍城上建日光寺，或可反映了当时对东北方位的太阳信仰。聊备一说，以补不足。

2. 丹凤门与含元殿——武后高宗时期的定制

高宗即位后的第一个年号为“永徽”，表现了永承前人精髓之意。当其时太极宫自隋朝建成后已历80年，规制稍有不备，屋宇拥蔽，很难添置更多的建筑，又地处郭城内坊里之间，有必要将形制初具的大明宫再度进行葺构缮治，构筑一处能够体现大唐风范的新宫。又《唐会要》卷三十记：“……至龙朔二年，高宗患风痹，以宫（太极宫）内湫湿，乃修旧大明宫，改名蓬莱宫。”[73]继承太宗遗愿的考虑，以及身体健康问题的现实，激发了高宗武后时期对大明宫的第二次修建。

大明宫形制是高宗武后时期深思熟虑的结果，并不是一时就势的权宜之计。一个后期的证据就是，帝陵作为宫室的映射，反映着宫室的格局，而乾陵的修建与太宗之昭陵有一大变，映射体现了大明宫的层次体系。

公元683年，武则天令吏部尚书韦待价为山陵使，户部郎中韦泰真为将作大匠为亡故的高宗营建昭陵，并于公元684年完成主体。航拍资料证实乾陵中有双重城垣，两城垣间距220米，与长安图志中内外城的记载一致，是我国唐代皇陵考古中首次发现的双重城垣。有学者指出这是对唐长安都城、皇城的摹写[74]，但考虑到乾陵内城朱雀门外有东西两侧三出阙阙台，认为这同时是对宫城大明宫的映射：陵内城相当于后寝，中心修筑陵墓玄宫即寝殿，带有左右三出阙台的朱雀门意指大朝含元殿，61尊真人尺度的“宾王像”手持笏板，与其说是象征了百官衙署，不如说是大朝会外藩使节的占位与参见。三重阙的形式与大朝会的功能在大明宫中得到了确立统一，成为武后摹写宫室的第一范本。

武则天对皇家典礼中另一大改变在于大赦。唐代明堂大赦及南郊大赦之仪均始于武则天，其两次明堂大赦与其他大赦一样，具有布告天下、令行禁止、移风易俗的功能：

总章元年（公元668年）明堂成，大赦改元

永昌元年春正月，神皇亲享明堂，大赦天下。[75]

探究武则天对大赦活动热情的原因，主要还在于对大赦仪式活动本身的作用和心理效果的重视：大赦颁布的范围广、见效快，成为朝廷推行行政命令、解决社会疑难问题的主要手段[76]，时人称：“赦令宣布海内，陛下之大信也”[36]。在她谋取权力、彰显权力的过程中，大赦与助封泰山一样，成为跨越常规法律体系、快速提升威望的工具。相比之下，按太宗朝制，在太极宫承天门进行外朝后，需

36《资治通鉴》卷二三七宪宗元和三年二月，7486页。

返回太极殿内颁布诏令，其效果就会削弱许多。与之相反，大明宫因其丹凤门直对长安城市，有良好的宣赦效果，成为中后期重要的大赦之地。

总之，就大明宫建设之初的选址以及建设时的政治背景来说，除了现实原因即太上皇及皇帝健康问题外，出于风水观念及政治权谋方面的考量也不可忽视。以东为尊的传统方位等级产生着持续的影响，同时通过大赦仪式强调其正统性的动机也促使武后对原有制度空间进行改革，直接影响到大明宫的朝会地点设置，对大赦活动的强调，影响了大朝的空间。

3.3.2.2　大明宫三朝定制

太极宫是否存在着“承天门（外朝）—太极殿（中朝）—两仪殿（内朝）”的中轴线还属有争议的问题，但毋庸置疑的是到了大明宫时期，以大赦仪式为关键，可以拆解形成以“丹凤门—含元殿（外朝）—宣政殿（中朝）—紫宸殿（内朝）”[37]为中轴线的建筑空间布局，依次构成三个朝会空间以及一个大赦仪式所在。与早期文献“外一内二”的说法有异，唐三朝从空间层次上“外一内二”，接近以方位命名的“外—中—内三朝”层次[38]。

历来的研究关注朝会空间中的建筑主体，大明宫中，丹凤门及含元殿遗址已经得到完整发掘，宣政殿及紫宸殿的基址也已明确。在考古揭示及前人研究的基础上，关于这三朝空间的主体建筑形态均有过一些探讨。对这些主体建筑，本环节进行了史料和前人工作的梳理。在此之外，更聚焦在主殿及围合建筑群所限定的广场上，并对其关系进行了一些考量。

1. 丹凤门[39]

丹凤门始建于唐高宗龙朔二年（公元662年），是大规模营筑大明宫时的主要建筑之一，大明宫将长安城北郭墙东段作为其南墙，丹凤门即在此上开辟修建。丹凤门为大明宫正门，同时也是唐代主要的大赦仪式空间。沿用历史长达240余年。南对丹凤门大街，其左右分别为光宅坊及翊善坊。其北正对含元殿，两者之间有长达600余米的御道。作为唐朝皇帝出入宫城的主要通道，丹凤门在大明宫诸门中规格最高。同时其城台上的丹凤楼（丹凤观）也是唐朝皇帝举行登基、宣布大赦和改元等外朝大典的重要场所。

37 关于大明宫三朝，佐藤武敏根据《唐六典》指出：太极宫中，外朝是承天门，中朝朔望朝是太极殿，两仪殿中为内朝。因此，含元殿=承天门，宣政殿相当于太极殿，紫宸殿相当于两仪殿。此观点得到其他学者如妹尾达彦的认同。而吉田欢的观点是，唐初在太极殿听政决策，但高宗时逐渐转移到两仪殿。王静支持吉田欢的观点，并认为大明宫前后期存在着宣政常朝和紫宸常朝的区别，从玄宗到代宗以紫宸殿为常朝，从德宗到宪宗以宣政殿为常朝，最迟在敬宗时期，紫宸殿完全代替宣政殿。

38 需要指出的是，唐人存在一种与前后代学者均不同的“四朝”观念。唐杜佑在《通典·卷七十五·宾礼二》“天子朝位”中提出：“周制，天子有四朝”，将郑玄所说的雉门外之外朝称为“询事之朝”，而将外朝定义为“在皋门内，决罪听讼之朝也。”决罪听讼与体现帝王德政的大赦观礼有着因果关系。也可以看作是唐人对大赦仪的一种重视，将其附会为“四朝”之一。

39 肃宗至德二年（公元757年），曾改名“明凤门”，不久复用原名。

（1）历史文献

丹凤门上活动颇多，仅《旧唐书》所记便展现出迎驾、大赦、观戏等多种活动：

“上乘马前导，自开远门至丹凤门，旗帜烛天，彩棚夹道。士庶舞忭路侧，皆曰：“不图今日再见二圣！”百僚班于含元殿庭，上皇御殿，左相苗晋卿率百辟称贺。”

“十二月戊午朔，上御丹凤门，下制大赦。二月癸酉朔。丁丑，御丹凤楼，大赦天下。”

“宣制毕，陈俳优百戏于丹凤门内，上纵观之。丁亥，幸左神策军观角抵及杂戏，日昃而罢。”

（2）考古信息

1957年考古钻探先期探出的3个门道明确了丹凤门遗址的位置。2005年的再次勘探中探出了完整范围并清理出五条门道。遗存发掘面积7525平方米。黄土夯筑，由东、西墩台和5个门道、4道隔墙，以及东、西两侧城墙和马道组成。门址基坐东西长74.5米，南北宽33米，左右宫墙沿用隋大兴唐长安城北城墙东段。形体巨大。其中重点包括墩台、门道、马道：

墩台——西墩台大致呈“凸”字形，南北残长24.1米，东西最宽处14.7米。南端边宽6.9米，然后呈直角北折6.4米，与西侧城墙南边相接。北端边宽6.9米，然后分两次呈直角向南折，折边分别长7.8米、4.6米，最后与西马道的北沿相连接。

门道——门道共5条，形制及大小相同，净宽均为8.5米（按门洞侧墙计；如按两侧夯土隔墙间距计则为9.4米），南北进深33米。每个门道的东西轴线偏南2米处设一道东西向门限，门限由木门槛、立颊石和门砧石三部分组成。门道东西两侧夯土墙边缘有南北向顺排的排叉柱础坑，均为长方形，彼此间隔大致均匀，间距略小于一个础坑的长度。各门道两侧排叉柱之间均有柱间隔墙（即门洞侧墙）。门道之间隔墙4道，宽均为3米，如加上其两侧排叉柱间隔墙的厚度则为3.8米。所有门道均大部平坦，表面保留有密集夯窝，而无车辙、铺砖或铺石痕迹。从所有门道现存地面被烧成红色且上覆烧灰堆积推测，当时门道内或铺有木地板，后被烧毁（图3-3-7）。

（3）形制复原

详尽的发掘为考量丹凤门的规模形态提供了可靠的资料佐证，通过对城台

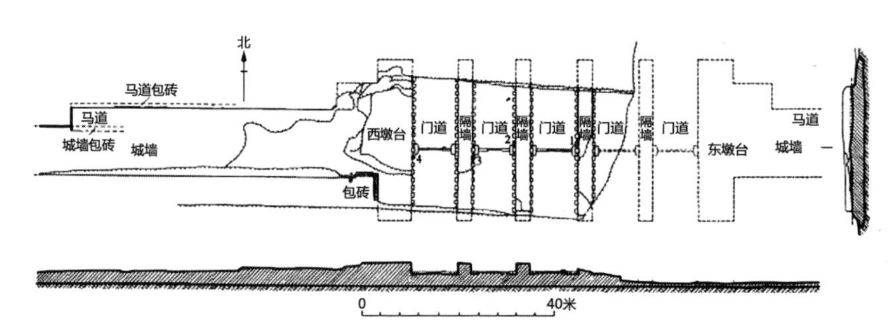

图3-3-7　丹凤门考古发掘平面及剖面（资料来源：西安建筑科技大学陕西省古迹遗址保护工程技术研究中心，重点发掘遗址考古）

图3-3-8　丹凤门形态复原

平面遗址的研究可以推断建筑柱网尺度。笔者在此基础上结合唐代壁画图像中的线索对丹凤门进行了建筑及城台的复原[77]40，这也是进行仪式研究的空间前提（图3-3-8）。

2. 含元殿及殿廷

（1）历史文献

描述含元殿及周边环境最重要的文献即李华的《含元殿赋》:

"……其前则置两石以恤刑，张三侯以兴武。告善之旌，登闻之鼓；节晷漏于钟律，架危楼之簨虡；以辨内外之差，以正东西之序。天光流于紫庭，倒景入于朱户。腾祥云之郁霭，映旭日之葱茏。清渠导于元气，玉树生于景风；夷坦数里，徘徊无穷。罗千乘与万骑，曾不得半乎其中。"

此外，《大唐六典·工部尚书》载:

40 敦煌壁画中描绘了大量的宫门城门形象，但五门道建筑只在敦煌第138窟晚唐壁画中有出现过。其中描绘的兜率天宫的天宫正门采用了五门道的形制。考虑到画工基本上只会根据实际中存在的建筑形象稍作发挥，图中样式可以说是现实原型的反映，极可能是明德门或丹凤门的真实写照。杨鸿勋先生于近年提出敦煌壁画中五门道建筑图像即丹凤门，认为此门为主体两侧加庑殿的形象。张锦秋先生在进行丹凤门遗址保护工程设计中也对丹凤门进行了复原，推测为11开间单檐庑殿顶。中国文化遗产研究院侯卫东及其团队亦进行过丹凤门的复原研究，特别指出门楼立柱与门道的对应关系。见中国文化遗产研究院，《 大明宫复原研究》，2009。以上研究中均借鉴了宋《营造法式》及历史图像，在城台上设平座，平座之上为木构门楼。

41 在两翼楼阁尚不清晰的前提下，郭义孚先生较早进行了含元殿的外观复原研究，推断其为通常13间，进深6间的四阿重屋。首度考虑了龙尾道的存在。见傅熹年先生随后也对含元殿形式进行了探讨，并对翔鸾、栖凤二阁的具体形象进行了研究。见杨鸿勋先生亦对含元殿做了复原考证，并提出其为五凤楼形制，见侯卫东及其团队也做过含元殿的复原研究，并提出主殿为单檐庑顶的设想。见中国文化遗产研究院，《大明宫复原研究》，2009。这些研究中采用的方法、推断的思路以及涵盖的材料都为后人在相关领域的研究中提供了可贵的启示。

"丹凤门内正殿曰含元殿,(殿即龙首山之东趾也。阶上高于平地四十余尺,南去丹凤门四百余步,东西广五百步。今元正、冬至于此听朝也。)夹殿两阁,左曰翔鸾阁,右曰栖凤阁。(舆殷飞廊相接夹殿,东有通乾门,西有观象门。阁下即朝堂,肺石、登闻鼓,如承天之制。)"

又《长安志·大明宫》载:

"丹凤门内当中正殿曰含元殿,武太后改曰大明殿,即龙首山之东麓也。阶基高平地四十余尺,南去丹凤门四十余步,中无间隔,左右宽平,东西广五百余步。龙朔二年造蓬莱宫含元殿,又造宣政、紫宸、蓬莱三殿。殿东南有翔鸾阁,西南有栖凤阁,与殿飞廊相接。又有钟楼、鼓楼。殿左右有砌道盘上,谓之龙尾道,夹道东有通乾门,西有观象门。閤下即朝堂、肺石、登闻鼓。又有金吾左右仗院。"

(2)考古信息

考古揭示,含元殿一层大台阶以南空间开阔,与文献一致,其南130米为沟渠。东西走向,已探长度400余米,渠口宽3.65~4米,深1.6米,两壁陡直,局部砖砌护岸。推测流向为由东向西。同时,发现有车道在含元殿渠道南岸。东西走向,已知长300余米,南北宽15米,路土厚15~32厘米。还有步行砖道在含元殿西朝堂遗址以南。南北走向,延伸至西侧桥梁南北两侧,分早晚两期。早期北段被覆压,南段发掘长5.6米,宽1.1米。晚期北段残留28.5米,宽1.2米(图3-3-9)。

图3-3-9 含元殿遗址(资料来源:《唐大明宫遗址考古发现与研究》)

图3-3-10 含元殿早期复原设想之横剖面图(资料来源:傅熹年)

东西朝堂的基址探明,两座朝堂东西对称,北距两阁均为30多米。有前后两期。早期:只有一座大型庑殿和一道东西向的城垣。朝堂坐北向南,基坛残存高0.3~0.6米。基坛的平面形状呈长方形,东西73米,南北宽12.45米。基坛周围砌砖壁,外铺砖散水一周。据基坛面积推测,朝堂面阔约十五间,进深约两间。在此考古发掘的基础上,亦有多位学者对此进行了推测研究及复原[41][78-81](图3-3-10)。

（3）形制复原

含元殿为大明宫正殿，元正、冬至在此听朝。除建筑内部空间外，其广阔的殿廷才是仪式的主要空间。这片区域南北进深约610米，东西面宽约1355米。元正、冬至朝会时，百官，朝集使，藩臣皆集中于此。《唐六典·卷七·尚书工部》记载："夹殿两阁，左曰翔鸾阁，右曰栖凤阁。……阁下即朝堂，肺石、登闻鼓，如承天之制"。《长安志》也说："殿东南有翔鸾阁，西南有栖凤阁，与殿飞廊相接。……阁下即朝堂，肺石、登闻鼓，如承天之制。"可见典籍中将这两者同视作三朝之大朝。傅熹年先生认同这一说法，认为含元殿的功用相当于太极宫的承天门，含元殿以南至丹凤门之间的区域相当于或象征了太极宫承天门以南的皇城，并判断"由于官署无须重设，所以只在朝堂以南建了金吾左右仗院"[81]。但这一说无法解释大明宫官署建筑组群为何设在中朝区域而非含元殿殿前的外朝区域。同时，持争议者通过考察大朝会的内容，认为承天门的建筑形式不适合举行大朝会，太极宫中大朝会应在太极殿中举行，由此推断《唐六典》中对大朝、中朝、内朝所对应的宫殿空间有附会之虞。这主要有赖于对"大朝"的定义以及其仪式活动实现可能性的推测，需要与仪式及卤簿组织一起考虑，是本文第四章论述的重点之一。

3. 宣政殿

（1）考古信息

含元殿至宣政殿间区域，正位于考古发掘的第二道横墙和第三道横墙之间，南北进深约337米。其中轴北端300米处是宣政殿。于1957年3月～1959年5月勘探，考古发掘显示，殿址东西长近70米，南北宽40余米，殿址两侧有东西向内宫墙（第三道宫墙）。根据2009年4～6月考古报告对宣政殿遗址的描述：殿基长62米，宽33米，深2米；距离地表1.2米，厚0.8米；土质坚硬，2米下生土。另据文献记载，宣政殿两侧有"东西上阁门"。现殿址两端已被后来掘土扰乱，勘探未寻得东、西上閤门遗址，可能已遭破坏[82]。

（2）历史文献

宣政殿、宣政门围合成的殿廷中的活动记载丰富，《全唐文》中记载的场所与事件有：

永隆二年，高宗将会百官及命妇于宣政殿，并设九部伎及散乐。利贞上疏谏曰："臣以前殿正寝，非命妇宴会之地；象阙路门，非倡优进御之所。望诏命妇会于别殿，九部伎从东西门入，散乐一色，伏望停省。若于三殿别所，自可备极恩私。微臣庸蔽，不闲典则，忝预礼司，轻陈狂瞽。”帝纳其言，即令移于麟德殿。

是后每孟月视日，玄宗御宣政殿，侧置一榻，东面置案，命（太常卿）韦绦坐而读之。诸司官长，亦升殿列座而听焉。

三载正月甲戌朔。戊寅，上皇御宣政殿，册皇帝尊号曰光天文武大圣孝感皇帝。

十一月癸酉，叶护自东京至。敕百官于长乐驿迎，上御宣政殿宴劳之。叶护升殿，其余酋长列于阶下，赐锦绣缯彩金银器皿。

乾元元年十二月丙寅立春，肃宗御宣政殿，命太常卿于休烈读春令。常参官五品以上正员，并升殿预坐而听之[83]。

又《旧唐书》中记载条目有：

（上）自东京还，宴回纥于宣政殿，使辞还蕃。

元和十五年正月，穆宗嗣位，闰正月，册为皇太后，陈仪宣政殿庭。

甲子，上皇御宣政殿，授上传国玺，上于殿下涕泣而受之。

丙寅，立春，上御宣政殿，读时令，常参官五品已上升殿序坐而听之。

丁亥，上御宣政殿试文经邦国等四科举人。

六年夏四月丁巳，上御宣政殿试制举人，至夕，策未成者，令太官给烛，俾尽其才。

十一月辛酉朔，朝集使及贡使见于宣政殿。

冬十月，宰臣奏于颀、董晋等十二人各言政要，左右丞条奏，上乃御宣政殿亲试其言而后用之。

冬十月癸卯，御宣政殿，试贤良方正、能直言极谏等举人。

甲午，崔损修奉八陵寝宫毕，群臣于宣政殿行称贺。

二十一年癸巳，会郡臣于宣政殿，宣遗诏。是日，上崩于会宁殿，享寿六十四。

宜以今月九日册皇帝于宣政殿。

乙巳，即皇帝位于宣政殿。先是，连月霖雨，上即位之日晴霁，人情欣悦。

甲了，上御宣政殿受贺。己巳，上御兴安门受田弘正所献贼俘，群臣贺于楼下。

秋七月乙未朔。壬寅，月掩房次相。壬子，群臣上尊号曰文武孝德皇帝。

是日，上受册于宣政殿，礼毕，御丹凤楼，大赦天下。

丙午，上御宣政殿册皇太子。

癸巳，群臣上徽号曰文武大圣广孝皇帝，御宣政殿受册。礼毕，御丹凤楼，大赦天下。

开成元年正月辛丑朔，帝常服御宣政殿受贺，遂宣诏大赦天下，改元开成。

十八年十月，名悉猎等至京师，上御宣政殿，列羽林仗以见之。

（3）形制复原

宣政殿是唐典籍中出现最频繁的宫殿，其职能与前朝太极东堂类似，融合了宴饮、读时令、听政等功能，但在唐一代它的职能也展现了一定的变化历程，从多元向着更纯粹的政治化角色转变：

高宗朝，宣政殿有部分正寝而非正衙的作用，因此有设散乐宴请百官及命妇之事。最晚到肃宗朝明确了此处为朔望日之朝所在，朔望日朝会时九品以上官员均需参与，不仅皇城之内、京畿之内的官员如京兆尹也需出席。玄宗朝，孟月在此读时令42，天子坐西侧榻上，面东设案，与先唐以东为尊相同。“上御宣政殿，读时令，常参官五品已上升殿序坐而听之”，与中朝会规模不同，官员五品以上，更靠近核心管理层，时令亦有政务，呈现出更行政化的面貌。

其他嘉礼如册皇太子、会见宴请，以及宾礼接见使者则继续保持了它作为礼仪空间的职能。宣政殿总的性质，正如“谏于宣政殿会百官命妇疏”中所说“象阙路门”以内，是摹写东内太极殿或更早的南北朝之太极殿，位于路门之后的宫室正殿。参考傅熹年先生对含元殿进行复原的工作方法及推导过程[84]，笔者复原宣政殿为面阔十一间殿堂并带东西上阁门（图3-3-11）。

4. 紫宸殿

大明宫中轴线上从含元殿到紫宸殿之间（前朝区域）的建筑院落空间，东西宽度呈逐渐收缩的趋势，经过贯穿东西的横街后，即内寝正殿紫宸殿43。经此殿已发掘探得部分殿遗址：分别位于宣政殿北35米及95米处，推测为紫宸门

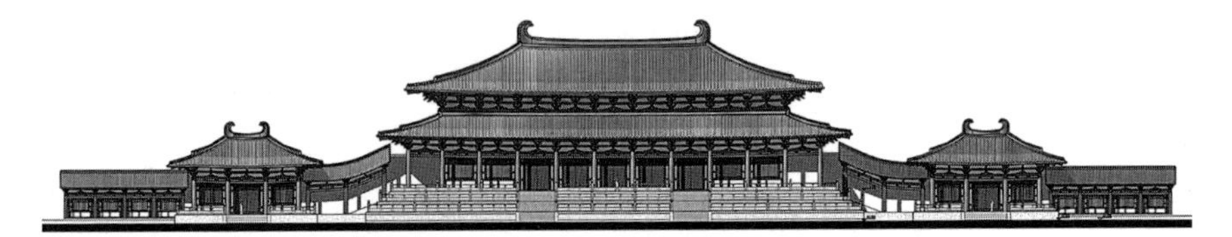

图3-3-11　宣政殿立面复原

及紫宸殿[82]。

《唐两京城坊考》记载紫宸殿的方位及职能有：“**宣政殿后为紫宸殿，殿门曰紫宸门，天子便殿也，不御宣政而御便殿曰‘入阁’**”。又称入阁。《唐律疏议·卷七·卫禁》“阑入宫殿门及上阁”条疏议曰：“**上阁之内，谓太极殿东为左上阁，殿西为右上阁，其门无籍，应入者准敕引入，阑入者绞。**”可见，“入阁”为入东、西二上閤门。在太极宫内，“入阁”就是从以太极殿为正殿的中朝，通过二上閤门进入以两仪殿为正殿的内朝。在大明宫中，便是通过宣政殿左右閤门，进入紫宸殿内寝之地。从空间方位上称内朝。

早在魏晋南北朝时便有“入閤”，即从太极殿左右閤门进入内朝。其内朝事记载不多，而自唐时起，两仪殿、紫宸殿的名字则广见于典籍，说明它们作为每日议政场合的政治重要性日益突出：

《玉海》卷一五九：“**紫宸殿在宣政殿北，即内衙正殿。贞观五年正月，诏读官随中书门下及京官入閤。**”自此展开了每日视朝的工作规定，之后确立为皇帝单日坐朝，常参官双日不复入阁的制度[44]。杜甫《紫宸殿退朝》中写道：“**户外昭容紫袖垂，双瞻御座引朝仪**”，紫宸已属内宫区域，又《类编长安志》卷一：“**（紫宸殿）在宣政殿北紫宸门内，即内衙之正殿也。肃宗乃崩于紫宸殿。**”可见除政治作用外，亦作为正寝寝殿。

综上考量唐宫殿迁至大明宫后的三朝，以及原太极宫外朝的活动内容可以看出：礼仪方面，需要彰显威严气势的嘉礼、宾礼如大赦、大朝会、元会跟随君主转移到大明宫以借助其地势。吉礼、凶礼包括大丧、祭祀太庙太社、郊祀等仪式线路较长，与隋唐长安城市空间的密不可分的宫廷礼仪仍保留在太极宫进行。这些行为可以划分成“跟特定的空间有密切关系的仪礼”与“只与皇帝本人关系密切的仪礼”[85]。这表明，大明宫的建成体现了唐代宫廷礼仪性质的转变，从与上天及皇族祖先密切相关的神性礼仪，转变到以官员为主要参与者的、现世的、世俗的仪礼。宫室制度就此以政治结构和统治权力为核心，而非以体现契合天命的正统性礼法为中心，虽然有人因此认为太极尊于大明[86][45]，但正是大明宫的朝政形制才满足了政治事务

42 孟月即四季的第一个月。读时令即读月令。自魏晋以来创有此礼，每岁立春、立夏、大暑、立秋、立冬宣读。《通典》卷一二四《礼典·开元礼纂类十九》中显示，读令包括“皇帝于明堂读五时令”与“皇帝于太极殿读五时令”之仪。由刑部郎中宣读。《唐会要》中“贞观十四年正月二日。命有司读春令。诏百官之长。升太极殿。列坐而听焉”。之后则在宣政殿。

43《唐六典·卷七·尚书工部》：“宣政北曰紫宸门”，其内曰紫宸殿，（即内朝正殿也。）殿之南面紫宸门，左曰崇明门，右曰光顺门”。《类编长安志》：（紫宸殿）在宣政殿北紫宸门内，即内衙之正殿也。肃宗乃崩于紫宸殿。

44 唐玄宗开元十八年(公元730年)，下令“许常参官分日入朝，寻胜宴乐”《唐会要·卷24·朔望朝参》)。安史乱后“诸司或以事简，或以餐钱不充，有间日(即隔日)视事者”（《唐会要·卷57·尚书省》)。

45《雍录卷三唐宫总说》：太极宫者隋大兴宫也，固为正宫矣，高宗建大明宫于太极宫之东北，正相次比，亦正宫也，诸帝多居大明宫，或遇大礼、大事复在太极，如高宗、玄宗每五日一御太极，诸帝梓宫皆殡太极，亦有初即大位不于大明，而于太极者，知太极尊于大明也。

运作的需要，成为唐中后期及后世帝王宫室的标本。

中书门下二省的内置，使大明宫的中朝区域与官署联系愈加紧密，宣政殿朝、紫宸殿朝的仪式功能削弱，而行政宣教以及政务讨论职能增强。宣政殿毗邻东西两侧的中书门下二省及政事堂，有文献记载殿试四科举人至深夜，这不仅大幅度超出了朝参的时间，且官员选拔本是政事堂之事，过程中本无需天子参与过深，这类活动的频繁发生也反映出皇权对行政权力的严密控制，并由于对控制力的追求而改变了中朝的性质。

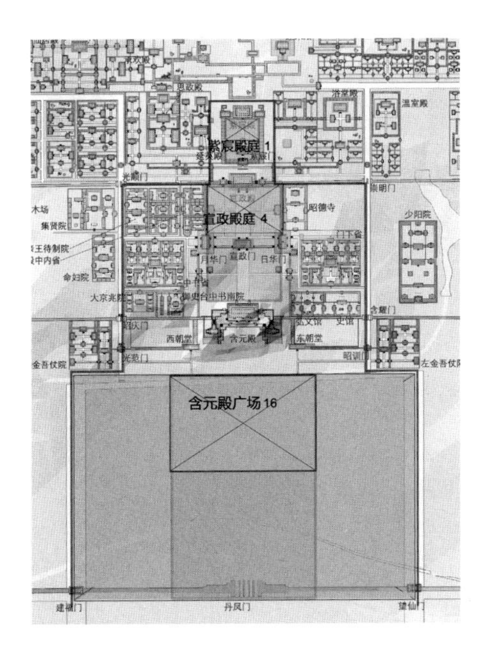

图3-3-12　大明宫中三处主殿前区域及长宽比分析（资料来源：依文化遗产研究院复原总平面改绘）

总体来说，唐代三朝内容的变迁是一个从礼制为主到政事为主的变化过程。反映出的是皇家事到天下事的变化趋势，削弱了尚书省，并分权至多宰相后，决策权被更牢固的掌握在君主手中。他所需参与的活动除了仪典性的事件以外，更重要的是对国家政事的处理。

空间上，三朝所在除了天子端坐的正殿之外，臣僚站立、军士拱卫的户外区域也是朝会场地的重要构成。含元殿前以“光范门—昭训门”一线为北边界，丹凤门为南边界界定；宣政殿前以东西上閤门一线为北边界，宣政门为南边界；紫宸殿廷亦同，由此形成三个比例相仿、依次降等的矩形庭院[46]（图3-3-12）。考虑到政治三朝的清晰界定，有理由认为这是大明宫兴建时有意识地采取了空间模数的控制方法，通过不同尺度的殿庭空间及不同等级的建筑形态，来强化政治活动的等级关系。

3.3.2.3　空间承载——仁寿殿与正衙殿堂形制的演变

君主活动空间从礼、政一体到礼、政分离，而殿庭作为虚实空间的过度层次规格越来越明确。另一方面，参与人员的数量影响到大朝的规模，正衙大殿的变化也反映了这一重要空间承载体的发展与成熟。通过考古发掘的信息及对建筑形制进行研究，本节重点探讨大朝的空间形态演变的过程。

魏晋南北朝以太极殿作为主要仪式活动的殿廷。关于太极殿遗址的考古发掘在2016年探得部分信息[87]，王贵祥先生也进行过相关推想复原[88]。北周壁画中有前后殿的形式，与“太极前殿”“太极后殿”有相似之意。发展到隋，以大兴殿为正殿。由于考古进展的局限，隋大兴殿的形制如何还未可知。另一方面，关于隋广阳门（唐承天门）的形制，萧默先生《五凤楼实名考——兼谈宫阙形制的历史演变》及杨鸿勋先生《北魏复建洛阳宫城阊阖门形制考》[89，90]文中都讨论了五凤楼的源起和传承，并认为这是周代“雉门”的物化，对于这一形式如何从宫门转化到含元殿大朝，取代了传统的太极殿并未置喙。需要从当时的建筑发展特别是宇文恺的建筑作品中做一些解读。

宇文恺的作品除了尚未探知的太极宫承天门及太极殿外，最著名的便是隋文帝杨坚时期修筑的隋仁寿宫，其主殿空间处理吸取了门、殿两者的特征，成为研究唐宫廷主殿的重要佐证。

开皇十三年（公元593年）二月隋文帝杨坚下诏营建仁寿宫，宇文恺担任将作大匠为之设计营造。历两年至开皇十五年三月建成。仁寿宫建于大兴宫之后，其宫室设计更为娴熟华美，建成后便成为隋文帝经常临幸的别宫。几乎每年春隋文帝夫妇都会驾临仁寿宫长住[47]，并最终在此宫离世。关于仁寿宫的建筑布局及形式，主要记载见于《唐书·地理志·凤翔府》。此外，贞观六年（公元633年）魏征所作《九成宫醴泉铭》以及高宗永徽五年（公元654年）亲作《万年宫铭并序》都对其中宫室有所描述。考古方面，仁寿宫遗址于1988年在麟游县得到了确认，中国社会科学院考古于1991～1994年期间对隋仁寿宫（唐九成宫）进行了较为详尽的考古发掘，确定了城址、城门、主要道路、主殿及多处建筑，使我们今日研究得到了较为全面的资料[91]。

仁寿宫受地势所限，宫城布置呈东西向拉长，宫城的主要入口位于东侧，考古勘探已发现部分道路，可向东直通东城门去往长安。宫城主体坐落于碧城山南的峡谷中，地势相对平坦，在这一狭长且整体相对平坦的建设区域，作为主体宫殿的仁寿宫1号殿，选择坐落于最西侧小丘天台上，不得不说是对地形有意识的选择，意图借助地势突出宫室（图3-3-13）。

1号殿位于碧城山南一小丘天台山的南端，坐高面低，按说为压龙额之势。考古发掘证实1号殿主体左右带阙，现东阙遗址破坏严重，西侧面貌稍好。西阙址北距殿址30米，现保存有高10米，东西残长6.5米，南北残宽6米的夯土台一座。与铭碑文

46 宣政殿殿庭范围经考古发掘，主殿、西路建筑及宣政门基址已基本确认，对称推测其整体格局。紫宸殿殿堂带廊庑基址亦已确认，经推测补全范围。

47 开皇十七年（公元597年）正月至九月；翌年二月到九月；开皇十九年（公元599年）二月到翌年九月；仁寿元年（公元601年）末去，而仁寿二年（公元602年）三月又至。

中所记“南注丹霄之右，东流度于双阙”之说相符。建筑借依山势，与之后的含元殿类似。对这一建筑地势的登临方式，考古人员经过反复钻探，在其殿前南处平地未发现龙尾道遗迹，因此其登临很有可能自东西山坡道路，甚至与大明宫类为盘曲阁道。

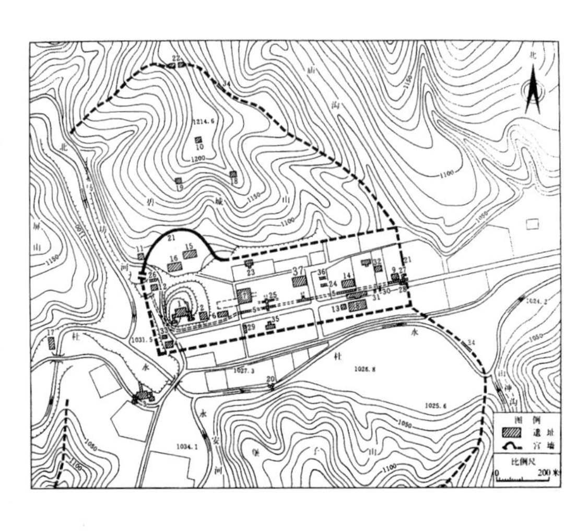

图3-3-13　隋仁寿宫考古发掘布局图（资料来源：《隋仁寿宫．唐九成宫——考古发掘报告》）

那此1号殿是否即仁寿殿呢?《隋书》志第十九食货：“后帝以岁暮晚日登仁寿殿，周望原隰，见宫外磷火弥漫，又闻哭声。令左右观之，报曰：鬼火。帝曰：此等工役而死，既属年暮，魂魄思归耶？乃令洒酒宣敕，以咒遣之，自是乃息。”可见仁寿殿地势居高。以宫名命名主殿是隋代宫室的传统，而仁寿殿所在，近于道路且有百官出入[48]，也并非深宫寝殿。1号殿形式繁复、规模宏大、地势高敞，应为仁寿殿无疑。

不论是从“主殿—双阙”布局，还是南向蹬道的取舍来看，仁寿殿都与大明宫含元殿建筑形式多有相似之处。宇文恺与杨素营建此宫时，“夷山堙谷以立宫殿，崇台累榭，宛转相属”，整个宫殿区“制度壮丽”，以致文帝初见还以其过奢而不喜，可见仁寿宫宫殿与大兴宫内相比有过之而无不及，在正衙形象上也借鉴了大兴宫正殿的模式而装饰更甚。这也是相较于大明宫更早的有考古依据的殿前设左右二阙并以廊道相连的形制实例。

关于仁寿宫的其他建筑图像及佐证有故宫博物院收藏的《九成宫纨扇图》，经专家鉴定为唐李思训所画。杨鸿勋先生在此图及考古的基础上曾对仁寿宫1号殿建筑群落进行了想象性复原，提出了高台层叠、左右环抱的建筑意象（图3-3-14）。在笔者看来，无论是从兴建的政治背景，还是从宇文恺作为主要设计人员的项目经验，以及建筑的功能性质来看，仁寿宫1号殿都可以说是一座处于转型时期的具有突破意义的大型建筑。

建筑选址沿袭了大兴城布局中有意识地

48《资治通鉴》卷180中记载：“上有疾，于仁寿殿于百僚辞诀。”

49 在宫城之外、禁苑之内，朝向南而略偏东还发掘有3号殿址，形制与1号殿相类似，主殿左右有东西廊连接向南突出的东西二阁，向北又出一外延的阁道，如《九成宫醴泉铭》中所谓“高阁周建，长廊四起”，台基为高台形式。

50 贞观六年，秘书监魏征受敕撰《九成宫醴泉铭》；唐高宗永徽五年御撰御书《万年宫序铭》。

51《新唐书》中说“宰臣对小延英，自晋卿始。”

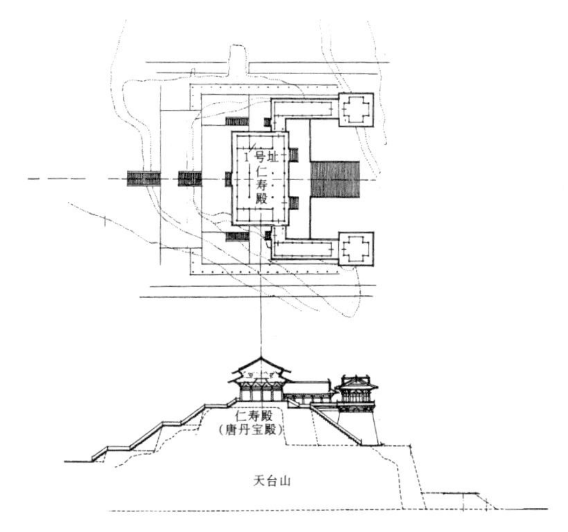

图3-3-14 隋仁寿宫1号殿复原推测平面及剖面（资料来源：《隋仁寿宫．唐九成宫——考古发掘报告》）

选择高畅前踞主殿场地。建筑空间格局承前启后，融合了大兴宫广阳门的“门楼—双阙”及大兴殿的“正殿”形式，其对山势的巧妙利用——借助地势和阁道盘旋而上的手法则启发了后续的唐大明宫[49]。功能上，仁寿殿正衙用以会百官议国事的职能进一步确认，礼、政分离后政治空间的形制在1号殿中得到了强化，奠定了以高台为基、东西双阙的组织形式，也给后来的唐太宗、高宗留下了深刻的印象[50]。

3.3.2.4 延英殿制度的出现与传承影响

在此三朝之外，太极宫中多在武德殿论政事，转移至大明宫后又出现了延英诏对。延英殿建于玄宗开元中期，位于紫宸殿之西，在延英门内，是大明宫内宫的宫殿之一。中唐以后，唐代宗因偏宠，特在偏殿即延英殿召见苗晋卿[51]，开创了偏殿会见臣宰的先河，出现了“延英召对”的制度。因旁无侍卫、礼仪从简，人得尽言。此后开延英殿召对臣宰成为常式。

起初，延英诏对是对日朝的有益补充，主要针对以下几种情况：

一是朝参散去，接见重臣继续处理公务。唐德宗年间，德宗感到与御史中丞韩皋谈话意犹未尽，令其散朝之后到延英殿来继续谈。韩皋认为在便殿论事会被认为是有意避开众人耳目，与国家设立御史行使公开监察国事的功能不相符合。

二是臣僚遇有紧急事务，求见面圣开延英殿。唐德宗贞元十一年（公元795年）四月宰相陆贽被贬，谏议大夫阳城带领众谏官前往延英殿上书替陆贽喊冤。元稹便对此事写道：“延英殿门外，叩阁仍叩头。且曰事不止，臣谏誓不休。”[92]

三是遇到不正常的天象时，避让正殿上朝，以示敬畏自勉之意。《唐会要》中“彗星见避正殿德音”因观到彗星，“自此未御正殿，宰臣与群官有司，且於延英听命。”[92]

究其原因：首先是由于部分政务的紧迫性和私密性，要求皇帝提供在日朝之外的接见机会；其次是因各种天象及意外需要避正殿不居，但又需处理政事；最后是唐中后期为了近便于决策机构枢密院。武德和延英虽然分处两大内，但区位紧接，通过右银台门可以方便互通。

延英朝的内移为内侍枢密、神策接触皇帝提供了便捷，推动了后者对内侍们的依赖，对日朝的程序造成了破坏。中唐后，随枢密院的设立和内侍权力的增大，宦臣力求把君主活动局限在后寝以便于控制，尽量隔离中书门下两省的联系；内侍机构多在右银台门以内，便于往来后寝，为此也增大了君主以延英殿议政的频率。延英院外南侧设有中书省、殿中内省等机构，为便于议事，在中书省北，殿中省侧又开一延英门，以便官员们直达延英殿，免去绕经宣政殿之苦。因此唐中晚期，宣政殿及含元殿的三朝政事职能减轻，礼仪功能转返太极宫，日朝频率降低，朔望朝令而不行。延英殿对诏甚至成为外官唯一得见天子的机会，中朝及内朝形制就此形同虚设。至于光化二年（公元899年）之后，政事多居延英殿，与黄巢祸致使大明宫见毁有关。

《全唐文》中唐哀帝《五日听朝敕》条中记："汉宣帝中兴，五日一听朝，历代通规，就为常式。近代不循旧仪，辄隳制度，既奸邪之得计，致临视之失常，须守旧规，以循定制。宜每月只许一、五、九日开延英，计九度。其入阁日，仍於延英日一度指挥；如有大段公事，中书门下具榜子奏请开延英，不计日数。付所司。"含元殿既废，三朝制全无，其五日一听朝之说原是朔望朝仪的频率[92]52，在此以延英殿为朝，不过是勉强粉饰而已。侧面证明了唐末三朝制度的全面崩溃。

前朝制度的核心在于三朝制度。所谓三朝，传统认识中存在着基于历代儒学经典的"儒学三朝"与基于建筑技术、形制等特征的"匠人三朝"两个范畴[93]。隋兴建太极宫，空间上易魏晋东西堂制度为三大殿纵深排列，但行事上保留了南北朝时期的特色；唐太宗的生活轨迹展示了三朝的等级设置；至高宗武后时期兴建大明宫，这座宫殿在空间职能上与太极宫存在着"政治性"与"仪式性"的差异。大明宫制度强调以政事活动为主划分三朝，三朝制度被简化为"朝参制度"的三种等级。

大明宫的大朝主体建筑形制深受宇文恺仁寿殿的影响，而中朝宣政殿在职能上则与东西两省官署紧密相关。大明宫中的三朝布置和地势满足了大规模朝会及营造

52 永徽二年八月二十九日下诏。来月一日。太极殿受朝。此后。每五日一度。太极殿视事。朔望朝。即永为例程。

更私密更核心的议政区域的需要，至于其他活动则分别在不同区域：皇家的凶礼和吉礼留置在太极宫进行，而娱乐宴饮位于麟德殿，机动性的听政位于延英殿，成为中晚唐内侍得以进行权力操作的重要契机。

结合前文第2章中对汉魏及南北朝的外朝区域的分析可以看出：先唐太极殿及东西堂的主要职能在进行五礼，而政事决策主要交至尚书省裁决。大明宫的建立，完成了三朝制度的提炼和简化。将政务和纪念性的皇室行为分置于两处进行。可以说，东西堂制度与三朝制度的差异不仅是空间上的，更是内容上由礼法到律法的区别。

或许正因为强化政治活动等级的目的，在大明宫的殿庭组织上，纵向南北轴线有意识地设计了由大、中、小三个不同尺度等比例的庭院作为大朝、朔望朝及日朝朝会的户外活动场地。这一空间组织形式，超越了先隋各朝的前殿及东西堂庭院空间格局，也突破了宇文恺大兴宫中“承天—太极—两仪”的范式，在空间格局和政治活动上建立起更直接而清晰的联系。可以说是大明宫兴建创制中最重要的一笔。这一逐层缩进的空间处理形式也深刻地影响了同时期的地方政权：渤海国都城上京龙泉府的发掘证实，其宫城遗址中轴线上存在依次缩小的三重殿庭，并秉持相近的长宽比（图3-3-15）。这也侧面证实了大明宫的空间层次。

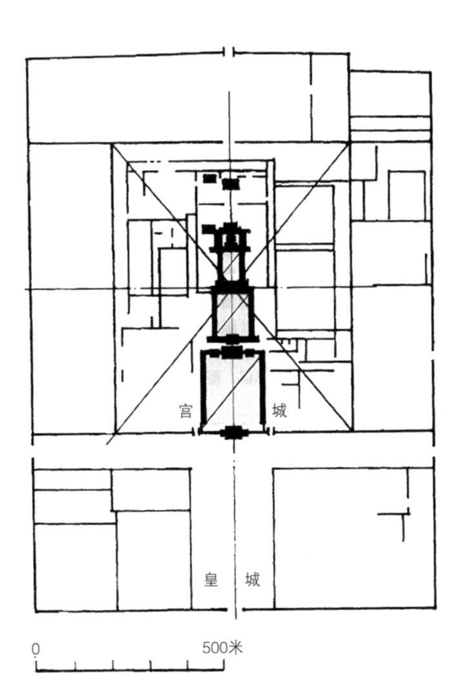

图3-3-15　渤海上京龙泉府（资料来源：《中国古代城市规划、建筑群布局及建筑设计方法研究》改绘）

大明宫的三朝创制在宫室史上可以说是独一无二的，其后各代都未能如此时一般在朝会和空间尺度上建立如此完整的对应关系：北宋宫城因旧筑而成，空间促狭，其三朝和殿庭难以等比例处理；北京明清紫禁城作为完整保存下来的唯一一处宫殿，因御门听政，三朝活动分布在太和门、太和殿及乾清门，比例更是各异（图3-3-16）。大明宫的三朝定制如昙花一现在宫室制度中。

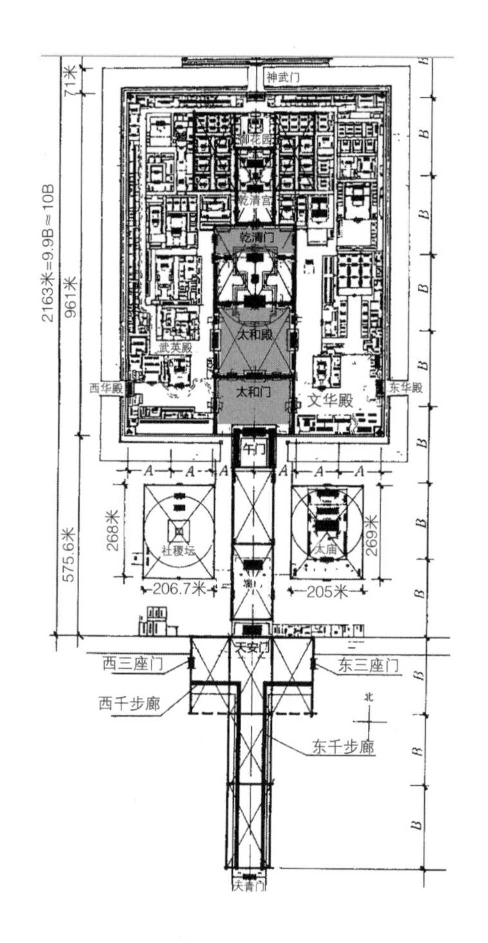

图3-3-16　明清故宫中的朝庭分布及形态（资料来源：《古代城市规划、建筑群布局及设计方法研究》改绘）

3.4　唐内廷权力的变化与空间边界

史学界通常将唐王朝前三代高祖、太宗、高宗时期称为初唐，并以安史之乱为界，将之后称为中晚唐时期。划分依据在于制度建设、经济控制，以及中央和藩镇的权力消长。借鉴这一思路，既然要论及唐制度与宫廷，就不能仅以兴建之初的时间来划分宫室建设，而要考虑政治权力争夺局势的改变。为此，首先需要将唐内廷政治斗争史以安史之乱为界限划分为两个阶段：第一个阶段是由执政者所引导的军政势力分布调整阶段，皇位是争夺的对象，文官系统和军事戍卫的分布直接影响到谋位者权力的轻重，“北门南衙”便在这一前提下进行调整变化；第二个阶段是以宦官为主导的内臣与外臣的斗争阶段，皇帝是争夺的对象，朝官与宦官的空间位置决定了他们影响力的消长。无论是前期自上而下的行政建设，还是后期自下而上的权力侵占，都与文武机构的空间坐标密切相关。它们在宫廷不同方位的出现和消失或被动或主动地决定了内廷的权力分布。

与此研究相关的有久保田和男先生的研究[94]，视点集中在古代社会运作、政治运作与空间运作的关系。虽然以北宋都城为主要研究对象，但对于驻军

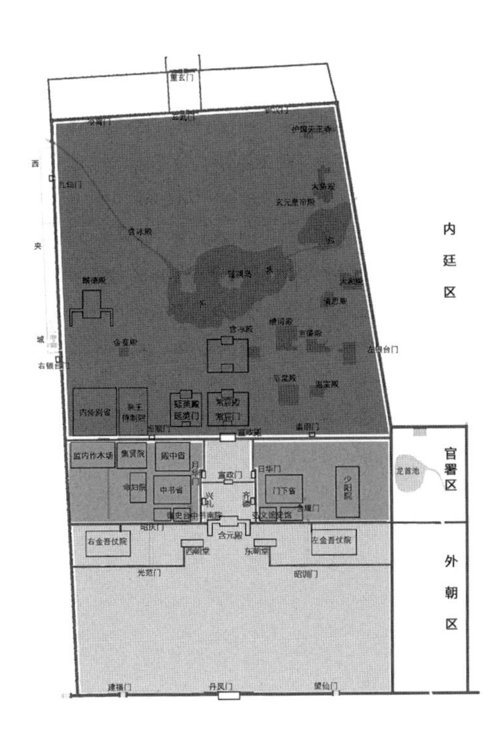

图3-4-1 大明宫前朝、官署区、内廷的区域划分

的思考也启发了笔者；朱剑飞在对清故宫的研究中提出了传统研究中用静态的眼光观察以及着力于象征意义解读的局限性[95]，认为空间既包括建造空间也包括行动空间，后者与权力息息相关。文中以清故宫为对象探讨了空间和权力的关系，其图示类型为下文关于唐前朝后寝中的权力区域变化提供了重要启示。赵雨乐的一系列文章涉及北衙禁军[96, 97]，关注点在于空间构造对制度演进的作用。王静的[98, 99]两篇文章通过扎实的文献功底，借助傅熹年先生的大明宫布局复原图讨论了权力部门和内部服务部门的分布与角力关系，对笔者的研究有莫大启发。

唐国祚近三百年，大明宫作为最主要的执政宫殿达150年之久。前文分别分析了外朝官署区的结构调整以及外朝朝会的性质变化，本节则将主要以大明宫内廷——特别是涉及权力活动的西部区域为空间主体，以此为图底，通过研究“北门南牙”所指代的朝官和军队的消长与空间转移，分析唐前期和后期内廷的势力变化与机构建设的分布，并尝试绘制出不同势力的空间边界及其渗透的轨迹，阐明在政治力量影响下宫室兴建的动态变化历程（图3-4-1）。

3.4.1 唐代宫廷的“北门南牙”浅析——唐前期内廷外朝的权力角逐与空间布局

在二维布局的宫城，与君主之间的空间距离也就是与权力之间的远近关系。故官职权位自来多以建筑或方位代称。唐一代有“北门南牙”之语，见《资治通鉴·唐纪中宗神龙元年》：“今天诱其衷北门南牙，同心协力，以诛凶竖，复李氏社稷”。以此文上下关系看，北门即羽林诸将，“南牙”则通“南衙”，指位于宫城之南的皇城中的文职官员及宰相，所谓北门南牙，可以作为文武官员的统称。但是通过对唐代特别是中前期政权争夺的过程梳理，笔者认为这一概念的理解应当根据当时政局及权力的转移做出不同的解读。而带有方位指向的这一称谓具体指向的变化，既反映了官员的人事变动，也反映了君主施政的重心转移，并进一步影响了宫室兴建。人事变动与宫廷兴建互为作用，内外廷的权力边界也随之波动。

3.4.1.1　南牙隐喻的迁变

“南衙”在不同语境下，具有不同的指代对象：

军事方面，南边衙指禁卫军中之“卫军”，是从12卫轮番调来宿卫京城的府兵，可由宰相调动，即以文官管武卫。与之对应的北衙“禁军”，是单独组建、驻防宫城北门的禁兵[100]，由皇帝及其亲信直接统领。这一南北之分，一方面出于方位的区别，更主要在于招募方式及直属号令者的不同。随着执政中心转移到大明宫，防卫更多的依赖北部禁军，卫军的作用降低，因此“南衙”的军事色彩逐渐淡化。

在大多数情况下，“南衙”一称用以指代体制内的官员。从唐文献中，可以看到“南衙”所指中一些微妙的差异：《两唐书》中记：万岁通天二年（公元697年）六月，来俊臣罗告太平公主、武氏诸王与南、北衙同反[101]。这里的南衙即中央百官和首都卫军，北衙指北门禁军。而在《隋唐嘉话》载：“武后临朝，薛怀义势倾当时，虽王主皆下，苏良嗣仆射遇诸朝，怀义偃蹇不为礼，良嗣大怒，使左右牵拽，搭面数十。武后知曰：‘阿师当北门出入，南衙宰相往来，勿犯也。’”这里的南衙所指即以朝堂为核心的文官机构区域。从文武俱全的整个官员体系到高层文官机构，这一词汇所指的变化是偶然么？

“衙”，按《说文解字》，“行皃，从行，吾声”。表示“走在道路正中的（他人须避让的）”。唐代以此词称谓天子所居之处：群臣始朝于宣政衙[102]。引申为巡回办公机构、派出所、行署。衙门，本牙门之讹。《周礼》谓之旌门，郑氏司常注所云：巡狩兵车之会，皆建太常是也。其旗两边刻绘如牙状，故亦曰牙旗，后时因谓营门曰雅门[103]。进而引申为排列成行的事物。如：柳衙、松衙。这种状态也可以描述皇城官署排列的阵容。

南衙本指独立完整的官僚机构群体，以大兴宫为例，南部皇城为文武官员的办公区域，北部宫城为皇室生活的起居区域，面积相当，南北各半。所谓南北，是以横街为准绳的、宫城和皇城的对比。初唐大明宫的兴建，大大缩减了官僚机构在新宫室中的面积，并剥离了大量行政功能，保留的是相对纯粹的文官机构。这时的所谓南衙，对仗的是位于宫城北部的禁苑武卫，南北对仗成为文武的对仗，而代表了皇权的宫城被拱卫其中。随着办公区域的转移和规模的缩小，政务机构从空间上丧失了与皇室平起平坐的可能，并折射反映在名称上。

面南为尊，隋大兴宫从南北的大方位上明确了君权与行政权的尊卑；而随着唐大明宫的兴建，君权与行政权的差距进一步通过规模和尺度得以强调。

3.4.1.2　北门学士到翰林院——行政助力的规范化过程

理想的王庭宫室总是将朝寝尽量分开，以示内外有别阴阳有差。然而无论是从执政的便捷度考虑，还是从政令的保密性来看，君主总是免不了在内寝区域之中思考决议外朝国家大事，为此势必要在内朝安置相关人员，他们的空间方位成为规划之外但是意料之中的重地。

北门，一指方位上位于宫城北门禁苑的羽林诸将，另一所指便是“北门学士”，这都源自以方位命名的习惯[53]。“北门学士”出现于武则天预政的乾封（公元666年～668年）时期，它的设立借鉴了唐太宗为秦王时期的创例：在唐太宗为秦王时设立弘文馆，以聚书编书的名义延引虞世南等文人参详政事，延引讲习，出侍舆辇，入陪宴私，及至成为皇帝后仍保持此习惯。这些学士皆以“宏文馆学士”名义会于禁中[104]。武则天成为皇后之后，以礼部尚书许敬宗为外朝心腹，引至便殿侍诏，便是延用此例。及至心腹宰相先后衰老凋零，又引用一些资历尚浅的文学之士为之，乾封以后始号“北门学士”，开启了以名职不符的学士作为顾问参与政事的途径。

与太宗时相同，这些按制不能与闻政事的文人，其入内奉召的名义是参与修撰《列女传》《臣轨》《百僚新戒》《乐书》等书籍，而实际上权责更进一步：刘祎之等因文词召入宫禁中，常于北门待命，“朝廷疑议表疏，皆密使参处，以分宰相之权，故时谓北门学士”。可见“北门”一词除了方位上的用意外，特意为对仗“南衙”而起，以标明其权力上的不分伯仲。“北门学士”可以说是以侍奉左右、待诏起草为主任，职能上重于太宗秦王时弘文馆中担任编史理书工作的文官。到高宗去世后，侍奉进奏的中书舍人，逐渐取代内廷学士参议表章，从而获得裁决政务的职权，武氏的政治支持力量从宫禁走向前朝[54]。

北门学士的设置，开创了内廷参决政务的机制，玄宗时皇权重归于李氏，但保留了

53 晚唐时期，唐敬宗在宝历二年（公元826年）曾打算别置东头学士以抑制翰林学士的权力，由于敬宗不久被宦官所杀，这个计划没有实现，但反映了这种由方位而命名的习惯。

54 在武周时期，又出现过类似的珠英学士，以武皇名义代其著书立论，当然这时纯为安置亲随而用，而不在于决策权的分化。故不放入这一体系内进行讨论。

武氏在内廷设置亲信参与政事的设置方式，将文人收入宫禁、借顾问之际参谋政事。这种设置即后期形成翰林学士制度的前身[105, 106]，以内廷分散外朝宰相的决策议事权。

翰林一词最早见于汉赋《长杨赋·序》，意犹文苑。在玄宗朝经过三个阶段的演变，由散官形成独立的翰林院：先有集贤院学士，在中书省西置集贤殿书院。之后，因靠近中书省不便人主宣召，又兼顾虑中书舍人草诏时难以保守机密，因此特委派亲信为翰林待诏，到开元二十六年（公元738年），玄宗把原属宫内皇帝秘书身份的翰林待诏改为翰林学士，建立学士院。至此翰林学士取代集贤院学士负责“内命”的起草，与中书舍人院并驾，专掌最机密的诏令：“王者尊极，一日万机，四方进奏、中外表疏批答，或诏从中出。”翰林学士的决策参与权持续至中晚唐：“肃宗至德（公元756年～758年）以后，天下用兵，军国多务，深谋密诏，皆从中出。”拥有很大的决策权力。可以与宰相分庭抗礼，被称为“内相”。对这一重要的翰林院位置，历史研究者多有探讨，宋至清在不同版本的大明宫图示中，它的区位各不相同。随着考古的发掘，这一问题仍有争议：考古在大明宫西夹城中发掘有衙署，推断此处即翰林院。辛德勇在《大明宫西夹城与翰林院学士院诸问题》中对此持不同看法，依据在于《全唐文·翰林院故事记》中记“翰林院……在银台门内麟德殿西重廊之後”。通过对内廷权力关系和事件的分析，笔者更加倾向于辛德勇先生的看法，考量其与延英殿的空间关系，除了客观距离的可达以外，与对立的内侍省的相对远近也是重要的一环。关于翰林院的空间方位，下文结合图底会作进一步阐述。

后世程大昌对这一系列的变革总结为：

“唐世尝预草制而真为学士者，其别有三。太宗之弘文馆、玄宗之丽正、集贤，开元二十六年以后之翰林。此三地者皆置学士。若夫乾封间号为北门学士者。”[107]

这一总结相当有见地，既确认了三者的联系，也指出了武后北门学士与其他时代学士的差异。

3.4.1.3　北衙——君主私人武装力量的形成（即北门）

按《新唐书·卷五十·兵制》：“南衙，诸卫兵是也；北衙者，禁军也”。军事制度联系着权力与安全，南衙中设有统辖于中央十六卫的番上府兵，是唐中央保卫京师的最主要武装力量。而在唐宫城之北是空旷的禁苑中安置的军事防卫力量称为“北衙”，即北衙禁军。北衙禁军则在玄武门之北、禁苑之中。空间上，无论是太极宫北还是大明宫北，禁苑的海拔都较宫城为高，占领此地便占有了居高临下的军事优势。这一重要的空间位置使得北衙禁军一开始就介入到最高的政治斗争中。

北衙脱胎于南衙十二卫轮番宿卫北衙的传统[108]。高祖时期，太极宫北门即玄武门便有屯营驻守“于龙首监置营以处”[109]。而北衙禁军与宏文馆学士一样，是他秦王时期的亲随，属于太宗私人需求凸显的产物，并于贞观十二年成为正式设置。

高宗龙朔三年（公元663年）后，随着大明宫的建成，所需要驻守的界面发生了变化。宫北玄武门设有禁军驻守，即北衙。北衙禁军在建制上脱离了南衙十二卫，并承担了宫廷宿卫的主要责任。这一时期，北衙禁军在中央宿卫方面承担了主要角色。其内部的一个独立分支——百骑，作为君主侍从，成为与皇帝私人关系密切的武装力量。它在武则天以后崇重内廷的氛围中迅速发展为千骑。这一变化反映在御马的数量和管理上：北门禁军的主力兵种是骑兵，内外六厩就是他们马匹的来源。唐原已有六厩掌御马，但契丹起兵入侵之年，女皇又另置仗内六闲，将官牧的良马收归御马，由殿中省主领。她之所以收拢马匹在于扩充北军以加强自卫，北门禁军也正是她得以夺权成功的主要军事力量[110]。

开元十年（公元722年）敕：“驾在京，左右屯营于顺义、景风门内安置，北衙亦著两营，大明北门安置一营，大内北门安置一营。”[111]由千骑发展成的万骑演变成为建制完备的龙武军，形成以皇帝为核心的分层防务体制形成。唐中后期，宦官和北衙禁军的关系日益密切。如果说玄宗以前的政变往往是禁军与南衙合作[55]，那么经过玄宗一朝的改造，到天宝十五（公元756年），北衙禁军早已成为宫中争夺政权的重要工具。陈寅恪先生在论及唐代北衙禁军时曾说：“唐代北军即卫宫之军，权力远在南军即卫城之军之上[112]”。这一过程，蒙曼将之称为“准内廷体制”的建立[113]。

3.4.1.4 空间分布辨析

上文介绍了宫城和皇城在称谓上的变化差异折射的地位差距，并梳理了相较于“南衙”的“北门”“北衙”这两大文、武架构的产生与形成过程。那么所谓“北门”大概的空间方位在哪里呢？之后堪为内相的翰林院又处于何处？兴建之初

55 如嗣圣元年（公元684年）废黜中宗政变，宰相裴炎积极参与；神龙元年（公元705年）太子重俊政变有金吾卫将军成王千里合作。

理想的宫室规划并不会考虑到这些变故，无论是为了理想中的空间图示、还是为了限制对权力的侵扰，宫室兴建伊始，都严格的恪守模数和边界原则。改变发生在漫长的王朝生命之中，以下图示，便以三个阶段分别标示宫城内外的文政与武卫系统的权力空间范围。

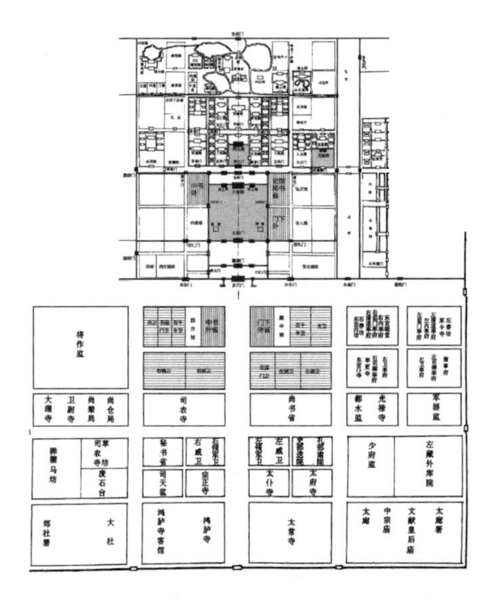

图3-4-2 太极宫文武、内侍机构分布

1. 太极宫阶段

见图3-4-2，有记载的皇帝执政及活动的区域主要位于中路及东路靠近武德门处，与高层官僚的区位相对紧密。军事驻守亦侧重皇城与宫城的边界。承天门外有十二卫，朱雀门外，有左右金吾卫分别设置在皇城东西两面的布政坊和永兴坊外。北门玄武门处亦有驻守。

2. 大明宫初期（高宗武后）

就大明宫区域内，南部仅有左右金吾仗驻卫的。与此同时，北门禁军的驻防加强。史载君主活动集中在中路及西路麟德殿。高级文官机构集中于宣政殿左右（图3-4-3）。

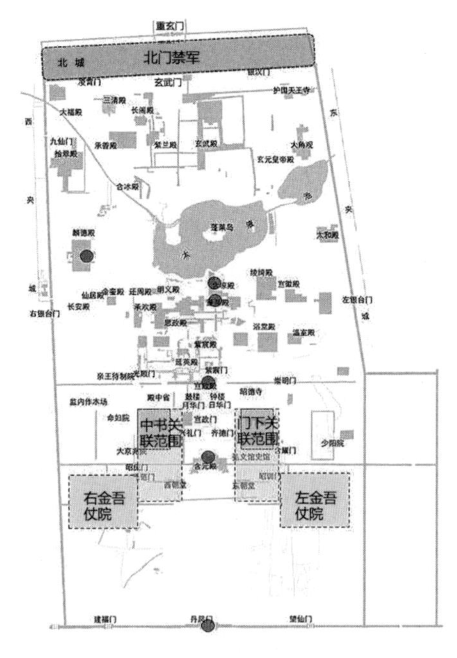

图3-4-3 大明宫初建时期政治机构、防卫力量分布

3. 大明宫中期（玄宗）

北门的驻卫明显得到了加强。尽管史载可查的皇帝活动仍然集中在中路，宣政殿左右的官署建设也一直在加强。中书舍人院伴随政事堂的发展，本已成为中书省的实际执掌所在。但随着文史顾问机构如集贤院和翰林院的设立，可以看出天子活动重心正在转向内廷。其中，翰林院初设于玄宗，先在兴庆宫金明门内，后在大明宫右银台门内，成为大明宫内独有的参谋机构（图3-4-4）。

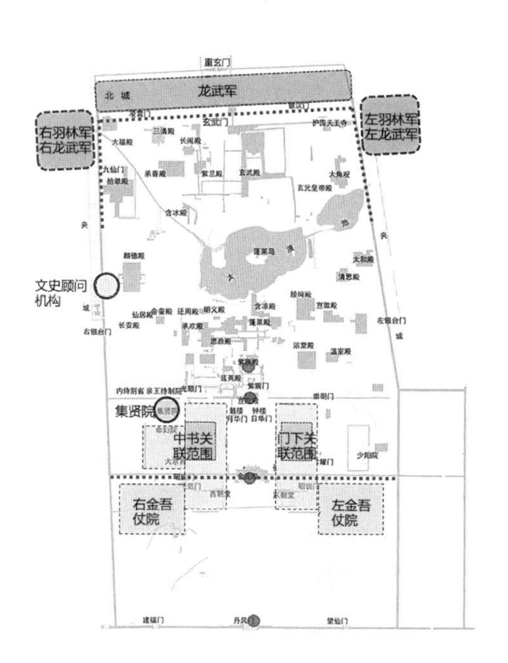

图3-4-4　大明宫初期（玄宗）政治机构、防卫力量分布

3.4.2　南衙北司——唐中后期朝官、宦官的权力冲突与空间布局

唐代中后期的宦官典军制度，起源于安史之乱后，统治者与军事将领之间日见疏离与相互提防，使得宦官得以利用身在君主边的特殊地位掌控了北衙禁军的军权，就此形成了宦官擅权。因此第二个阶段以安史之乱为界划分。皇帝成为前朝朝官与后廷宦官的争夺对象。行政的设置和空间的便利使得阉竖得以操控神策军，并领内诸司组织，构成相对于南衙机制的北门军政体系，从而进一步得到了对皇帝的隐形控制权。德宗以后，唐王朝共经历11位皇帝，除唐哀帝是朱全忠所立，其他穆宗、文宗、武宗、宣宗、懿宗、僖宗、昭宗均由宦官所立，宪宗、敬宗为宦官所杀。因此本段侧重大明宫之内、宣政殿之后的内廷区域：军事上延续北衙羽林军发展成为神策军，政治上内侍省、枢密院逐渐崛起，隔离了翰林院与皇帝的亲密关系并拥有了更大的决策权。

借用德国学者柯武刚Wolfgang Jasper，史漫飞Manfred E. Streit有关制度起源的观点，内廷权力机构的出现演变可以用“内在制度”（Internal Institution）来解释[114]。即机构不是通过一两条诏令整齐划一而来，也不是遵循某个制度设计者的某次规划而成，而是在长时段的历史过程中，根据实际情况和利益团体的需要逐渐调整变迁而成的。这概括了魏晋南北朝中尚书省的发展历程，也适用于唐一代内廷权力机关的孕育经过。

3.4.2.1　军事力量的空间变化

关于大明宫的北衙驻守，玄宗时在左右羽林军之外，又增设左右龙武军，肃宗时增设了左右神武军，由此形成后人所称的“北衙六军”。

唐玄宗天宝十三年（公元754年）陇右节度使成立一支新部队用以防御吐蕃，便是神策军。安史之乱时这支部队入援中央立功，被指派宫内宦官鱼朝恩为监军并统领（即观军容使）。763年在吐蕃攻入长安事后，得代宗青眼被纳入禁军行列，实力逐渐壮大。神策军开启了军队以宦官领导的先河，十几年后，建中四年（公元783年），因“泾卒之变”[56]一事，德宗认为文武臣僚不可信赖，在次年即兴元元年（公元784年）命宦官分领神策军。从此，神策军大权为宦官中尉掌握。结合了宦官势力的神策军势力迅速发展，达十五万人，凌驾于北衙六军之上，控制了长安及整个关中地区的安防。

在唐后期的多次政变中，神策护军中尉以其压倒性的军事优势，控制最后大局，成为枢密仰仗的对象。“甘露之变”便是发生在枢密、神策两者合作的前提之下。后期大明宫权利最大的神策军分别布置在西九仙门外及东禁苑太和门外。其中九仙门靠近右银台门，与内侍省枢密院南北相望，互为照应。形成了内廷中职能完善的军事、政治团体。

3.4.2.2 内廷政治力量的发展定型——内侍省与枢密院

在军事体系由天子所昵的宦官掌控的同时，政治参议权也伴随着皇帝对南衙的整体不信任逐步转移到内臣手中，形成了内诸司。诸司使的性质可以分为两种，一种是继承旧制的机构，一种是大明宫系统性独自发展的机构[115]。内诸司便是后者，其很多职称命名采用大明宫中的建置。

如果说第一阶段是预政官员由皇城向禁中的移动，那么第二阶段就是禁中内部的宦官权力的生长。这与宦官生活居住的内侍省具有特殊优势的地理位置密切相关。大明宫中的内侍省位于右银台门之内。1978年在西安西城墙240米处发现有刻于光化二年（公元899年）的《大唐重修内侍省之碑》，碑中记：

“又禁廷出入之处，是左右银台之楼，咸自智谋，俾令结构。轮奂而□跻呈彩，雕镂而宝绿交辉。上拂云端，旁齐露掌，共称壮观，克成应门，□四面之长廊，继晌时之旧制”。“遂筑遗基，征诸故事，前后厅馆，东西步廊，启彼重□，联其华室，大小相计凡五百余间。”[116]

碑文既然说是重修，则原址即右银台门以内，内廷西南旧时便有内侍省。初唐在太极宫时，以宫城西、掖庭南为内侍省，取八卦坤道柔弱、安稳顺从之意。大明宫复制了这一方位关系，内侍位置同在相对正位的西

56 唐德宗期间，泾原节度使朱泚领兵路过长安时，因赏赐不周，挟持节度使姚令言哗变。德宗携官员逃往奉天。叛军推举朱泚为首领并称帝，史称泾卒之变。后兴元元年（公元784年），将领李晟等攻克长安，迎回德宗方平此乱。

57 项安世曰：“唐于政事堂后列五房，有枢密房以主曹务，则枢密只要，宰相主之，未始他付。”

58 军事化的倾向使得五代时期的枢密院（后梁称崇政院）从后唐时开始，逐渐走向以处理军事事务为主，同时，中书门下则以行政事务为主，由此形成了朝政决策系统中军事和行政机构并列的二元化结构。正如欧阳修所说，五代时枢密使之“权侔于宰相矣，后世因之，遂分为二，文事任宰相，武事任枢密”。

方坤兑。

内侍权势高涨反映在职官上就是枢密使的出现。枢密房本应在中书省政事堂后[57]，玄宗时宦官开始参与政事，而枢密使一职正式设置始于代宗时，即负责传达诏命之责的宦官。到宪宗时，枢密使已渐获得参预决策的权力，枢密史就此重于枢密房。唐宪宗元和（公元806～820年）时期，为枢密使在内廷专设办公机构枢密院。以至于唐后期，枢密使可以预知宰相任命，参加御前会议与宰相会议，甚至更改诏敕，造成"枢密权倾于宰相"。唐以后，从五代后梁起，枢密院职务改由士人担任，权力更大，甚至于"仕重于宰相"，"不待诏敕而可以易置大臣"。这一生长历程与兴起于魏晋时期的中书省非常相似。区别在于起于唐代的枢密院与禁军关系尤为密切，呈现出了军政一体的倾向[58]，也正是由于两者之间的紧密关系，发生了类似于"甘露之变"的事件。

枢密院的位置与内侍省非常接近，《东观奏记》中有："乃矫诏出宗实为淮南监军使，宣化门受命，将由右银台门出焉。"《长安志》卷六有："在金銮西南又有金銮御院、宣化门、武德西门。"《资治通鉴》卷二六二记唐昭宗时宦官逼皇退位：

"季述召百官，陈兵殿庭，作胤等连名状，请太子监国，以示之，使署名；胤及百官不得已皆署之。上在乞巧楼，季述、仲先伏甲士千人于门外，与宣武进奏官程岩等十余人入请对。季述、仲先甫登殿，将士大呼，突入宣化门，至思政殿前，逢宫人，辄杀之。"

总上述三段所记，枢密院在右银台门与宣化门之间，宣化门在南司以北，金銮殿西南。枢密院当距此三处不远且靠近内侍省。

3.4.2.3 内廷军事、政治权力空间分布关系

朱文一先生在其《空间·符号·城市》一文中，提出由场所（place）、路径（path）、领域（domain）三大元素形成的六种不同空间类型[117]。借鉴这一概念，朝堂是"具有突出的领域，显现的场所，隐含的路径"的"理想空间"（idea space），隐晦的路径成为其最薄弱的一环。按他文中所说的"领域空间"（domain space）的主要区别在于具有"突出的领域，显现的路径，以及隐含的场所"。这一特征也正是内廷权力的空间特点。

掌握了军权和政权的宦官们形成了"北司四贵"，《资治通鉴》中有注曰："唐末两枢密与两神策中尉号为四贵，其职非甚微也，特专用宦者为之耳"。《十七史商榷》"唐宦者所以擅国，枢密出纳王命，神策掌握禁军也"。四贵因为控制

住了君主而焰帜高涨。由延英殿、麟德殿、右银台门限定出的范围便是他们的权力区域，这一区域内建设了大量的屋宇，安置了一个完整的包含了执政能力和军事能力的北司体系，管理领域与官僚体系完备的南衙几乎相同[118][59]。虽然没有如“政事堂”一般官方的议事地点的记载，但由于公务场所的存在和权力区位的优势，他们得以有效地将君主及其意志环绕在己方的影响之下，并且可以绕过南衙而直接对外行使权力。这期间，大明宫内围绕皇帝的各方面政治力量包括枢密院、神策军、翰林院以及外朝百官及其武装。其间发生的转折性事件便是唐大和九年（公元835年）发生的甘露之变。其分布和势力范围如图3-4-5所示。

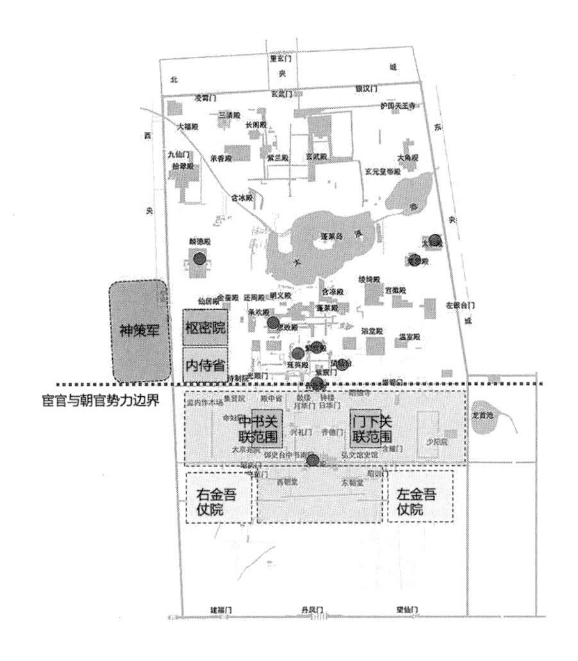

图3-4-5　大明宫晚期各方力量的分布

甘露之变前后，天子的主要朝政处理地点转移到延英殿，活动区域多位于太液池以南，难以摆脱对内侍宦官的依赖，这种情况除了在武宗及宣宗朝小有好转外，愈演愈烈。外朝戍卫方面，朝官所能调动的武装力量有限且分散。朝官举事前，其调动的兵力主要来自三个方面：借为节度使之名募若干兵卒，又以太府卿韩约为左金吾卫大将军掌控金吾卫，并借刑部郎中罗致吏卒。由此可见，南衙诸司的武装力量在唐晚期已相当匮乏。

唐中期后宦官力量涉足政令和军事，在宣政殿之北的内朝区域形成了比较完整的政治机构，呈现出与外朝抗衡的态势。这种对峙在甘露之变一事中得到了集中爆发：

“十一月二十一日，上御宣政殿……帝乘辇趋金吾仗。中尉仇士良与诸宦先往石榴树观之，伺知其诈；又闻幕下兵仗声，仓惶

59 南衙皇城内还有从属于工部和少府监的技术生产机构，在内廷中也先后生长出对应的诸司使：包括山陵使，作坊修造使、毡坊使、军器使、染坊使、内作使等，形成了对少府监的映射。宫城内进而出现了原属皇城诸司诸署所管辖的作坊，即文思院。由于跟行政权力关系较远，这此类机构不做单独论述。

而还，奏曰：‘南衙有变。’遂扶帝辇入阁门。李训从辇大呼曰：‘邠宁、太原之兵，何不赴难？卫乘舆者，人赏百千！’于是谁何之卒，及御史台从人，持兵入宣政殿院，宦官死者甚众。辇既入阁门，内官呼万岁。俄而士良等率禁兵五百余人，露刃出东上阁逢人即杀，王涯、贾餗、舒元舆、李训等四人宰相及王璠、郭行余等十一人，尸横阙下。自是权归士良与鱼弘志。至宣宗即位，复诛其太甚者，而阉寺之势，仍握军权之重焉。”

“训殿上呼曰：‘金吾卫士上殿来，护乘舆者，人赏百千。’内官决殿后罘罳，举舆疾趋。……金吾卫士数十人，随训而入。罗立言率府中从人自东来，李孝本率台中从人自西来，共四百余人，上殿纵击内官，死伤者数十人。训时愈急，逦迤入宣政门。帝瞋目叱训，内官郄志荣奋拳击其胸，训即僵仆于地。帝入东上阁门，门即阖，内官呼万岁者数四。须臾，内官率禁兵五百人，露刃出阁门，遇人即杀。诸司从吏死者六七百人。”[119]

两段文献中所说内容大体不差，《旧唐书》仇士良等人挟文帝退入阁门后内官皆称万岁；第二段记载中“帝入东上阁门，门即阖，内官呼万岁者数四”。位于宣政殿左右的东西阁门，便是前朝与内寝的边界，也是两组政治势力之间的楚河汉界。

3.4.3 从东宫到少阳院——小朝廷的蜕变

内侍阉竖掌握了行政权、军事调动权，而这一切权力的核心是对皇帝的影响权。除了在决策上的控制外，干扰操控天子废立似乎更加直接有效，可以快速收拢权力铲除异己。身处内廷的宦官们之所以能够多次快速地影响到皇位变更，跟控制了皇子的活动区域及居住地休戚相关。作为皇位继承人，其生活起居即东宫及其衙署相当于一个微缩了外朝架构的小朝廷。可这一完善的政治架构在中晚唐逐渐失效，它与空间变迁又有何联系？是本节要回答的主要问题。

3.4.3.1 魏晋南北朝东宫方位与制度

东宫一词，在西汉原意指皇太后居住之地，与太子无涉。至东汉时，情形为之一变。光武帝世，太子所居之处称太子宫，或曰东宫[120]。又，《汉书》卷七五（京房传）颜《注》所引孟康说：“房以消息卦为辟。辟，君也，息卦曰太阴（阳），消卦曰太阳（阴）。其余卦曰少阴、少阳，谓臣下也”。由于东汉秉承这一“少阳即臣下”的说法。发展了其寓意，南方离卦，太阳之位，东方震卦，少阳之位。乃“帝之所出”，故此代表储君。四时之春、四方之东、阴阳之少阳、八卦之震卦，统合起来代表皇帝长子，便形成了以东宫、少阳或曰春宫来指称皇太子的文化观[120]。

东汉太子居住在承光宫，在台省之外。由于其教育培养事关国体，围绕太子的教育和服务已设有东宫官员。自魏明帝以后，久旷东宫，制度阙废。与此同时南方吴孙权即位，孙登为太子，兼置四友等官[60]。从此是东宫号为多士，但仍主要担当顾问指导之职。

东宫官员的充实发展主要出现在南北朝时期，出现了詹事、左右率、庶子、中舍人等官员头衔。这也是"太子监国"制度确立的时间,《通典》的"东宫官叙"中："咸宁元年，太子宫设詹事，以领宫事；至宋孝武置东宫率更令等官，其中庶子、中舍人、舍人、洗马各减旧员之半；后周时期，又加置太子谏议员四人"。与此同时，南北朝则有多次太子监国的记录："太子自加元服，高祖便使省万机，内外百司奏事者填塞於前[121]"；"（元嘉）二十六年二月己亥，上东巡……其时皇太子监国[122]"；"天保元年九月庚午，文宣帝高洋如晋阳，是日皇太子（高殷）入居凉风堂，总监国事"；"癸酉，皇太后叱奴氏崩。帝居倚庐，……诏皇太子赟总釐庶政[123]"。此两事之间很难说不存在联系。赖亮郡先生认为，正是六朝时期政局诡异多变的局势，促进了皇权对传统监国制度进行创新诠释，以发挥保障皇储、进行帝王学教育、并宣示储君地位的作用，并且这种新的太子监国制度影响至隋唐[124]。

3.4.3.2 隋唐早期太极宫东宫

隋文帝主张对官署实行强力集中，按等级、循礼法，有秩序乃至刻板地进行管理，对继承人的安置上也是如此。大兴宫建成后，除了全新的外朝及皇城格式外，另一大突破即是东宫及其外部官署的建立。

据《通典》"东宫官叙"："隋……分东宫置门下坊、典书坊，北齐已有典书坊。以分统诸局。比门下、内史二省。门下坊有左庶子二人，内舍人四人，录事二人，统司经、宫门、内直、典膳、药藏、斋帅等六局。典书坊有右庶子二人，舍人、通事舍人各八人，领内坊。"这一组织涵盖了政治决策、文献管理、生活起居、安全卫戍多个方面，形成了类似于"中书、门下、尚书、殿中、内侍、秘书"的微缩组织形式。并且与皇城中中央官署类似，东宫官署隔横街面对东宫，分左右安置东宫

60 诸葛恪为左辅，张休为右弼，顾谭为辅正都尉，陈表为翼正都尉，是为四友。见《通典卷三十职官东宫官叙》。
61 妹尾达彦在其研究中认为太极东宫南侧有三门。
62 诏皇太子每五日於光顺门内视诸司奏事，其事之小者，皆委太子决之。见《资治通鉴》卷201。
63 太子李弘去世后李显的长子重润"生于东宫内殿"，又显示太子生活在太极宫东宫之内。故关于此事尚待进一步的研究。

朝堂、门下省、内史省。

宫室规模上，东宫与大兴宫宫城等深，面阔则较之不及一半。大兴宫以承天门为中心南侧辟有五门，东宫因无朝会一事，设嘉福门一门[61]。官员东宫官署及武卫同位于皇城，有两街坊大小。隋文帝初立的皇太子杨勇所居在东宫，太子监国理政亦在东宫。《隋书》卷43李德林传便有敕令内外群官，就东宫会议的记录。

尽管隋东宫采用了有史以来最大的规模和最复杂的东宫官员架构。但作为一个朝廷的缩微模型，它也要遵循着严格的等级制度并通过差异性保持着对皇权的尊重。一旦略有冒犯，都会带来严重的后果。隋文帝便因官员对太子行事称“朝”之一字而心生芥蒂，并继而多罪并发而废太子。

唐立国之初，太子循隋制，居住东宫。高祖执政期间，秦王住在太极宫百福殿之西的承庆殿，武德二年（公元619年）生长子承乾；齐王住在太极宫两仪殿东面的武德殿；太子建成住在太极宫东宫。玄武门之变后，太宗移居东宫，并于东宫显德殿即位。贞观二年（公元628年），太宗第九子李治便出生于东宫丽正殿。太子官官，增置詹事府以统众务，又置左右二春坊以领诸局。龙朔二年，改门下坊为左春坊，典书坊为右春坊。避免与中央两省头衔重复。

龙朔三年（公元663年）大明宫建成，高宗武后迁入此处听政起居，对太子安置史籍中未见记载，但高宗曾两次（龙朔三年及咸亨四年）让太子在光顺门监国，受诸司启奏[62]，光顺门位于大明宫内廷区与官署区交界处。按此，则随着大明宫的建成，太子也随迁至大明宫[63]。

3.4.3.3　大明宫少阳院的得失

《新唐书・十一宗子传》有记载，玄宗以后，“太子不居东宫，处乘舆所幸别院”。研究者们普遍认可其中所谓别院即大明宫寝殿旁的少阳院[125，126]。《唐会要》卷三十记：“元和十五年十月，发左右神策兵各千人。于门下省少阳院前筑墙及造楼观”。唐人李庾《西都赋》亦云：“宣徽洞达，温室隅南，接以重离，绵乎少阳”。按门下省东邻弘文馆，温室殿在弘文馆、史馆东北，南值含耀门。则李庾所论之少阳院当在门下省之东。近年的考古发掘业已证实，在门下省东侧，隔含耀门—昭训门街，有较为完整的围墙及路土。文献和考古的双重证据，基本可以断定大明宫少阳院的位置即在此处。

除了位于衙署区以东、两道宫墙之间的少阳院外，在唐中期后的典籍中又反映出了另一处少阳院所在：李肇《翰林志》云：“翰林院又北为少阳院。”宋敏求《长安志·卷六·右别见》亦云："内侍省、右藏库次北，翰林门内，翰林院学士院。又东，翰林院，北有少阳院。"白居易《渭村退居寄礼部崔侍郎翰林钱舍人诗一百》，叙翰苑之亲近云："晓从朝兴庆，春陪宴柏梁。分庭皆命妇，对院即储皇。"此处，白居易所云翰林院面对储皇所居之院。考古方面，1956年马得志先生在《唐长安大明宫发掘简报》一文中，结合考古发现印证了西少阳院的存在。

对此学界称为东少阳院与西少阳院。辛德勇先生在《隋唐两京丛考》中认为少阳院也分太子料理政务的"外廷"和寝居燕乐的"内宫"，两少阳院职能并不同。赵雨乐《唐宋变革期之军政制度——官僚机构与等级之编成》进一步解释，西少阳院是太子用来寝居的，而东少阳院则是太子日常处理政务的场所，之所以史料多记载西少阳院，是因为唐代中后期宫廷事变多发生在夜间。董春林的《少阳院与唐中后期太子权力之迁移》[127]中提出的先建西少阳院，后设东少阳院。从礼制寓意及内廷权力控制领域角度似乎难以合理解释。

将少阳院建设与权力流转的发展局势结合看，靠发动宫廷政变登上帝位的玄宗，出于吸取个人经验或其他考虑，在开元年间设置"十王宅"，为皇子集中居住。其防备之意与高祖开国之初皇子居于内廷已大有不同。对皇子团体的授权和行政训练减少，而权力束缚逐渐加强。这种防范意识带动了西少阳院的建设。对于其建成时间，必早于宝应元年（公元762年）。肃宗大渐时命太子李豫监国。期间皇后矫诏召太子李豫，由于李辅国事先探听到消息，事先伏兵于凌霄门，扣押途经的太子于飞龙厩。再以飞龙厩兵护送至九仙门即位[128]。太子所居经过凌霄门[129]64，又靠近飞龙厩，可见最迟此时已有西少阳院。

贞元三年（公元787年），德宗欲废太子李诵时，李泌曾云："太子自贞元以来常居少阳院，在寝殿之侧，未尝接外人，预外事"[130]。东少阳院位于官署区之东，称不上"寝殿之侧"，反而颇有与外朝官员交接之便，故此所指当为西少阳院。

李肇（公元819年左右）《翰林记》云："翰林院在少阳院南……其西北并禁军营。"李肇所论翰林院西北的禁军营即九仙门外的右神策军、右羽林军和右龙武军。

《资治通鉴》卷二四一载，穆宗即位时（公元820年），右神策军"中尉梁守谦与诸宦官马进潭、刘承偕、韦元素、王守澄等共

64《唐六典·尚书工部》云："殿之此面曰玄武门，左曰银汉门，右曰青霄门。"《阁本大明宫图》又作陵霄门，大致位置在大明宫西北角。由此可见，太子李豫当居西少阳院，时路过就近的陵霄门，进而素服于九仙门与宰相相见。

立太子，杀吐突承璀及沣王恽。”穆宗即位与右神策军的拥立当有很大关系，能够在不牵动外臣的情况下于内廷完成这种政变，与太子居住在西少阳院的地理方位有莫大关系。

综上所述，玄宗之后历任太子都居住在西少阳院，其原因主要在于皇帝对于宫廷权力斗争的防范之心，但由此造成太子与外朝的隔绝，也缺少了处理政事的锻炼。德宗时太子李诵被传有疾，“太子知人情忧疑，紫衣麻鞋，力疾出九仙门，召见诸军使，人心粗安”[131]，与太极宫之东宫太子的状态场面全无可比之处。

至于晚唐，神策军、内枢密权帜滔天，皇帝废立在其股掌间，与其说是要牢牢把皇储把握在内廷手中，不如说是把可以代表太子的宫室即西少阳院把握住即可。晚唐太子多在即位前才被象征性的迎进少阳院以展示下正统。“宝历二年（公元826年）十二月辛丑，敬宗夜猎还宫，遇中官刘克明之逆。壬寅，枢密使王守澄以兵卫迎江王入宫。……甲辰，江王於少阳院封六军使段嶷、左右神策军使何少哲等一十六人，命移仗西内，以太子太保赵宗儒为大明宫留后。乙巳，帝御宣政殿即位。”[132]《新唐书·昭宗本纪》：“光化三年（公元900年）十一月己丑，左右神策军中尉刘季述、王仲先、内枢密使王彦范、薛齐偓作乱，皇帝居于少阳院。”

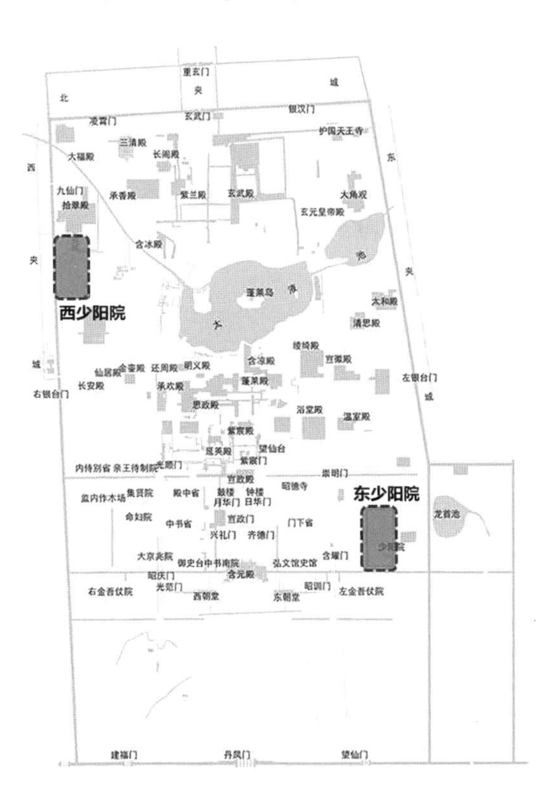

图3-4-6 大明宫东、西少阳院遗址位置

至此大致可以认为：高宗时期随大明宫的建成设置东少阳院，玄宗以后，皇子居于十王宅，太子多居住大明宫皇帝寝殿旁侧西少阳院，也就是所谓的“处乘舆所幸别院”制度。晚唐，文宗前后，继承人不定，太子继位前才被宦官接进西少阳院，东宫制度几近荡然无存（图3-4-6）。

纵观唐以后的历代宫城，容易得到的第一直观印象是中轴对称及边界清晰，对中心层层围合的空间构成方式看起来强化了边界，并整合了复杂多样的功能空间。但在实际运行中，这些边界总是不断面对着各方力量的突破尝试。在唐宫室中，便先后存在“外朝廷”“小朝廷”“内朝廷”三股力量。本节从“北门南衙”这一俗称出发，通过推敲其具体指向而理清内廷和外朝的机构发展过程，研究“外朝廷”与“内朝廷”的力量角逐过程，论述内廷政治力量变化与机构空间方位建设的关系，揭示权力空间的建设规律。总体来说，“南衙”是指以中书门下两省宰相为核心的文人官员机构群，它自设立之初便相对完备，恪守着与部门级别相仿的等级秩序，在有唐一代仅小有变化而总体呈静态。而原为后寝的内廷之中机构生命力旺盛，分布组织形态复杂。不论是权力的辐射边界，还是机构空间设置都处在动态变化之中。文中根据权力争夺者的性质以及争夺对象的不同，将之分为前后两个阶段：前期主体是谋求皇位的高位者，以太宗和武则天为代表；后期主体是谋求皇权的内外官员，高位者在保持独立权势之余不可避免地被卷入这一漩涡。

在整个唐前期，代表文政力量的“北门”学士与代表军事力量的“北门”羽林军是同时、分别发展壮大的。北门学士与北门羽林军的存在，成为武则天自内廷走向外朝的主要助力。作为一位内宫女性，她在谋权之初，外无外戚助力，内无心腹肱骨。所借助的正是君主为一己便利所拥有的部分行政处分权及调动权，而这政策的原型并不出自守成的唐高宗，反而都出自号称以法治国并仰仗贤臣的太宗。可以说，唐太宗在秦王时期进行的很多集中权力、树立亲信的行为，影响了武后并反映在她的行政智慧中。

这一时期的空间建设反映在太极宫和大明宫中，是宏文馆的设立和围绕麟德殿进行的建设。宏文馆的独立设置和低等级使得它可以轻易转移位置；麟德殿作为朝见和游寝的重要场所，是武则天在大明宫内的主要活动区域，结合麟德殿的活动组织，文中推测北门学士的主要活动范围在右银台门和麟德殿之间，也由此带动了之后翰林院的兴建。

在以安史之乱为分界线的后期，皇帝的身份在更多时间成为一个概念，“成为充当空间和政治运作之间的概念上的桥梁”[133]。皇帝对外朝官员的不信任成为内廷参政枢密使和内廷军队神策军出现的契机，两者共同形成了由宦官主导的军、政职能完备的“北司”。北司由内侍省主导，

65 中晚唐的文宗、武宗、宣宗、懿宗、僖宗、昭宗均由宦官拥立，每值先帝因病或意外去世，宦官将皇子自十六王宅请入大明宫内寝区域的（太子）少阳院并矫诏宣旨。

军、政不分，其管理职能日益全面，成为与外廷文臣主掌的“南衙”对称的体系。政治斗争转变为对君主/储君控制力的争夺，而北司在空间上的优势——特别是内置的少阳院给予了他们在立太子上的优势[65]，导致了他们实际上占据了宫廷政治的主导地位，皇帝为了让自己不受制于权臣所采取的措施最终却导致皇帝受制于家奴。

空间建设上，内侍省扼守住了联系行政生活的大明宫与礼仪宗法的太极宫之间的要道。区位的优势与政治上的优势相互叠加，互为强化，促进了大明宫西路宫室和机构的进一步建设。戍卫上的侧重由禁苑南移，渗透至后寝。前朝南衙与后寝间的联系被隔绝压缩至最低，并在“甘露之变”中达到了高峰。北司制度在达到自身的成熟时也孕育着它的反面，启发了后世宫室在戍卫和内侍分布上做出鲜明的调整，而不再局限于以堪舆或理想图式为主导因素。

大明宫前后期分别建置了东西两处少阳院，东少阳院秉承太子乾位卦象，有少量独立的东宫官员和管理区域；而西少阳院位于大明宫内廷西北角，与八卦方位无关，紧邻翰林院以及左右神策军等权力机构。这两处少阳院位置的差异，折射出大明宫内权力斗争的发展历史：

大明宫初设期间并未过多考虑东宫随迁，但之后修建东少阳院，一方面在于大明宫正式成为执政重心，皇室的继承人按规制应居住在宫室以东，东少阳院的选址证明它与太极宫的同构性；另一方面随着权力向天子的集中，带来行政部门的紧缩，更何况东宫官署部门，在此趋势下规模也在萎缩。

唐中晚期权力斗争转移至内廷区域，西少阳院的选址以及太子生活位置的迁移完全丧失了其理想的图示原因，而完全受控于权力斗争的复杂局势。活跃在内廷西路的宦官们，控制了延英殿、神策军、枢密院、翰林院，而控制住下一任君主，更确保了他们在权力的枕席上高枕无忧。唐晚期君主频发意外，对太子的设立和锻炼都未做先决，东宫的整套制度无法发挥作用。这也为宦官在天子驾崩后矫诏随意废立太子提供了机会，不仅天子的决策无法通达外朝，太子的能力和权力更是严重下滑，也从根基上丧失了皇权维系的最后机会，可以说是唐中后期诸多悲剧的根源要素之一。

参考文献

[1] 魏征等. 隋书卷一帝纪第一[M]. 北京：中华书局，1997.

[2] 资治通鉴卷一百七十五陈纪九.

[3] 吴宗国. 盛唐政治制度研究[M]. 上海：上海辞书出版社，2003.

[4] 李文才，魏晋南北朝隋唐政治与文化论稿[M]. 北京：世界知识出版社出版，2006：295.

[5] 魏征等. 隋书[M]. 北京：中华书局，1997.

[6] 魏征等. 隋书卷九礼仪四册太子仪[M]. 北京：中华书局，1997.

[7] 魏征等. 隋书志第二十三百官下[M]. 北京：中华书局，1997.

[8] 魏征等. 隋书卷六十八列传第三十三宇文恺[M]. 北京：中华书局，1997.

[9] 陈寅恪. 隋唐制度渊源略论稿[M]. 北京：三联书店，2001：90.

[10] 刘满平. 基于文献的宇文恺生平考[J]. 榆林学院学报，2012（2）.

[11] 魏征等. 隋书卷一高祖纪上[M]. 北京：中华书局，1997.

[12] [宋]程大昌. 雍录卷三[M]. 北京：中华书局，2005.

[13] 王维坤. 试论隋唐长安城的总体设计思想与布局——隋唐长安城研究之二[J]，西北大学学报，1997（3）.

[14] 徐松. 唐两京城坊考[M]，北京：中华书局，1985：34.

[15] 陈寅恪. 隋唐制度渊源略论稿[M]. 北京：读书新知三联书店，2001：88.

[16] 宋敏求. 长安志卷八[M]. 宋元方志丛刊（第一册）. 北京：中华书局，1990.

[17] [唐]韦述，杜宝. 两京新记辑校·大业杂记辑校[M]. 西安：三秦出版社，2006.

[18] 闻人军. 考工记译注[M]. 上海：古籍出版社，2011：4.

[19] 杨鸿勋. 大明宫[M]. 北京：科学出版社，2013：376.

[20] 李林甫，陈仲夫注解. 唐六典[M]. 北京：中华书局，1992.

[21] 文献通考·卷五〇·职官考[M]. 北京：中华书局，1986：456.

[22] 陈振孙. 直斋书录解题·卷六·职官类[M]. 上海：上海古籍出版社，1987：172.

[23] 祝总斌. 两汉魏晋南北朝宰相制度研究[M]. 北京:中国社会科学出版社，1990：175-188，225-231.

[24] 吴宗国. 盛唐政治制度研究[M]. 上海：上海辞书出版社，2003.

[25] 吴兢. 贞观政要[M]. 长沙：岳麓书社，2000.

[26] 李林甫，陈仲夫注解. 唐六典[M]. 北京：中华书局，1992：102.

[27] 吴宗国. 盛唐政治制度研究[M]. 上海：上海辞书出版社，2003：113.

[28] 叶炜. 隋与唐前期的门下省[C]//吴宗国. 盛唐政治制度研究. 上海：辞书出版社，2003：119-121.

[29] 李林甫，陈仲夫注解. 唐六典[M]. 北京：中华书局，1992.

[30] [唐]中敕撰. 大唐开元礼[M]. 北京：民族出版社，2000.

[31] 魏征等. 隋书卷二七百官志[M]. 北京：中华书局，1997：754.

[32] 吴兢. 贞观政要卷一政体第二[M]. 长沙：岳麓书社，2000：13.

[33] 李林甫，陈仲夫注解. 唐六典尚书工部[M]. 中华书局，1992.

[34] 薛凤旋. 中国城市及其文明的演变[M]. 北京：世界图书出版公司，2010.

[35] 李林甫，陈仲夫注解. 唐六典卷十秘书省[M]. 北京：中华书局，1992.

[36] [清]董浩等. 全唐文卷一百九十一[M]. 北京：中华书局，1983.

[37] 欧阳修. 新唐书[M]. 北京：中华书局，1975.

[38] 王溥. 唐会要[M]. 北京：中华书局，1955.

[39] [宋]王楙撰．野客丛书[M]．上海：上海古籍出版社，1991.

[40] [清]董浩等．全唐文卷455翰林院故事记[M]．北京：中华书局，1983.

[41] 袁刚．隋唐中枢体制的发展演变[M]．台北：文津出版社，1994：15.

[42] 樊英峰．唐薛元超墓志考述[J]．人文杂志，1995（3）.

[43] 钱易．南部新书[M]．北京：中华书局，2002.

[44] 拜根兴．试论唐代的廊下食与公厨[C]//唐代的历史与社会．中国唐史学会第六届年会暨国际唐史学会研讨会论文选集．武汉：武汉大学出版社，1997.

[45] 傅熹年．中国古代建筑史・第2卷・两晋、南北朝、隋唐、五代建筑[M]．北京：中国建筑工业出版社，2001.

[46] 陈涛，李相海．隋唐宫殿建筑制度二论——以朝会礼仪为中心[C]//王贵祥．中国建筑史论汇刊（第1辑）．北京：清华大学出版社，2009.

[47] 刘思怡，杨希义．含元殿与外朝听政[J]．陕西师范大学学报，2009（1）.

[48] 魏征等．隋书志七礼仪志[M]．北京：中华书局，1997.

[49] [日]吉田欢．日中宫城の比较研究[M]．东京：吉川弘文馆，2002：76-84.

[50] 傅熹年．中国古代建筑史（第2卷）：两晋、南北朝、隋唐、五代建筑[M]．北京：中国建筑工业出版社，2001：364-365.

[51] 郭湖生．魏晋南北朝至隋唐宫室制度沿革——兼论日本平城京的宫室制度[C]//山田庆儿，田中淡．中国古代科学史论（续篇）．京都：京都大学人文科学研究所，1991：753-805.

[52] 史念海．西安历史地图集[M]．西安：西安地图出版社，1996.

[53] 韩昇．隋文帝传[M]，北京：人民出版社，2007：125.

[54] [日]沟口雄三小岛毅．中国的思维世界[M]．江苏人民出版社，2006：376.

[55] 魏征等．隋书礼仪志[M]．北京：中华书局，1997.

[56] 王夫之．读通鉴论卷194隋文帝[M]．北京：中华书局，1975：543.

[57] 戴建国．唐宋变革时期的法律与社会[M]．上海：古籍出版社，2010：36.

[58] 宋敏求．唐大诏令集[M]．北京：商务印书馆，1959：15.

[59] 中国科学院考古研究所西安唐城发掘队.唐代长安考古纪略[J]．考古，1963（11）.

[60] 傅熹年．中国古代建筑史・第2卷・两晋、南北朝、隋唐、五代建筑[M]．北京：中国建筑工业出版社，2001：367.

[61] [唐]韦述，杜宝撰．两京新记辑校・大业杂记辑校[M]．三秦出版社，2006.

[62] 王贵祥．关于隋唐洛阳宫乾阳殿与乾元殿的平面、结构与形式之探讨[C]//中国建筑史论汇刊第三辑．北京：清华大学出版社，2010：97-141.

[63] 脱脱等．宋史志第七十二礼二十二[M]．北京：中华书局，1975.

[64] [日]渡边信一郎．元会的建构——中国古代帝国的朝政与礼仪[C]//[日]沟口雄三小岛毅．中国的思维世界．南京：江苏人民出版社，2006：390.

[65] [唐]中敕．大唐开元礼[M]．北京：民族出版社，2000.

[66] 杨宽．中国古代都城制度史研究[M]．上海古籍出版社，1993.

[67] 王溥．唐会要[M]．北京：中华书局，1955.

[68] [后晋] 刘昫等撰．旧唐书卷五十一后妃传[M]．北京：中华书局，1975.

[69] 秦建明等. 唐初诸陵与大明宫的空间布局初探[J]. 文博，2003（4）.

[70] 马正林. 丰镐—长安—西安[M]. 西安：陕西人民出版社，1978.

[71] 高本宪. 唐大明宫初建史事考略[J]. 文博，2006（6）.

[72] 顾迁. 注释淮南子[M]. 北京：中华书局，2009.

[73] 王溥. 唐会要[M]. 北京：中华书局，1955.

[74] 刘向阳. 唐代帝王陵墓[M]. 西安：三秦出版社，2003：92-93.

[75] [后晋]刘昫等撰. 旧唐书卷六则天皇后本纪[M]. 北京：中华书局，1975：119.

[76] 戴建国. 唐宋变革时期的法律与社会[M]. 上海古籍出版社，2010：289.

[77] 杨鸿勋. 唐长安大明宫丹凤门复原研究[J]. 中国文物科学研究，2012（3）.

[78] 郭义孚. 含元殿外观复原[C]//中国社会科学院考古研究所编. 唐大明宫遗址考古发现与研究，北京：文物出版社，2007：323-328.

[79] 傅熹年. 唐长安大明宫含元殿原状的探讨[C]//中国社会科学院考古研究所编. 唐大明宫遗址考古发现与研究. 北京：文物出版社，2007：347-365.

[80] 杨鸿勋. 宫殿考古通论[M]. 北京：紫禁城出版社，2009：419-434.

[81] 傅熹年. 中国古代建筑史·第2卷·两晋、南北朝、隋唐、五代建筑[M]. 北京：中国建筑工业出版社，2001.

[82] 中国文化遗产研究院，西安建筑科技大学陕西省古迹遗址保护工程技术研究中心. 遗存现状调查表.

[83] 陕西省古籍整理办公室. 全唐文补遗·1-8辑[M]. 西安：三秦出版社，1994-2005.

[84] 傅熹年. 傅熹年建筑史论文集[M]. 北京：文物出版社，1998：184-207.

[85] [日]妹尾达彦. 唐长安城的礼仪空间——以皇帝礼仪的舞台为中心[C]// [日]沟口雄三小岛毅. 中国的思维世界. 南京：江苏人民出版社，2006：466-498.

[86] [宋]程大昌. 雍录[M]. 北京：中华书局，2005.

[87] 刘涛，钱国祥，郭晓涛. 河南洛阳市汉魏故城太极殿遗址的发掘[J]. 考古，2016，7.

[88] 王贵祥. 消逝的辉煌——部分见于史料记载的中国古代建筑复原研究[M]. 北京：清华大学出版社，2017.

[89] 萧默. 五凤楼名实考——兼谈宫阙形制的历史演变[J]. 故宫博物院院刊，1984（1）：76-86.

[90] 杨鸿勋. 北魏复建洛阳宫城阊阖门形制考[C]//杨鸿勋建筑考古学论文集. 北京：清华大学出版社，2008.

[91] 中国社会科学院考古研究所. 隋仁寿宫、唐九成宫——考古发掘报告[M]. 北京：科学出版社，2008.

[92] 王溥. 唐会要[M]. 北京：中华书局，1955.

[93] 庞骏. 东晋建康城市权力空间——兼对儒家三朝五门观念史的考察[M]. 南京：东南大学出版社，2012：13.

[94] [日]久保田和男. 宋代开封研究[M]. 上海：上海古籍出版社，2009.

[95] 朱剑飞，邢锡芳译. 天朝沙场：清故宫及北京的政治空间构成纲要[J]. 建筑师（74）：101-112.

[96] 赵雨乐. 唐宋变革期之军政研究[M]. 文史哲出版社，1994.

[97] 赵雨乐. 唐代宫廷防卫与宦官权力渊源[C]//朱雷. 唐代的历史与社会. 中国唐史学会第六届年会暨国际唐史学会研讨会论文选集. 武汉：武汉大学出版社，1997.

[98] 王静. 唐大明宫的构造形式与中央决策部门职能的变迁[C]//中国社会科学院考古研究所编. 唐大明宫遗址考古发现与研究. 北京：文物出版社，2007：197-207.

[99] 王静. 唐大明宫内侍省及内省诸司的位置与宦官专权[C]//中国社会科学院考古研究所编. 唐大明宫遗

址考古发现与研究. 北京：文物出版社，2007：208-224.
[100] [唐]杜佑. 通典[M]. 北京：中华书局，1996.
[101] [后晋]刘昫等. 旧唐书酷吏来俊臣传[M]. 北京：中华书局，1975.
[102] [后晋]刘昫等撰. 旧唐书仪卫志[M]. 北京：中华书局，1975.
[103] [清]赵翼. 陔余丛考[M]. 石家庄：河北人民出版社，2003.
[104] 雷家骥. 武则天传[M]. 北京：人民出版社，2001：210-211.
[105] 王溥. 唐会要卷五十七翰林院[M]. 北京：中华书局，1955.
[106] 王溥. 唐会要卷六十四宏文馆[M]. 北京：中华书局，1955.
[107] [宋]程大昌. 雍录[M]. 北京：中华书局，2005.
[108] 赵雨乐. 唐前期北衙的骑射部队——北门长上到北门四军的几点考察[J]. 陕西师范大学学报（哲学社会科学版），2002（2）.
[109] 王应麟. 玉海卷138[M]. 扬州：广陵书社，2003.
[110] 马俊民，王世平等. 唐代马政[M]. 西北大学出版社，1995：113-116.
[111] 王溥. 唐会要卷七二京城诸军[M]. 北京：中华书局，1955.
[112] 陈寅恪. 隋唐制度渊源史论稿[M]. 北京：生活・读书・新知三联书店，2001：140.
[113] 蒙曼著. 唐代前期北衙禁军制度研究[M]. 北京：中央民族大学出版社，2005：5.
[114] [德]柯武刚，史漫飞. 制度经济学社会秩序公共政策[M]. 北京：商务印书馆，2000：121-122.
[115] 赵雨乐. 唐前期北衙的骑射部队——北门长上到北门四军的几点考察[J]. 陕西师范大学学报（哲学社会科学版），2002（2）.
[116] 保全. 唐重修内侍省碑出土记[J]. 考古与文物，1983（4）：210.
[117] 朱文一. 空间・符号・城市[M]. 北京：中国建筑工业出版社，2010.
[118] 彭丽华. 唐代营缮事务管理体制研究[D]. 北京：中国人民大学，2010：177.
[119] [后晋]刘昫等. 旧唐书卷一八八[M]. 北京：中华书局，1975.
[120] 郭永吉. 先秦两汉东宫称谓考[J]. 文与哲. 2006（6）.
[121] 姚思廉. 梁书卷八昭明太子传[M]. 北京：中华书局，1973.
[122] 沈约. 宋书卷十五礼志二[M]. 北京：中华书局，1997.
[123] [唐]令孤德棻. 周书卷五武帝纪上建德三（574）年三月条[M]. 北京：中华书局，1971.
[124] 赖亮郡. 六朝隋唐的皇太子监国——以监国制度为中心[J]. 台东师院学报. 2002，13期（下），271-318.
[125] 陈磊. 唐代皇帝的出生、即位和死亡地点考析[J]. 史林，2007（5）.
[126] 辛德勇. 少阳院位置[C]//隋唐两京丛考. 西安：三秦出版社，2006.
[127] 董春林. 少阳院与唐中后期太子权力之迁移[J]，延边大学学报（社会科学版），2009（05）.
[128] 资治通鉴卷二二二.
[129] 陈磊. 唐代皇帝的出生、即位和死亡地点考析[J]. 史林，2007（5）.
[130] 资治通鉴卷二三三.
[131] 资治通鉴卷二三六.
[132] [宋]王钦若等编纂. 周勋初等校订. 册府元龟卷十一[M]. 南京：凤凰出版社，2006.
[133] 朱剑飞，邢锡芳译. 天朝沙场：清故宫及北京的政治空间构成纲要[J]. 建筑师，（74）：101-112.

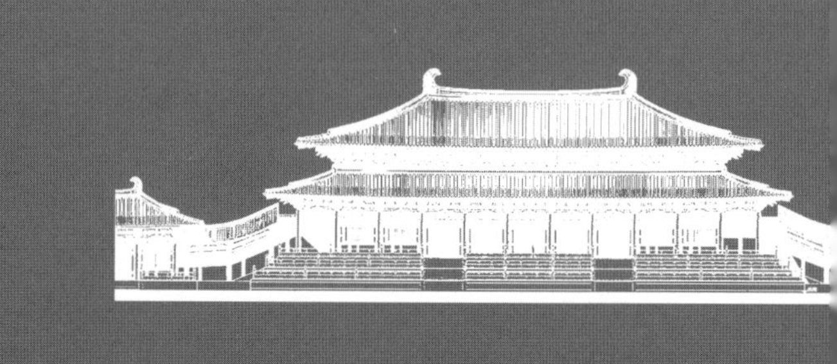

4.1 仪轨概述

“建筑—场景—仪式”三者之间存在着紧密的联系：“建筑存属于场景，建筑是社会秩序的体现，是文化表达的媒介”[1]，场景寄托了人类在此的行为和寓意。拉普普特亦强调：“空间组织反映着从事这种组织的个人和群体的活动、价值观及意图。空间组织也反映观念意象，代表了实质空间和社会空间（即阶级等级）的一致性”。从人类学的角度以仪式为出发点，能够更好地理解作为场景的建筑空间的内在逻辑；从建筑学的角度，以仪式为对照体，可以为空间体系及尺度的研究提供另一层支持。

4.1.1 五礼仪式述略

中原大陆的礼制成熟与完备发展迅速，自虞夏有三礼：祭天神、地祇、人鬼；至殷则制六礼：冠、婚、丧、祭、乡饮、相见；后发展出周制五礼为吉、凶、军、宾、嘉。自周人所定五礼，中国古代的礼制便基本定型。秦悉收六国礼文，采择之以为时用。汉承秦制。晋、隋之际虽南北分裂战乱频仍，但礼学的发展却日新月异，无论南北，均有可观制作，由此为中国古代礼制的复兴奠定基础。至唐有天下，经贞观到开元约一个世纪的努力，形成了盛唐礼制的规模，唐代所规定的贞观、显庆、开元礼，涵盖范围远超前代的礼制，而其中最重要的发展在于：礼仪成为君主到臣民都要了解并参与的行为规范，这改变了早期“礼不下庶人”的局面。蕴含了大量细节的礼制规范，涵盖了天人关系、君臣关系、宾主关系、国民关系等方方面面，在每个领域都申明了统治者的合法性，而仪轨宏大的“礼制”行为展示以及密集的礼仪内容，进一步强化了中央统治的不可或缺。

马克思在归纳亚洲城市类型时曾指出，亚洲城市具有城乡统一性，表现为在城乡之间并不存在政治、宗教、行政和其他体制上的区别，中心城市在实质上和精神上——通过礼制而不是政治手段——控制了全国。这一洞见也适用于城市礼制仪式，它的执行人虽然是官方甚至皇家，但其服务对象主要是城市的腹地居民而不是市内居民。

皇家归文纳礼的主线包括吉、宾、军、嘉、凶五礼。“以吉礼事邦国之鬼神示；以凶礼哀邦国之忧；以宾礼亲邦国；以军礼同邦国；以嘉礼亲万民”[2]。李唐一代自建国伊始，便强调以皇家奉五礼的职能。此时期关于礼制的可靠文献丰富，中前期有《贞观礼》《显庆礼》《大唐开元礼》(玄宗)，《唐六典》(开元年间)，后期有韦公肃撰《响新仪》(元和中期)，王彦威撰《曲台新礼》《续曲台礼》，唐末杜佑所撰《通典·开元礼纂类》所载内容又反映了唐代后期礼制的演变。而后人所撰有关唐礼仪的记载与论著主要有：《旧唐书·礼仪志》(五代后晋)，《新唐书·礼乐志》(北宋)，《开宝通礼》(宋)，《唐会要》(北宋)等。文献中对唐代五礼的具体内容及细节都已有了较为全面的说明和具体规定。《开元礼》中将五礼的次序定位“吉、宾、军、嘉、凶”。形成为由皇家主导的，贯穿整个官僚体系及家族机构的礼仪系统。

仪式，通常被界定为象征性的、表演性的、由文化传统所规定的一整套行为方式[3]。它可以是神圣的也可以是凡俗的活动。广义而言它可以是特殊场合下庄严神圣的典礼，也可以是世俗功利性的礼仪、做法。用福柯的哲学观念可将仪式理解为：被传统所规范的一套约定俗成的生存技术或由国家意识形态所运用的一套权力技术。

凝聚了权力的都城及宫室便是这些仪式的展示平台，充分展现“礼治”的考虑成为城市功能和其主要土地利用区划的原则。有学者在论及唐长安的城市布局原则时，认为其侧重的是对礼乐原则的突出：宗庙和社稷坛两个重要的儒家礼乐建筑，按传统左祖右社在皇城内分布，这个新位置使有关礼乐活动成为公众可见的活动。而从宫室布局角度，外朝区域是舞台的聚光灯所在，主演的位置、进退都与宫室布局息息相关。本着“政”“礼”并重的原则，皇家宫室的空间布局不仅体现着政治权力关系，也贯彻着礼法仪式的内容。

唐一代先后以3处宫室为执政地。对这三地的地位与职能，已有多位学者论著，初步形成了“太极宫用以仪式，大明宫用以执政”的共识。这一说法仍有笼统之处，主要在于对五礼的不加辨析，且忽视了大明宫、兴庆宫在皇家礼仪上的重要地位。本章笔者以唐五礼仪式为主要活动内容，梳理仪式活动与空间的对应关系，探寻皇家礼仪与宫室布局之间的互动原委，阐明仪式活动是如何影响形制规则的。

本章首先梳理唐代皇家礼仪制度，厘清唐代东、西二内在礼制上的职能与差异。之后在朝会空间布局复原的基础上，以之为图底梳理不同礼法活动的仪式路线、边界及空间排布，通过场景复原和尺度比较的方式研究其空间区域与皇家仪式的结合，尝试提炼探究宫室空间句法与皇家仪式活动的关系。最后

1《旧唐书》元宗纪：天宝元年（742）二月……丙申。合祭天地于南郊。《唐书礼乐志》：元宗既定开元礼。天宝元年。遵合祭天地于南郊。其后遵以为故事。终唐之世。莫能改也。《通典》：天宝五载诏曰。自今以后。每载四时孟月。先择吉日。祭昊天上帝。其皇地祇合祭。以次日祭九宫坛。皆令宰臣行礼奠祭。务崇蠲洁。称朕意焉。

章节将视野展开，首先是拓展到长安城及城外，探讨宫廷仪式及生活对城市格局的影响；其次从历史纵向脉络上探讨唐代宫室边界区域的传承与影响。

4.1.2 长安空间形态与吉礼、军礼

4.1.2.1 吉礼与长安

吉礼用以事邦国鬼神。按《唐六典·卷四尚书礼部》记载，吉礼之仪有五十五，其内容涉及天地、山川、河岳。吉礼地点除少量仪式以国家为版图外，大多以都城为核心，环绕分布在都城外（图4-1-1）。根据六典所记统计发生在都城内外的吉礼、军礼位置如表4-1-1所示。其中由皇帝（后）亲自参与的有27条。其中天地合祭，由玄宗开元礼使之成为定式[1]，也是最主要的吉礼

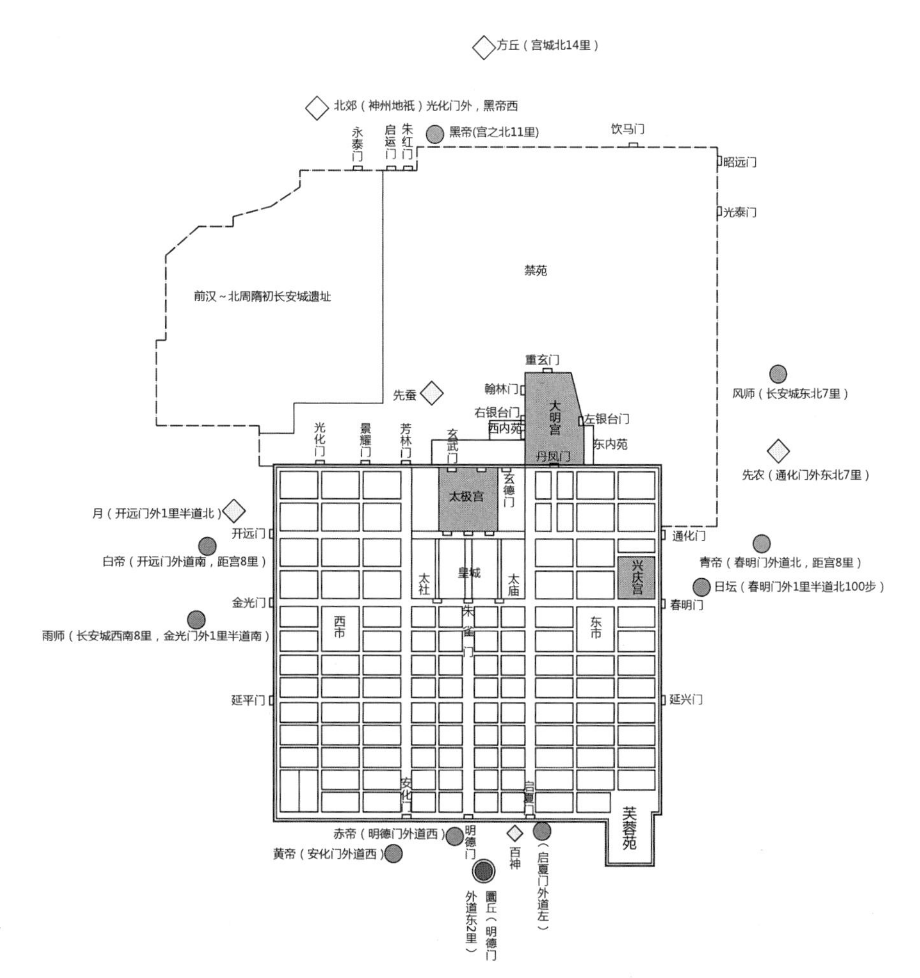

图4-1-1 长安城市与仪式场合分布

内容。军礼是军事活动前后的礼仪，用以同邦国，《唐六典·卷四尚书礼部》记军礼仪式有23种。吉礼彰威仪以柔，军礼耀国威以武。对照记载两礼之仪，可将其发生之仪式场所及其活动对应如下：

各地点吉礼、军礼祭祀类型及等级示意[1]　　表4-1-1

地点	大祭	中祭	小祭	合计	详细	位置
圜丘	昊天上帝			4	冬至；祈谷；雩祀；巡狩	明德门外东2里
明堂	皇地只、神州、宗庙	辰、社稷、先代帝王、岳、镇、海、渎、帝社、先蚕、孔宣父、齐太公、诸太子庙	众星、山林、川泽、五龙祠等及州县社稷、释奠	1	大享；祀风伯、雨师、灵星、司中、司命、司人、司禄；祭五岳、四镇；祭四海、四渎；享光蚕；享先代帝王；祭司寒；视学；皇太子释奠；国学释奠	长安无；洛阳在洛阳宫内
东郊	青帝	春分之日朝日于东郊		1	青帝；朝日	春明门外一里半，道北，距宫8里
西郊	白帝	秋分之日夕月于西郊	立冬后亥日祀司中、司命、司人、司禄于国城西北	2	白帝；夕月	开远门外一里半，道南，距宫8里
北郊	黑帝		立春后丑日祀风师	3	黑帝；祭神州；祈于北郊	黑帝在宫之北11里；风师在国城东北7里
南郊	赤帝黄帝	立秋后辰日祀灵星于国城东南	立夏后申日祀雨师	3	赤帝；黄帝；禇祭百神干南郊	赤帝在明德门外道西2里；皇帝在安化门外道西；雨师在国城西南8里，金光门外1里半道南
方丘				1	夏至祭方丘祭皇地祇	宫城北14里
太社			仲春上戊祭太社	5	祭太社；祈于太社；巡狩告社稷，宜于太社；遣将出征宜于太社	太极宫皇城西南，含光门内道西
太庙	四孟月及腊日大享太庙		仲秋之月及腊日亦如	6	时享于太庙；袷享于太庙；祈于太庙；巡狩告宗庙，造于太庙；遣将告于太庙	太极宫皇城东南，安上门内道东
五陵					拜五陵，巡五陵	

续表

地点	大祭	中祭	小祭	合计	详细	位置
先农				1	祭先农	通化门外东北7里
先蠹				1		
五龙坛				1	祭五龙坛	兴庆宫勤政务本楼东，通阳门内
射宫					射于射宫，观射于射宫	
先牧					享先牧	
马祖					祀马祖	金光门外40里
马社					祭马社	
太公庙					遣将告于太公庙	
明德门					軷于国门	

由表4-1-1的统计整理可看出：大内中几乎不设吉礼场所，主要仪式的发生场所多在城外，并以都城为核心相对均匀地分布。之前告庙及致斋则多在宫内："皇帝散斋四日于别殿，致斋三日，其二日于太极殿，一日于行宫"，太极宫作为高祖、太宗、高宗三朝执政之地，此后便为吉礼举办的场合。因此，西内太极宫内的空间仪式主要是围绕着吉礼及军礼所展开。嘉礼发生在宫内，先期在于太极宫，武后时期主要集中在洛阳宫，后又转移至大明宫。

4.1.2.2 五礼与宫室

除军礼与吉礼外，宾礼、嘉礼均与皇家事务密切相关，宾礼更与嘉礼密不可分，这两事既然以皇族为核心，自然不离其主要活动空间，故讨论此两礼的仪式空间，当以东西两内为空间背景考虑。

1. 嘉礼的场合与空间分布

周礼中以嘉礼亲万民，发展至唐代成为以皇家事务为主的仪式活动，并纳入了含有上下等级关系的朝参内容。《唐六典·卷四尚书礼部》记嘉礼仪式有50项。其中32项涉及皇城范围皇家事务，其他18项为官员臣子事务。皇家事务仪式地点与其起居宫室息息相关。对嘉礼中的皇室事务梳理文献得到表4-1-2。

1 按《唐六典》所记，吉礼五十有五。以颜色划分：红色吉礼蓝色军礼。地点中画横线者天子不亲至。

《大唐开元礼》中宫城皇城中进行的嘉礼活动　　表4-1-2

序号	典籍所记仪式地点[a]	详细	主体	参与人员	实际的仪式地点
1	太极殿—太庙	一曰皇帝加元服	帝	五品上（殿），六品下，朝集使，蕃客	太极殿—太庙
2	所御之殿	二曰纳后	帝、后		
3	太极殿	三曰正、至受皇太子朝贺	帝、太子		
4	皇后所御之殿	四曰皇后正、至受皇太子朝贺	后		
5	未明，同太极殿?	五曰正、至受皇太子妃朝贺	帝		
6	皇后所御之殿	六曰皇后正、至受太子妃朝贺	后		
7	太极殿及庭	七曰正、至受群臣朝贺	帝		含元殿及廷
8	勤政楼	八曰千秋节受群臣朝贺	帝		兴庆宫勤政楼
9	肃章门内正殿	九曰皇后正、至受群臣朝贺	后		
10	肃章门内正殿	十曰皇后受外命妇朝贺	后		大明宫光顺门
11	初为太极殿，按制在明堂	十一曰皇帝于明堂读春令	帝	诸司长官	大明宫宣政殿
12		十二曰读夏令	帝	诸司长官	
13		十三曰读秋令	帝	诸司长官	
14		十四曰读冬令	帝	诸司长官	
15	太学正堂	十五曰养老于太学	帝		
16	肃章门内皇后正殿	十六曰临轩册皇后	后	中书令，太尉，司徒，外命妇	
17	太极殿	十七曰临轩册皇太子	帝、太子	五品以上，六品以下	含元殿
18	重明门内东宫正殿	十八曰内册皇太子	太子	五品以上，六品以下，宫官	
19	太极殿	十九曰临轩册王公	帝、三师、三公、亲王	五品上，六品下	
20	东朝堂	二十曰朝堂册诸臣	中书令、六尚、侍中等	舍人	
21	受册者寝庭	二十一曰册内命妇	内命妇	使者	宣政殿（册公主）

续表

序号	典籍所记仪式地点	详细	主体	参与人员	实际的仪式地点
22	太极殿	二十三曰朔日受朝	帝	三品上，四品，五品，六品下	宣政殿
23	所御殿	二十四曰朝集使辞见	帝、朝集使	京官文武九品上	
24	重明门内东宫正殿	二十五曰皇太子加元服	皇太子	文武官九品上，宫臣，诸亲	
25	内殿	二十六曰纳妃	皇太子，妃		
26	东宫正殿	二十七曰皇太子正、至受群臣贺	皇太子	三品上，四品，五品，六品下，朝集使，诸亲	
27	东宫正殿	二十八曰受宫臣贺	皇太子	六品下，五品上	
28	东宫正殿门西	二十九曰与师、傅、保相见	皇太子	师、傅、保	
29	东宫正殿	三十曰受朝集使参辞	皇太子	宫臣，朝集使	
30	长乐门内殿	三十三曰公主降嫁	公主	尚仪，女史，内外命妇	光顺门
31	承天门	四十四曰宣赦书		中书令，刑部侍郎，文武群官	丹凤门
32	朝堂	四十五曰群臣诣阙上表		文武群官	

a　多数仪式是连续的、于多处地点进行的活动，本统计采用由其主体参与的最重要的仪式活动地点。

2. 宾礼举行的空间位置

周礼中的宾礼用以分内外、亲邦国，原为国家之间的外交。随着政治格局由封建诸侯国家发展到大统一国家，此外交仪式的内容和对象均有变化。《通典·礼·宾》云："自古至周，天下封建，故密朝聘之礼，重宾主之仪。天子诸侯卿大夫士，礼数服章，皆降杀以两。秦皇帝荡平九国，宇内一家。以田氏篡齐，六卿分晋，由是臣强君弱，终成上替下陵。……方今不行之典，于时无用之仪，空事钻研，竟为封执。与夫从宜之旨，不亦异乎？"社会结构与政治体制的变化促使宾礼做出适应性的调整。一些古宾礼遭废弃，一些则随着君臣关系的演变转化为朝仪，成为后来嘉礼中的内容。故唐代宾礼主要针对周边少数民族政权、毗邻诸国及二王三恪。《新唐书·礼乐志六》："二曰宾礼，以待四夷之君长作与其使者"（表4-1-3）。

《大唐开元礼》中宾礼各条目活动主体及空间　　表4-1-3

典籍所记仪式地点	详细	主体人员	参与人员	实际的仪式地点
驿馆门外	蕃国王来朝遣使迎劳	蕃国王	使者	—
驿馆门外	戒蕃王见	蕃国王	使者	—
太极殿	蕃王奉见	帝，蕃国王	蕃国诸官	含元殿
所御之殿	受蕃使表及币	帝	使者	宣政殿
所御之殿	燕蕃国王	帝，蕃国王	蕃国诸官	麟德殿
所御之殿	燕蕃国使	帝	使者	麟德殿

宾礼是五礼中内容最少的一类。从“重宾主之仪”到削弱的这种变化，跟中央集权的发展是脱不开的，渡边信一郎指出国家实力的强弱决定了李唐王朝与他国间的策略，采取“平等外交”的态度还是“君臣关系”取决于当时两国的军事关系和政治能量[4]。这有助于我们理解为什么某些涉外活动被涵入朝会活动之中，可以说这些事务兼具有了嘉礼的性质。宾礼在中朝以外，而内臣嘉礼可在日朝以内。由此也出现了唐特有的，在内苑大明宫麟德殿举行的宴会及接见礼，也是一种“化外宾为内臣”的态度。

3. 改元地点与空间分布

新帝即位后，通常行“改元”大礼以改变纪年的年号，以示吐故纳新、万象更新、宣告正朔之意。唐代中央政府，包括武周时期在内，共改元75次。仅高宗时期就进行了14次改元。由于改元与大赦往往并行，也是动荡之后安抚社会或颁布新政策的有利时机。因此，改元在李唐时期，不仅频率远远超过皇帝南郊祭天的次数，也作为更具政治效力的仪式成为皇家最重要的活动之一（表4-1-4）。

《册府元龟》卷十五与《两唐书》中记载改元、大赦地点表　　表4-1-4

皇帝	年号	地点	宫室	备注
李渊	武德元年（公元618年）	太极殿	太极宫	皇帝位于太极殿大赦天下，改隋为武德元年
太宗	贞观元年（公元627年）			
高宗	永徽元年（公元650年）			
	显庆元年（公元656年）/明庆/光庆			
	龙朔元年（公元661年）			
	麟德元年（公元664年）	银台阁		见于介山。含元殿前银台阁内并睹麟趾改元

续表

皇帝	年号	地点	宫室	备注
高宗	乾封元年（公元666年）		泰山	壬申御朝观坛大赦、改元
	总章元年（公元668年）	明堂	洛阳宫	明堂成，大赦、改元
	咸亨元年（公元670年）		太极宫	
	上元元年（公元674年）			
	仪凤元年（公元676年）			
	调露元年（公元679年）			
	永隆元年（公元680年）			
	开耀元年（公元681年）			
	永淳元年（公元682年）			
	弘道元年（公元683年）			
中宗	嗣圣元年（公元684年）			
睿宗	文明元年（公元684年）		洛阳宫	
	光宅元年（公元684年）		洛阳宫	
	垂拱元年（公元685年）		洛阳宫	
	永昌元年（公元689年）	万象神宫（明堂）	洛阳宫	神皇亲享明堂大赦天下
	载初元年（公元689年）	万象神宫（明堂）	洛阳宫	
武周	天授元年（公元690年）	则天门	洛阳宫	
	如意元年（公元692年）		洛阳宫	
	长寿元年（公元692年）		洛阳宫	
	延载元年（公元694年）		洛阳宫	
	证圣元年（公元695年）		洛阳宫	正月天堂火灾，延及明堂，二堂具毁
	天册万岁（公元695年）		洛阳宫	
	万岁登封（公元696年）	通天宫	洛阳宫	三月明堂落成
	万岁通天（公元696年）	通天宫	洛阳宫	
	神功元年（公元697年）	通天宫	洛阳宫	
	圣历元年（公元697年）		洛阳宫	
	久视元年（公元700年）		洛阳宫	
	大足元年（公元701年）		洛阳宫	
	长安元年（公元701年）		含元宫（大明宫）	
	神龙元年（公元705年）		太极宫	

续表

皇帝	年号	地点	宫室	备注
中宗	景龙元年（公元707年）	太极殿	太极宫	御太极殿，受尊号大赦、改元
李重茂	唐隆元年（公元710年）			
睿宗	景云元年（公元710年）	承天门	太极宫	
	太极元年（公元712年）			
	延和元年（公元712年）			
玄宗	先天元年（公元712年）			
	开元元年（公元713年）			
	天宝元年（公元742年）	勤政楼	兴庆宫	正月丁未朔，御勤政楼受朝贺，大赦、改元
肃宗	至德元年（公元756年）	即位于灵武改元		
	乾元元年（公元758年）	鸣凤门（丹凤门）	大明宫	册府：于兴庆殿奉太上皇尊号，礼毕大赦、改元
	上元元年（公元760年）	鸣凤门（丹凤门）	大明宫	
	宝应元年（公元762年）	丹凤门	大明宫	
代宗	广德元年（公元763年）			
	永泰元年（公元765年）	含元殿	大明宫 外朝	
	大历元年（公元766年）	含元殿	大明宫 外朝	
德宗	建中元年（公元780年）	含元殿	大明宫 外朝	
	兴元元年（公元784年）	含元殿	大明宫 外朝	酉朔御含元殿受朝贺大赦、改元
	贞元元年（公元785年）	含元殿	大明宫 外朝	
顺宗	永贞元年（公元805年）	丹凤门	大明宫	
宪宗	元和元年（公元806年）	丹凤门	大明宫	
穆宗	长庆元年（公元821年）	丹凤门	大明宫	
敬宗	宝历元年（公元825年）	丹凤门	大明宫	祀昊天上帝礼毕御丹凤楼大赦、改元
文宗	大和元年（公元827年）	丹凤门	大明宫	册府作宣政殿
	开成元年（公元836年）	宣政殿	大明宫 中朝	
武宗	会昌元年（公元841年）	丹凤门	大明宫	
宣宗	大中元年（公元847年）	丹凤门	大明宫	
懿宗	咸通元年（公元860年）	丹凤门	大明宫	

续表

皇帝	年号	地点	宫室	备注
僖宗	乾符元年（公元874年）	丹凤门	大明宫	
	广明元年（公元880年）	宣政殿	大明宫 中朝	
	中和元年（公元881年）			
	光启元年（公元885年）	宣政殿	大明宫 中朝	
	文德元年（公元888年）	承天门	太极宫	
昭宗	龙纪元年（公元889年）	武德殿	太极宫	正月御武德殿受朝贺，宣制大赦、改元
	大顺元年（公元890年）	武德殿	太极宫	御武德殿受朝贺，宰臣百官上徽号，礼毕大赦、改元
	景福元年（公元892年）	武德殿	太极宫	
	乾宁元年（公元894年）	武德殿	太极宫	
	光化元年（公元898年）			
	天复元年（公元901年）	长乐门	太极宫	太极宫南三门东门，“长乐门外若丘墟然，百官不朝”
	天祐元年（公元904年）	光政门（应天门西侧门）	洛阳宫	谒太庙礼毕御光政门大赦、改元

由统计可以看出，唐代大赦、改元的时机多样：新帝即位后、祭天后、元正大朝后，或在政治动乱后，都出现过大赦、改元的事件。可以说，这项仪式与嘉礼及吉礼并未形成必然的对应关系，而更多出于实际政治形势的需要。因此在讨论宫廷礼仪及其活动时，把其仪式作为单独的类型予以讨论，并探讨其进行的空间区域。

4.1.3 卤簿与仪仗制度

在传统封建国家中，礼制活动是最高阶层的特权同时也是责任。通过仪式的运作和反复操演整合国家。通过举国盛典的形式，重申家国天下的秩序观。前文分析了五礼的举行差异以及在宫中举行的位置，无论在东内还是西内，其主要举办场地都是中轴线上有着宽阔庭院的建筑群。在高密度的城市中开辟出一块宽阔空旷的场地，用以教化、行礼，这一空间本身便代表了天子在宇宙中的地位，超越了皇帝本人的德行并富有极强的精神感染力。

如果说五礼举行的场地是固定特征元素空间（fixed feature space）的话，那么在仪式上烘托威仪、重塑空间的便是作为半固定特征元素空间（semi-fixed feature space）[5]的卤簿仪仗。建成的宫殿是一个“永恒的人造景观”[6] 3，常规状态下，四季在此静止。只有在重大事件的时刻，才通过卤簿仪仗对这一静态的人造景观进行空间尺度、视觉效果以及精神感召力的重塑。其中，规格最高的非大驾行幸及大朝会莫属，它不仅从空间上装饰、重塑了仪式场所，并且在行为上，因其庞大的规模及复杂的调动，从行为上调动起皇城的全部机构和官员，反复强化了凝聚力。庞大的仪仗队伍及复杂的仪式活动涉及各决策部门、职能部门及服务部门，此两事一涉及吉礼、军礼，一涉及嘉礼，均采用了最高的卤簿仪仗规格。

福柯曾指出:“暴力或许是权力关系的原初形式，永恒秘密和最后手段”[7]。“卤簿”发端于军事防卫，便是暴力力量仪式化、装饰化处理后的结果。汉应劭《汉官仪》解释：“天子出车驾次第谓之卤，兵卫以甲盾居外为前导，皆谓之簿，故曰卤簿”；宋叶梦得《石林燕语》卷四：“唐人谓卤，橹也，甲楯之别名。凡兵卫以甲楯居外为前导，捍蔽其先后，皆著之簿籍，故曰‘卤簿’”。早在西周周王时，就以各地巡行为要务，明确的卤簿制度始设立于秦始皇时期，汉蔡邕《独断》卷下：“天子出，车驾次第谓之卤簿”，则是把卤簿认为是帝王所独享的队伍。唐卤簿制度的架构在《大唐开元礼》《唐六典》中均有详述。由军事防卫演变而来的卤簿制度形成一个复杂并极具展示性的组织系统，基本上是一组以君主乘坐的金根车为核心，由仪仗陈设、护卫军械、车马祥瑞及乐舞群体编制而成的大型队伍。根据王室活动的不同等级而区分规模和配置。

“空间配置传达了阶级与性别的层级关系。如果想了解神圣空间中的空间组织与摆设所具有的意义，那么对宗教仪式本身、参与其中的演员、观众以及仪式需求等等的认识将是不可或缺的”[8]。邵陆博士也在其博士论文中指出：卤簿仪仗的存在，在静止的朝堂仪式外形成了动态的宫廷意象，使得君主在移动的过程中仍然保持着被簇拥拱卫的态势。也向世人展示了华丽的政治景观，对天子的神圣价值起着烘托和放大的作用[9]。带着对卤簿与空间关系密不可分的这个认识，笔者尝试通过文献的整理对唐大驾卤簿及大朝仪仗在空间组织和层次上进行细致的梳理，以得到更直观有效的对比，并讨论其对权力空间的彰显作用。

3 作者认为皇宫是最“人工的人工”，为强调其静态的永恒，因而没有任何随着时令改变的因素存在，包括植物。

4 唐高宗、太宗时即如此行事，但高宗武后朝用辇，至玄宗朝恢复。而开元十一年冬（公元723年）玄宗祀南郊时，去途乘辂而往，礼毕骑马而还。改变了行幸郊祀的规制，此后皆以马骑于仪卫之内。而五辂及腰舆，仅用于大朝会卤簿陈设时使用。

5 以下活动整理自《唐会要卷九下·杂郊议下》《新唐书卷二三·仪卫志上》《大唐开元礼卷一》，经综合并取舍而成。

4.1.3.1 天子大驾卤簿

毋庸置疑，宫殿空间是皇权统治和管理手段中重要的一环，是一种有效的治理技术，肃穆的空间在政治活动中可以产生巨大的心理暗示。在空间的烘托下，权力得以确认并充分运转。当活动的场所转移到宫外时，卤簿作为半固定特征元素，复制模拟了这种空间上的权威感。

按《大唐开元礼》卷二《天子大驾卤簿》制度，仪仗队伍以辂车作为核心[4]，《通典》中记天宝五年诏："每载四时孟月。先择吉日祭昊天上帝，其皇地祇合祭。以次日祭九宫坛。皆令宰臣行礼奠祭。"按此，根据文献及礼法要求，我们可以整理想象出玄宗时每年大驾行幸合祭天地时的宏大活动场景[5]：

1. 筹备阶段

天子大驾卤簿的准备工作涉及多处寺监，包括人员的演练、陈设的筹备、消耗物资的准备运输以及市容整饬，若大驾目的为祭天，其相关工作还包括参与者的致斋。

（1）车马仪仗

凡将大驾出行，太仆寺乘黄署主掌天子车辂，根据出行类型选择五辂并进行修整装饰。出行之前40日，尚乘局根据车驾的颜色提供与之颜色相配的细马，乘黄署率驾士预先调习马匹。指南车等幅车所配牛马亦如是准备。

武器署平日纳陈设于武库，大驾行幸前整理仪仗以备卤簿。

（2）帐幕及排城

尚舍奉御负责在大驾行幸之前，预设3部帐幕，每部帐幕包括：古帐、大帐、次帐、小次帐、小帐，共5等。需要说明的是，"其诸帐内外又设六柱、四柱。"排城由连板组成，顾名思义，它模拟宫殿外围的城墙，在驻扎地做防护之用。显庆三年（公元658年）九月二十四日有司奏请造排车七百乘，拟在车驾行幸之时运载排城。帐外设柱及排城围护的形式，可以参考宋陈居中《文姬归汉图》，从图4-1-2中可见这种通过中柱和角柱，形成自然的庑顶轮廓的幄殿。四周并环有版

图4-1-2　宋画中的帐幕幄殿与四周排城（资料来源：中国古代建筑史宋陈居中《文姬归汉图》）

筑的围护墙体。

（3）位次

出发往行宫之前一日，尚舍奉御在太极殿西序及室内设御幄，俱北向。尚舍直长张帷在前楹下。守宫署在大驾巡幸出发之前，设王公、百官于承天门外，为次日百官站位的示意。太乐令在殿庭设宫悬，悬而不作。

（4）斋戒

天地祭祀之前七日，皇帝在后寝别殿散斋四日，在太极殿致斋二日，继而在行宫致斋一日。天子在祀前习礼、沐浴，并给明衣。其他参与大祀的斋祭官员在自宅散斋四日，在皇城中所在衙署致斋三日。其他在皇城中无办公场所者，均在太常社郊太庙斋坊安置。

（5）清洁

车驾亲行之前，预告州县及金吾，令平明清所行之路，道次不得见诸凶秽、吊丧问疾，不判署刑杀文书，不决罚罪人。

由筹备环节可以看出，当时的君主出行并不禁止城市居民观看，仅对街道环境和事务进行清洁和规范，以避免邪气冲撞。这也正是卤簿仪仗得以向国民彰显天子威仪的前提。太极宫前横街宽220米，朱雀大街宽155米，东西往延平门及延兴门的横街宽55米（图4-1-3）。在如此空旷的区域中行进，卤簿中的军卫仪仗与朝会时一样，起到重塑空间轮廓、围合不同空间段落的作用。

2. 当日出行

出行当日的仪式以太极殿为起点。天明时诸卫各部着其器服屯门列仗，皇帝采用与常日仪仗同样的曲直华盖以及警跸侍卫，举止差别在于，皇帝自西房出，落座时即御座东向而非南向，以示对上天的恭敬[10]。

此时随从出行的群官在承天门外候位。文官着礼服立于东朝堂前，面西；武官立于西朝堂之前，面东。其他六品以下官员，及二公，褒圣侯，朝集使以及诸方客使等一并等候君主车驾出，跟随到大祭祀所在。

侍中中书令以下核心官员俱到太极殿西阶奉迎天子，玉辂车便停在太极殿西阶前，车头南向。一千牛将军持长刀，与黄门侍郎、侍臣、赞者侯立车前。

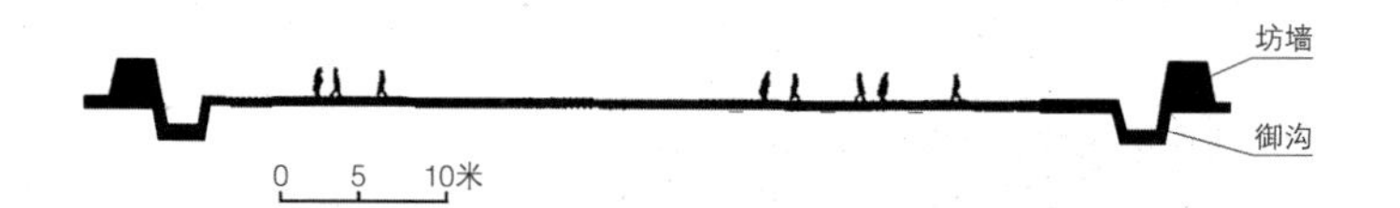

图4-1-3　唐长安东西横街剖面示意图（资料来源：唐长安坊里内部形态解析）

皇帝服衮冕，上辛服通天冠绛纱袍乘舆出。从西阶下，进入玉辂车。黄门侍郎奏请銮驾进发，得准后驾出承天门。

驾出承天门，侍臣皆在此时上马。侍卫官员各在黄麾内督其属左右翊驾。符宝郎奉六宝与殿中后部在黄钺内跟随。侍中、中书令以下则夹侍路前，赞者在供奉官内。千牛将军升马。侍郎奏“请发”。队伍在此正式出发。

在以上过程中，官员及卤簿队伍等候于承天门外的天街上，仪式的重心在于太极殿西阶请天子登车。随天子出承天门，整体大驾卤簿开始行进，并在过程中整合进其他官员，以最后正式进入长安城的城市空间。

3. 大驾卤簿的编组序列

出发后的大驾卤簿仪仗队伍的序列组织，按类型及文献陈述层次，将之划分为22组[6]，其中前21组线性排列，两侧外部一组人员为左右厢牙门旗。共约一万四千人，其具体构成如下：

（1）导驾六引

“万年县令引，次京兆尹，太常卿、司徒、御史大夫、兵部尚书，总有六引”。

各位官员都有其品级相应的卤薄及辂车。万年县令正五品，京兆尹从三品，太常卿正三品，司徒正一品，御史大夫从三品，兵部尚书正三品。品秩从低到高，尤以司徒最高。《大唐开元礼》中将官员卤簿列至四品，则除万年县令外，其他官员各有卤簿。按一品卤簿507人[7]，三品卤簿296人，则导驾六引的队伍约1500人。

（2）清游队

“左右金吾卫大将军各一人，带弓箭横刀，检校龙旗以前朱雀等队，各二人，次左右金吾卫各一人。次虞候佽飞四十八骑，平巾帻、绯裲裆、大口绔，带弓箭、横刀，夹道分左右，以属黄麾仗。次外铁甲佽飞二十四人，带弓箭、横刀，甲骑具装，分左右厢，皆六重，以属步甲队。左、右金吾卫大将军，率其属以清游队建白泽旗、朱雀旗以先驱，余依卤簿之法以从”。

清游队，由负责皇城治安的金吾卫将军主管，负责清理路上行人。其队前是各二骑引、夹的白泽、朱雀两面大旗，每面旗相关持护者5人。白泽旗、朱雀队都属于清游队队伍，有白泽旗两面，朱雀旗一面，清游队共计279人。

6 参考宋《延佑卤簿图》上题注，则宋时划分为43段。

7 以一品为例计：“第一品：清道四人，为二重；幰弩一骑。青衣十人，车辐十人，戟九十，绛引幡六，刀楯八十，弓箭八十，矟八十；㭎鼓、金钲各一，大鼓十六，长鸣十六，节一。夹矟二，唱上幡二，传教幡二，信幡六，誕马六，仪刀十六，府佐四人夹行。革辂一，驾四。马驾士十六人，繖一。朱漆团扇四，曲盖二，僚佐、本服、陪从、麾幡各一。大角八。铙吹一部：铙、箫、笳各四；横吹一部：横吹六，节鼓一，笛、箫、筚篥、笳各四”。

（3）指南等六车及引驾

“指南军、记里鼓车、白鹭车、鸾旗车、辟恶车、皮轩车，皆四马，有正道匠一人，驾士十四人，皆平巾帻、大品绔、绯衫。太卜令一人，居辟恶车，服如佽飞，执弓箭。左金吾卫队正一人，居皮轩车，服平巾帻、绯裲裆，银装仪刀，紫黄绶纷，执弩。次引驾十二重，重二人，皆骑，带横刀。自皮轩车后，属于细仗前，矟、弓箭相间，左右金吾卫果毅都尉各一人主之”。

大驾卤簿有属车十二，其核心玉辂前部有六辆属车，分别是指南车、记里鼓车、白鹭车、鸾旗车、辟恶车、皮轩车，共92人，引驾又有26人，计118人。其车驾样式按记载，记里鼓车，“车上为二层，皆有木人执槌。行一里，下一层击鼓；行十里，上一层击镯。白鹭车上施层楼，楼上有翔鹭栖焉”。文中所述的车辆形式及特色在后期的《延佑卤簿图》中还可见到端倪（图4-1-4）。

（4）前部鼓吹

自此处为细仗。按《大唐开元礼》中所记，这是一组庞大的鼓吹阵列[11]，其队伍人员主要来自鼓吹署。大驾行幸时，卤簿鼓吹分为前、后二部。由鼓吹令丞前导，乐工们骑马执乐器，按次第陈列。就本段而言，前部乐器包括：扛鼓12，夹金钲12；次大鼓120；次长鸣120；次铙鼓12，夹歌、箫、笳各24；次大横吹120，节鼓2，夹笛、箫、篥各24；次扛鼓12，夹金钲12；次小鼓120；次中鸣120，其中每鼓两人；次羽葆鼓12，夹歌、箫、笳各24。均骑马横行正道，其后又有10匹诞马，每匹都是两名驭者。再后是厩牧令、丞分列左右。共计1066人。

（5）行漏、相风（车）

《新唐书》仪卫志，“黄麾仗一，执者武弁、朱衣、革带，二人夹。次殿中侍御史二人导。次太史监一人，书令史一人，骑引相风、行漏舆。次相风舆，正道匠一人，舆士八人，服如正道匠。次四人，刻漏生四人，分左右。次行漏

图4-1-4　元祐卤簿图中的六车
（资料来源：《延佑卤簿图》）

舆，正道匠一人，舆士十四人。”[8]

此段核心为行漏舆及相风舆，即装有计时器械的舆车。宋高承《事物纪原·舆驾羽卫·钟鼓舆》中记，“隋《大业杂记》：‘大驾羽卫，有行漏车、钟车、鼓车。今为舆’”。又《宋史·舆服志一》：“行漏舆，隋大业行漏车也。制同钟、鼓楼而大，设刻漏如称衡。首垂铜钵，末有铜象，漆匮贮水，渴乌注水入钵中。长竿四，舆士六十人”。可见其行漏车计时功能与太极殿庭的钟鼓楼相当，此段共有65人。

（6）钑戟

“持钑前队。次御马二十四，分左右，各二人驭。次尚乘奉御二人，书令史二人，骑从。次左青龙右白虎旗，执者一人，服如正道匠，引、夹各二人，皆骑。次左右卫果毅都尉各一人，各领二十五骑，二十人执矟，四人持弩，一人带弓箭，行仪刀仗前”。

本段是对钑戟及御马的统计，人数规模86人。钑戟本为武器，在卤簿中作为仪仗中的陈设。在常朝时持戟于宫门外。按开元礼，御马亦分设于承天门及太极殿外。

（7）官员

次通事舍人，四人在左，四人在右。侍御史，一人在左，一人在右。御史中丞，一人在左，一人在右。左拾遗一人在左，右拾遗一人在右。左补阙一人在左，右补阙一人在右。起居郎一人在左，起居舍人一人在右。谏议大夫，一人在左，一人在右。给事中二人在左，中书舍人二人在右。黄门侍郎二人在左，中书侍郎二人在右。左散骑常侍一人在左，右散骑常侍一人在右。侍中二人在左，中书令二人在右。通事舍人以下，皆一人从。

此部分官员共38人。从其职官名称可以看出，初侍御史及御史中丞为御史台官员外，其他通事舍人、左拾遗、右拾遗等人均出自门下及中书两省。他们既是殿上职官，也是太极宫太极殿左右两省之官，距离天子尤其紧密。

（8）内仗

内仗[9]顾名思义为天子近卫，有常朝时

8 此处与《大唐开元礼》所记舆士四十人不符，当为笔误或晚唐规模萎缩。

9 香蹬一，有衣，绣以黄龙，执者四人，服如折冲都尉。次左右卫将军二人，分左右，领班剑、仪刀，和一人从。次班剑、仪刀，左右厢各十二行：第一左右卫亲卫各五十三人，第二左右卫亲卫各五十五人，第三左右卫勋卫各五十七人，第四左右卫勋卫各五十九人，各执金铜装班剑，纁朱绶纷；第五左右卫翊卫各六十一人，第六左右卫翊卫各六十三人，第七左右卫翊卫各六十五人，第八左右骁卫各六十七人，各执金铜装仪刀，绿綟绶纷；第九左右武卫翊卫各六十九人，第十左右威卫翊卫各七十一人，第十一左右领军卫翊卫各七十三人，第十二左右金吾卫翊卫各七十五人，各执银装仪刀，紫黄绶纷。自第一行有曲折三人陪后门，每行加一人，至第十二行曲折十四人。

次左右厢，诸卫中郎将主之，执班剑、仪刀，领亲、勋、翊卫。次左右卫郎将各一人，皆领散手翊卫三十人，佩横刀，骑，居副仗矟翊卫内。次左右骁卫郎将各一人，各领翊卫二十八人，甲骑具装，执副仗矟，居散手卫外。次左右卫供奉中郎将、郎将四人，各领亲、勋、翊卫四十八人，带横刀，骑，分左右，居三卫仗内。

护卫殿上的左右卫将军二人领衔，各带左右卫亲卫。班剑、仪刀均位于三卫之内，有222人。故此部分共有1770人。

（9）核心玉辂

次玉辂，驾六马，太仆卿驭之，驾士三十二人。凡五路，皆有副。驾士皆平巾帻、大口绔，衫从路色。玉路，服青衫。千牛卫将军一人陪乘，执金装长刀，左右卫大将军各一人骑夹，皆一人从，居供奉官后。次千牛卫将军一人，中郎将二人，皆一人从。次千牛备身、备身左右二人，骑，居玉路后，带横刀，执御刀、弓箭。次御马二，各一人驭。次左右监门校尉二人，骑，执银装仪刀，居后门内[12]。

天子玉辂是整个大驾卤簿的核心，如同正衙在宫室中的地位。祭天时，乘玉辂。天子外，其驾士、将军、郎将、备身相关人员共计51人。

（10）牙门

次牙门旗，二人执，四人夹，皆骑。次左右监门校尉各十二人骑，扩银装仪刀，督后门，十二行，仗头皆一人。次左右骁卫、翊卫各三队，居副仗矟外。次左右卫夹毂，厢各六队。

按《宋史·仪卫六·卤簿仪服》中的解释：牙门旗（者），古者，天子出建大牙。“牙”通“衙”，即牙门旗用以模仿天子居大衙时的各门。结合《大唐开元礼》对三队、六队的具体阐述，则牙门左右护卫共计642人。

（11）伞扇

次大繖二，执者骑，横行，居牙门后。次雉尾障扇四[10]，执者骑，夹繖。次腰舆，舆士八人。次小团雉尾扇四，方雉尾扇十二，花盖二，皆执者一人，夹腰舆。自大繖以下，执者服皆如折冲都尉。次掌辇四人，引辇。次大辇一，主辇二百人，平巾帻、黄丝布衫、大口绔、紫诞带、紫行縢、鞋袜。尚辇奉御二人，主腰舆，各书令史二人骑从。次殿中少监一人，督诸局供奉事，一人从。次诸司供奉官。

此段落共248人，花盖、方雉尾扇属于宫室殿中的仪仗陈设，可见此段以殿内伞扇及诸司贡奉官为主，是对天子御座左右伞扇供奉的重现。

（12）御马

次御马二十四，各二人驭，分左右。次尚乘直长二人，平巾帻、绯绔褶，书令史二人骑从，居御马后。

御马相关人员共52人。此处有见御马。

10 即孔雀扇，开元礼中为左右各四，计八扇。

考虑到常朝时御马与承天门及太极殿的对应关系，前段中既有御马也有戟，应合在承天门外。此处御马合在太极殿外。

（13）繖扇

次持钑沄。次大繖二，雉尾扇八，夹繖左右横行。次小雉尾扇。硃画团扇，皆十二，左右横行。次花盖二，叉二。次俾倪十二，左右横行。次玄武幢一，叉一，居绛麾内。次绛麾二，左右夹玄武幢。次细槊十二，孔雀为毦，左右横行，居绛麾后。自钑、戟以下，执者服如黄麾仗，唯玄武幢执者服如罕、毕。

相关人员共66人。繖扇队伍中有绛麾，《宋史·仪卫志六》中曰："绛麾如幢，止三层，紫罗囊蒙之"，以此作为之后黄麾仗的引导。

（14）后部鼓吹

"后黄麾，执者一人，夹二人，皆骑。次殿中侍御史二人，分左右，各令史二人骑从，居黄麾后。次大角。"

大角即后部鼓吹，按《通典》卷第一百六，有"大角百二十具，金吾果毅一人。领横行十重也。次后部鼓吹：羽葆鼓十二面，工人十二；歌箫笳各工人二十四。次铙鼓十二面，工人各十二；歌箫笳各工人二十四。次小横吹百二十具，工人百二十；节鼓二面，工人各二；笛、箫、筚篥、笳、桃皮筚篥各工人二十四"。则后部鼓吹队伍共772人。

（15）辇车

"方辇一，主辇二百人。次小辇一，主辇六十人。次小舆一，奉舆十二人，服如主辇。次尚辇直长二人，分左右，检校辇舆，皆书令史二人骑从。次左右武卫五牛旗舆五，赤青居左，黄居中，白黑居右，皆八人执之，平巾帻、大口绔，衫从旗色，左右威卫队正各一人主之，骑，执银装长刀。次乘黄令一人，丞一人，分左右，检校玉路，皆府史二人骑从。"

辇车作为玉辂的后备，共335人。

（16）辂车

"次金路、象路、革路、木路，皆驾六马，驾士三十二人。次五副路，皆驾四马，驾士三十八人。次耕根车，驾六马，驾士三十二人。次安车、四望车，皆驾四马，驾士二十四人。次羊车，驾果下马一，小史十四人。次属车十二乘，驾牛，驾士各八人。次门下、史书、秘书、殿中四省局官各一人，骑，分左右夹属车，各五人从，唯符宝以十二人从。次黄钺车，上建黄钺，驾二马，左武卫队正一人在车，驾士十二人。次豹尾车，驾二马，左武卫队正一人在车，驾士十二人。次左右威卫折冲都尉各一人，各领掩后二百人步从，五十人为行，大戟五十人，刀、楯、五十人，弓箭五十人，弩五十人，皆黑鍪、甲、覆膊、臂韝，横行。”

此部分是除禁卫队伍外，大驾卤簿中规模最庞大的段落，共计972人。以宫内服务机构的代表——门下、史书、秘书、殿中四省官为核心[11]。

（17）步甲队[12]

“次左右领军将军各一人。各二人执矟步从。次前后左右厢步甲队四十八队。前后各二十四队，鍪并铠弓刀楯，五色相间。队引各三十人。”

步甲队是主要的武装安防力量，其队伍以“厢”为单位，此段计1446人。

（18）黄麾仗

“左右厢黄麾仗，厢各十二部，部各十二行，并执弓刀戟楯及孔雀氅、鹅毛氅、鸡毛氅等，行引十人。左右领军黄麾仗，首尾厢各五色绣幡二十。厢各独揭鼓十二重。重二人，在黄麾仗外。次左右卫将军各一人。骁卫、武卫、威卫、领军卫各大将军一人。检校黄麾仗。”

黄麾仗是主要的执仪仗队伍，其队伍以“厢”为单位，此段计1492人。

（19）殳仗

“殳仗，左右厢各十八人。厢别二百五十人执殳，二百五十人执叉，每殳一叉一相间。”

此段计1036人。位于队伍左右纵向成线型布置。

（20）诸卫马队

诸卫马队[13]分左右厢，各24组。每组以旗为中心，持旗引护者5人，20人持槊，15人佩弓箭。除主帅外共计1920人。自十二旗后，属于玄武队，前后有主帅，有人执槊，余佩弩、弓箭。

贞观十二年（公元638年），玄武门设左右屯营，置飞骑，以南衙诸卫统领。飞骑以近距离的射猎及远程的攻防为主。诸卫马队，正反映了北部禁卫骑射的结构。

11 考虑到此书的完成背景，门下省自隋改制后不久，仍有符宝郎等服务性的功能。

12《开元礼》与《通典》中有步甲队与黄麾仗，《仪卫志》则未对此部分细述，故此按《开元礼》制度统计。

13 第一辟邪旗，左右金吾卫折冲都尉主；第二应龙旗，第三玉马旗，第四三角兽旗，左右领军卫果毅都尉主；第五黄龙负图旗，第六黄鹿旗，左右威卫折冲都尉主；第七飞麟旗，第八駃騠旗，第九鸾旗，左右武卫果毅都尉主；第十凤旗，第十一飞黄旗，左右骁卫折冲都尉主；第十二麟旗，第十三角端旗，以当御，第十四赤熊旗，左右卫折冲都尉主；第十五兕旗，第十六太平旗，左右骁卫果毅都尉主；第十七犀牛旗，第十八鵕鸃旗，第十九騼虬蜀旗，左右武卫折冲都尉主；第二十驺牙旗，第二十一苍乌旗，左右威卫果毅都尉主；第二十二白狼旗，第二十三龙马旗，第二十四金牛旗，左右领军卫折冲都尉主之。

14《古今图书集成》第520册，第4页。

（21）玄武队

“次玄武队，玄武旗一人执，二人引，二人夹。金吾折冲一人。领五十骑，分执矟弩。”

玄武队人员共56人，明示了仪仗队伍在此结束，与玄武门意同。

（22）牙门左右厢

“次玄武队前，大戟队后，当正道执殳仗行内置牙门一。二人执，四人夹，骑分左右。次牙门左右厢，各开五门，门二人执，四人夹，并骑分左右。第一门，居左右威卫黑质步甲队之后，白质步甲队之前；第二门，居左右卫步甲队之后，左右领军卫黄麾仗之前；第三门，居左右武卫黄麾仗之后，左右骁卫黄麾仗之前；第四门，居左右领军卫黄麾仗之后，左右卫步甲队之前；第五门，居左右武卫白质步甲队之后，黑质步甲队之前。五门别当步甲队黄麾仗前、马队后，各六人分左右，戎服大袍，带弓箭、横刀。

凡衙门，皆监门校尉六人，分左右，执银装长刀，骑。左右监门卫大将军、将军、中郎将，厢各巡行。校尉一人，往来检校诸门。中郎将各一人骑从。左右金吾卫将军循仗检校，各二人执槊骑从。左右金吾卫果毅都尉二人，纠察仗内不法，各一人骑从。”

左右厢牙门旗。队伍自戟队（承天门）起，至玄武队（玄武门）终。全程设置在玉辂车、步甲队及黄麾仗左右，作为五色布甲的划分边界，每门应有旗两面，各有一人持及两人夹。则相关者66人。

4. 象仪与象阙

仪象，作为象征太平的瑞兽，其象征意义见《周礼·天官·太宰》中记：“正月之吉始和，布治于邦国都鄙，乃县（悬）象之法于象魏，使万民观治象，挟日而敛之。”郑玄注引郑司农曰：“象魏，阙也”。贾公彦疏：“郑司农云：‘象魏，阙也’者，周公谓之象魏，雉门之外，两观阙高魏魏然，孔子谓之观。”[13]可见宫阙又称为象魏，或象阙。傅熹年先生认为，一般官僚用单阙，天子三阙，这不免令人延想到大朝会所在地含元殿之左右三重阙，或许又可与宋卤簿中之左右三象互为参照。

值得一提的是，尽管开元礼陈述备至，但都没有提及仪象的存在。据《避暑漫抄》载：“上（玄宗）西幸蜀，禄山以车辇、乐器及歌舞衣服，迫胁乐工，牵引犀象，驱掠舞马，尽入洛阳，复散于河北，向时之盛，扫地而尽矣。肃宗克复，方散求于人间，其后归于京师者十无一二”[14]，由此可见，玄宗时早已有大量仪象。考虑到出产大象的林邑自太宗时便与唐王朝建立了正常频繁的朝贡邦交[15]，其巨大的食量体型也非皇室不足以供养。则以象入卤簿在太宗时便已实行，《旧唐书》中记大陈设时，仗马在象次。由此看来大朝会仪仗中有仪象制度，但初唐行进的卤簿仪仗中却未必采纳了仪象。

发展至宋时，仪象正式列入了卤簿队伍的编组。《宋会要辑稿》方域三“坊驰坊段”中记载，“孝宗隆兴二年八月二十六日，兵部言：‘驰坊自来应奉郊祀大驾卤簿仪仗，前合用大象六头，准备象一头。监官三员，专典三人，人员二人，曹司一名，教头六人，簇象兵士四十九人，驾部职级、手分三人。’”又同篇中有，“驰坊言：‘大礼应奉象挂塔、莲花座、法物、头帽、衣带之属，合行申明，下所属排办。’”则宋时仪仗队伍之前左右各有三头象，身负莲花座、宝塔等物，可以视作是对唐代朝会陈设的一种继承，并一直持续影响至明清。

5. 统计与分析

由《大唐开元礼》卷一内容整理统计而出大驾卤簿的参与人员约有14423人，分为22组不同性质的队伍。参考唐以前隋大业二年（公元606年）炀帝出行时，“每出游幸，羽仪填街溢路，亘二十馀里”，唐时规模当不亚于此，关于唐天子卤簿相关的图像资料，现阶段主要图像证据见于懿德太子墓中的阙楼仪仗壁画。含元殿阙楼之后，紧接着绘有排列有序、阵容整齐的大型仪仗队伍，由196人组成，包括步行仪仗、骑马仪仗和车队等三部分。其中卫士均戴幞头，穿圆领长袍，腰配箭囊。其后，在三辆车辂前，排列着十几名侍臣持举伞扇。按《旧唐书・舆服志》，太子大朝时所用的辂车，前面有二伞、二圆扇、二长方扇。长方扇为太子大朝所用之伞扇。步行仪仗和骑马仪仗象征着太子仪仗的左右卫。太子大朝仪仗是仅次于天子仪仗的卤簿队伍，这也从侧面证明了《舆服志》《卤簿令》的准确性。

历经五代至北宋时，天子仪仗通过图像得到了完整全面的纪录，即“延佑卤簿”。就现存局部图中统计：其中共绘有官员兵士5481人、车辇61乘、马2873匹、牛36头、象6只、乐器1701件、兵杖1548件。就“延佑卤簿”中文字部分的记载而看，其规模制度已较唐代有了大幅缩减，据此比较，根据文献整理的《大唐开元礼中》参与人员约14400人也是有一定真实性的，在玄宗朝实际操作时，辇和辂

15《新唐书・南蛮列传》：“环王，本林邑也，……贞观（公元627年～649年）时，王头黎献驯象、镠锁、五色带、朝霞布、火珠，与婆利、罗刹二国使者偕来。……永徽（公元650年～655年）至天宝（公元742年～756年），凡三入献。……天宝八年（公元749年）曾送来真珠一百串、沉香三十斤、驯象二十只”。

车通常并不随行，尽管如此，人数也可过万余。

4.1.3.2　大朝会卤簿仪仗

筹备阶段：按《大唐开元礼》卷九十五、卷九十七所记：前两日，本司宣摄内外各司其职；前一日，尚舍奉御幄座于太极殿北壁，南向，铺御座如常。守宫设皇太子次于承天门外东朝堂之北，西向。设群官客使等次于东西朝堂。

（1）乐悬

太乐令展宫悬于殿廷；设麾于殿上西阶以西，东向。一位于悬乐东南，西向。鼓吹令分置十二案于建鼓之外；乘黄令陈车辂，尚辇奉御陈舆辇，尚舍奉御又设解剑席于悬西北横街之南。

其中，乐悬是展示和定位的重点，关于它的规模，《唐六典》中记载含元殿中设宫悬三十六架，在殿庭用以元日冬至朝会。但注释中进一步说明，高宗初成大明宫时，充庭七十二架。后止于二十架。又在四隅树建鼓，当乾坤艮巽之位，以象征二十四节气。编钟四架二十四口，象征二十四声，登歌一架，亦有二十四钟。定型成为雅乐的规制。按大驾卤簿中前后鼓吹的组织，则又有鼓吹1800人。

（2）辂车

天子銮辂及其属车十二乘在大陈设时，分左右陈列于仪卫之中。通过前文对大驾卤簿的梳理，已经可以判断出十二属车在大殿左右的位置，即右侧依次为：指南车、记里鼓车、白鹭车、鸾旗车、辟恶车、皮轩车，左侧依次设置安车、耕根车、四望车、羊车、豹尾车以及黄钺车。此外又有腰辇，设在辂车附近。

（3）仪卫陈设

其日依时刻将士填街，诸卫勒所部列黄麾大仗屯门及陈于殿廷，仪卫陈设人数最多，仪仗最盛。主要分为五大类，另有持扇等队伍（表4-1-5）。

元日、冬至大朝会的仪卫陈设规模　　表4-1-5

大类	名号	所属卫队	领队	位置	人数
内仗	内仗		左右金吾将军	内廊阁外	46
	左右引驾三卫		左右卫、三卫	朝堂	60
	引驾佽飞		金吾大将军各一；有主帅一	升殿	66
	千牛仗	千牛备身		升殿列御座左右	

续表

大类	名号	所属卫队	领队	位置	人数
黄麾仗	首左右厢各一部	左右领军卫	折冲都尉各一人	陈于庭。将军各一，大将军各一，左右领军卫大将军各一人检校	120×2+10×2=260
	左右厢皆一部	左右威卫	果毅都尉各一人		120×2+10×2=260
	厢各一部	左右武卫	折冲都尉各一人		120×2+10×2=260
	厢各一部	左右卫	折冲都尉各一人		120×2+10×2=260
	当御厢各一部	左右卫	果毅都尉各一		120×2+10×2=260
	后厢各一部	左右骁卫	折冲都尉各一		120×2+10×2=260
	后厢各一部	左右武卫	果毅都尉各一		120×2+10×2=260
	后左右厢各一部	左右威卫	折冲都尉各一		120×2+10×2=260
	后左右厢各一部	左右威卫	果毅都尉各一		120×2+10×2=260
	后左右厢各一部	左右领军卫	果毅都尉各一		120×2+10×2=260
	尽后左右厢				10×2=20
细仗	夹毂队		折冲都尉一、果毅都尉二		30×6×2+6=366
	黄旗仗	左右卫	主帅	两阶之次	40+3×2+6=246
	赤旗仗	左右骁卫		东西廊下	246
		亲、勋、翊卫仗	大将军；将军；郎将	左右厢	40×3×2+6=246
	白旗仗	左右武卫		东西廊下，骁卫之次	328
	黑旗仗	左右威卫		阶下	164
	青旗仗	左右领军卫		威卫之次	246
	钑、戟队		果毅执青龙旗，将军各一	东西廊下	288
殳仗	殳仗		将军一；左右卫各3，左右骁卫、左右武卫、左右威卫、左右领军卫各4	左右厢殳叉交错各500	1000
卫队		左右领军卫			320
		左右武卫			200
		左右威卫			160
		左右骁卫			160
		左右卫	主帅三十八人		160
步甲队			将军一人检校	左右厢	36×24×2×2=3456
辟邪旗队		左右金吾卫	折冲都尉各一		
清游队	清游队				112
	朱雀队		金吾卫折冲都尉一		47

续表

大类	名号	所属卫队	领队	位置	人数
清游队	龙旗				38
	玄武队				111
执扇		三卫		两厢	300人
共计					10986人

根据《开元礼》文字陈述，整理其朝贺时殿庭简要布局如图4-1-5所示，文中虽以太极宫中太极殿前殿庭空间为陈述对象，但与大明宫大朝形态尚有出入，与《六典》所记也颇有出入，这将是本章后面重点探讨的内容。

4.1.3.3　大驾卤簿与大朝会的关系探讨

“皇帝用黄麾仗一万零八百余人，骑三千九百余，共分八节，皇帝、皇太

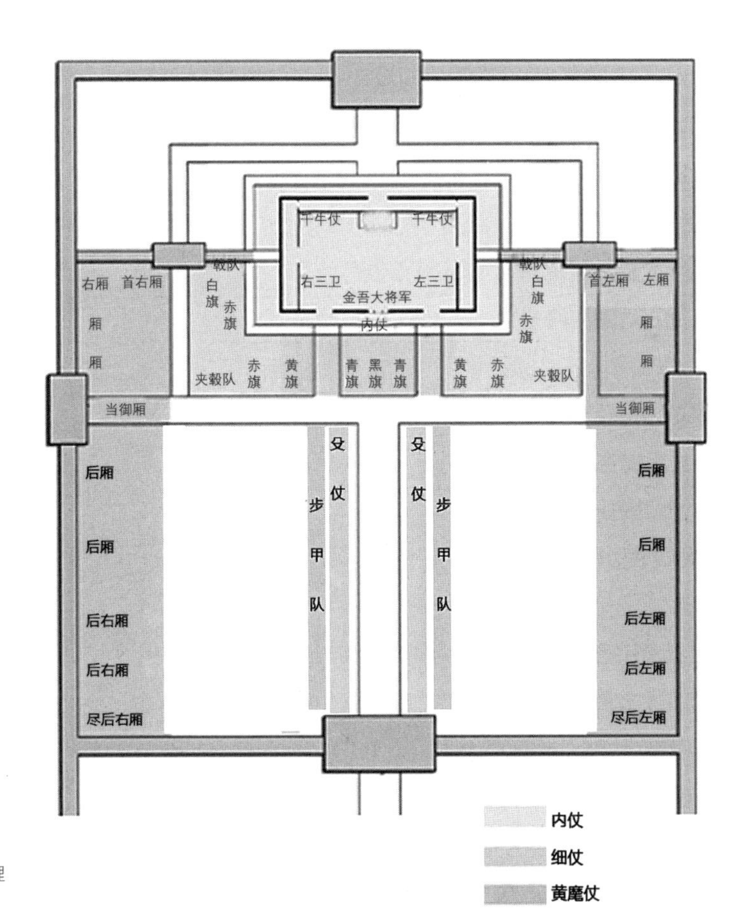

图4-1-5　由《大唐开元礼》整理而得的仪卫殿廷布局

后、皇后等在第六节”[14]这与根据《新唐书》仪卫志记载统计所得的10986人相近。对照大驾卤簿和大朝会卤簿，可以看出：

（1）大朝会的步甲队相当于大驾卤簿中步甲队与诸卫马队。不仅从数目编组上他们的规模对应，并且大驾中马队二十四旗的职能也由殿庭中的步甲队承担。

（2）大驾尾声之玄武队在大朝会中与朱雀队同隶属于清游队，即作为肃清队伍或殿庭南北的守卫，而不是指代东西大内的最北之玄武门。

（3）大驾队伍中的行漏、相风二车，用以铭记时刻，感受天象，这不属于规制中十二属车的范畴，却是与西内太极殿庭、东内宣政殿庭的钟鼓楼从功能上有所呼应。

（4）大驾卤簿中以天子为核心，当从队伍中把侍卫及官员组群剥离出来后，可以看到一个更清晰的仪仗结构层次，而这一层次呈现出前后对称的格式：六车—鼓吹—行漏—玉辂—伞扇—鼓吹—六车。如果将皇帝所在的玉辂理解为太极殿的代表，则与其说大驾卤簿是反映了从前朝到后寝的层进关系，不如说是对大朝殿庭由西向东陈设内容的浏览。

前文整理出了大驾卤簿中的22个片段，将之对应到太极殿庭大朝的布局中，可以更直观地意识到它们的对应关系（表4-1-6）。

大驾卤簿与宫室对照示意　　表4-1-6

编号	名称	其内容对应的宫内位置
1	导驾六引	皇城官署
2	清游队	皇城卫戍
3	引驾六车	殿庭陈设
4	前部鼓吹	殿庭左右陈设
5	行漏、相风二车	钟鼓楼
6	钑戟队	承天门戍卫
7	通事舍人等官员	中枢入殿官员
8	内仗	殿内卫戍
9	玉辂	御座
10	牙门旗	正殿大门
11	伞扇	殿内陈设
12	御马	正殿前仪马

续表

编号	名称	其内容对应的宫内位置
13	繖扇	殿外陈设
14	后部鼓吹	殿庭左右陈设
15	辇车	御座后备
16	辂车	宫内服务机构
17	步甲队	殿庭卫戍
18	黄麾仗	殿庭仪仗
19	殳仗	殿庭仪仗
20	诸卫马队	北门飞骑禁军
21	玄武队	玄武门
22	牙门左右厢	正殿左右厢

由表4-1-6可见，大驾卤簿中的队伍脱胎于以正衙为核心的宫城。在都城的行进过程中重新演绎了宫室的轴线层次，队伍中心细致地模拟了宫城正衙殿庭内外。大驾卤簿在行进中，展开了一幅对应于大朝会空间的布局格式的画卷，随着不同段落的依次行进，再现了从殿庭大门自南而北朝贺时，经过各司长官、鼓吹乐悬、穿过两侧钟鼓楼（相风车、行漏车），由殿中御史引入殿内，并最终到达核心——天子御座（玉辂）前的视觉体验。之后，视角一一掠过天子殿庭中的卫戍将军侍卫、伞扇华盖，出殿后，依次展开的是东西閤门及两厢廊下的卫戍旗仗，与大朝会时的黄麾仗布置存在一一对照的关系。如果说幄仗排城是用以在帝王出行的目的地模拟构筑一座宫室，那么卤簿仪仗就是在途中模拟出一座“移动的宫殿”。唐天子居曰“衙”，行曰“驾”。大驾卤簿与大朝会便是最为重要的“衙”“驾”二事，两者存在部分对仗的关系，但又有明显的差异。从效果的辐射范围而言，大驾卤簿具有更高的开放性和可欣赏性，它作为一组行进中的、动态的大朝殿庭再现，成为天子出行时宣威四方、仪动天下的最直观的背景，也是历代封建王朝所谓“以礼治国”的有力武器。

4.2 太极宫的仪式与殿庭空间

唐太极宫前朝正殿的空间格局由于各时期建设叠加，特别是近代城市扩张，一直未能得到全面的考古发掘，其遗址多不可查。研究者们仅能从已发掘的大明宫以及后代宫室的格局结构进行类比论证推测，以探索其布局格式。从仪式活动的角度讨论太极宫正殿——太极殿的尺度格局有如下历史学研究者的部分成果：渡边信一郎先生在《元会的建构——中国古代帝国的朝政与礼仪》一文中做出过基本的关系推测，并绘出了自己理解下的太极宫殿庭布局[15]：其中太极殿庭有横街三道，嘉德门、太极门、太极殿各有东西门，太极殿庭被其中对应的道路划分为十六片区域；古濑奈津子在其《遣唐使眼里的中国》中也提出了自己理解的太极殿庭大朝官员站位格局[16]，其殿庭布局以平冈武夫的太极宫研究为基础，认为殿庭被东西横街划分为四部分，官员均在横街南，成三面围合式列位。但是，这些图示作为历史学家的研究，在空间的尺度和复杂陈设的分布上考虑均有所不足。本节即立足典籍中仪式陈设、活动的描述，结合唐代空间尺度比例研究的进展，以及卤簿陈列、官员布局的可行性及合理性，讨论太极宫前朝区域的空间形态及性质。

4.2.1 元正日官员的殿庭布局

元日（元正）大朝会始于东汉，以正月为岁首，元日亦定为“大朝，受贺”。魏晋宋齐梁陈皆因袭。至唐称之为元正，并增加冬至，“皇帝元正、冬至受群臣朝贺而会”。因认为冬至时一阳初生，万物潜动，所以自古圣帝明王皆以此日朝万国、观云物。“礼之大者，莫逾是时”[17]。元正大朝作为规模最盛的朝会，嘉礼七项均围绕此事展开，当日帝后分别受皇太子、皇太子妃、群臣并外命妇朝贺，是宫室外朝建筑群中最重要的典礼。

前文整理过冬至大朝会时的卤簿陈列，是对静态的陈设场景的梳理。其动态活动则是元正大朝的灵魂，主要内容就是天子起居行动以及百官进退的仪式。《大唐开元礼》卷九十五“皇帝元正冬至受皇太子朝贺”以及卷九十七“皇帝元正冬至受群臣朝贺”详细记述了这一过程的举止、路线、对话及音乐。需要说明的是，《开元礼》中将之归结为两项嘉礼，三个部分，即皇太子朝仪、群臣朝仪以及群臣会仪。整理文献中记载，并

16 开元二十五年，李林甫对旧元正仪进行了调整，增加了礼毕的拜贺程序。此外，除了当日在宫内的活动，宫外尚有庙坛祭祀：元正当日，令摄官祀南郊圜丘。此事行事极早，天初明时即完成。

结合及制度规定，将当日的动态仪式活动划分为以下四项程序及一个附加项[16]，一一进行阐述。

4.2.1.1 就位

皇帝服通天冠、衮冕临轩，先是侍中版奏皇帝乘舆自后宫出。身后有曲臂华盖、警跸侍卫。近仗就次，陈于阁外；太乐令率乐工入太极殿就位，协律郎入太极殿就举麾位，诸侍卫之官各服其器服。皇帝将出时，太乐令令撞黄钟之钟右五钟，协律郎起奏太和之乐，鼓吹振作。此时天子自太极殿西房出，即御座，坐北南向。符宝郎奉宝置于御座上。协律郎令乐工止奏。殿外，二王后及百官、朝集使、皇亲、诸亲并朝服陪位[18]。站位规范详见《开元礼》，择取其陈述内容如下：

设皇太子位于横街南道，东北向，设典仪位于悬之东北，赞者二人在南，差退俱西向奉礼。

设文官三品以上位于横街之南道东；介公酅公位于道西；武官三品以上于介公酅公之西少南。俱每等异位。重行北向，相对为首。

设文官四品五品位于悬东，六品以下于横街之南，每等异位，重行西面北上。

设诸州朝集使位都督刺史及三品以上东方南方于文官三品之东，重行北面西上。西方北方于武官三品之西，重行北面东上。四品以下皆分方位于文武官当品之下，诸州使人分方位于朝集使之下，亦如之设诸亲位于四品五品之南（宗亲在东，异姓在西）。

设诸方客位三等以上，东方南方于东方，朝集使之东，每国异位重行，北面西上。西方北方于西方朝集使之西，每国异位重行，北面东上。

四等以下分方位于朝集使六品之下，重行，每等异位。

设典仪位于悬之东北，赞者二人在南少退，俱西向。

奉礼设门外位，文官于东朝堂，每等异位，重行西向。介公酅公于西朝堂之前，武官于介公酅公之南少退，每等异位重行，东向。诸亲位于文武官四品五品之南（亲在东，异姓亲在西）。设诸州朝集使位东方南方于宗亲之南，每等异位重行西向；西方北方于异姓亲之南，每等异位重行东向。诸州使人分方位于朝集使之下，亦如之。

诸方客位东方南方于东方朝集使之南，每国异位重行，西面北上；西方北方于西方朝集使之南，东面北上。

其日依时刻，将士填街，诸卫列所部黄麾大仗屯门及陈于殿庭如常仪。

整理此段文字，在太极殿庭中以横街及乐悬为标识。按品秩、文武、地理远近排序站位，可以得到如图4-2-1所示两个空间内的站位布局。

4.2.1.2　献寿

1. 皇太子献寿

皇太子乘金辂出东宫重明门，三师乘车导，三少乘车从，东宫文武官员皆乘马跟从。至长乐门，太子降辂。

舍人引皇太子，三师三少导从，立于太极门外之东，西面。

舍人引皇太子入就位。（诸卫率左右庶子以下从入者立于皇太子东南西面，北上。）

皇太子初入门，奏舒和之乐，至位止。

典仪曰再拜，赞者承传皇太子再拜，舍人引皇太子诣西阶，皇太子初行乐作，至阶乐止。

舍人引皇太子升阶，当御座前，北面跪贺：“元正首祚，景福惟新；伏维陛下，与天同休。”毕由舍人引降乐起复位乐止。

皇太子再拜。侍中前承制降诣皇太子东北西向称有制，皇太子再拜，宣制言乞，皇太子又再拜。典仪唱再拜，皇太子又再拜。舍人引皇太子出。公王入朝贺。

在皇太子朝之后，皇太子自殿中退出后，由典谒引王公以下入。

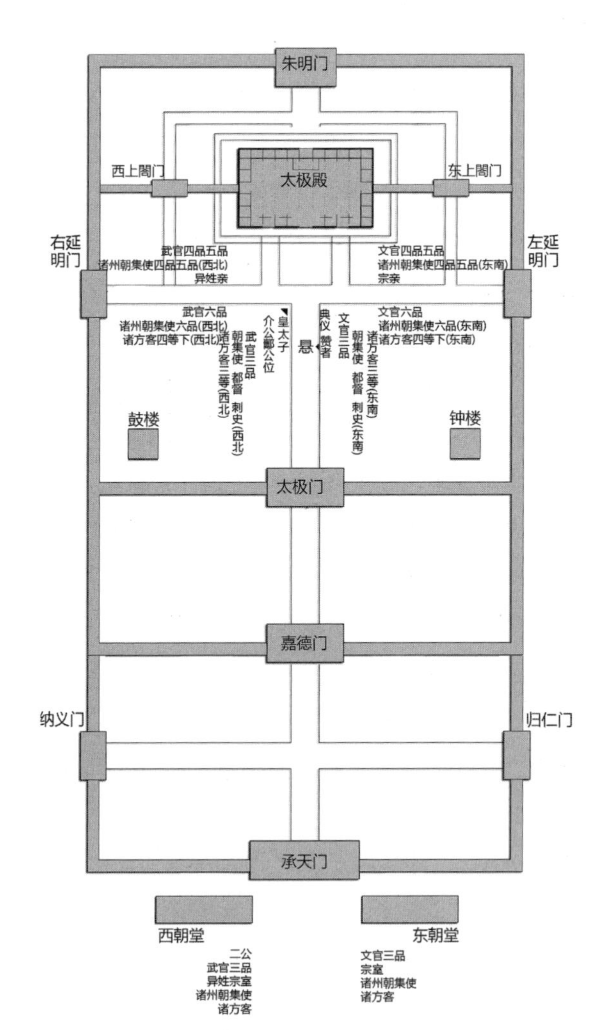

图4-2-1　太极宫朝会站位图示意

2. 上公献寿

太子朝出，通事舍人因王公以下及诸客使等以次入就位。公初入门，又奏舒和之乐，公至位乐止。群官客使等立定，典仪曰：再拜，赞者承传群官客使等皆再拜讫。

通事舍人引上公一人诣西阶，公初行，乐作，至解剑席，乐止。公就席脱？跪解剑置于席，俛伏兴。

通事舍人引升阶，进当御座前，北面。跪贺，称某官臣某言元正首祚，景福惟新，伏维开元，神武皇帝陛下与天同休。人免与通事舍人引降阶言旨席后，公跪佩剑纳履。乐作，复横街南位，乐止。群官客使等俱再拜，侍中前承诏降诣，群官东北西面称有制，群官客使等皆再拜，宣制。宣制讫，群官客使等皆再拜讫，舞蹈三，称万岁讫，又再拜，侍中还侍位。

皇太子及上公献寿这两项活动皆发生在太极殿内（图4-2-2）。这部分仪式的核心内容是天子接受皇室继承人的朝贺，同时通过接受二公的朝贺，展现前朝后人对李唐王权的臣服和认可。仪式从太子自东宫出行便开始，以进入殿内完成贺仪为结束。

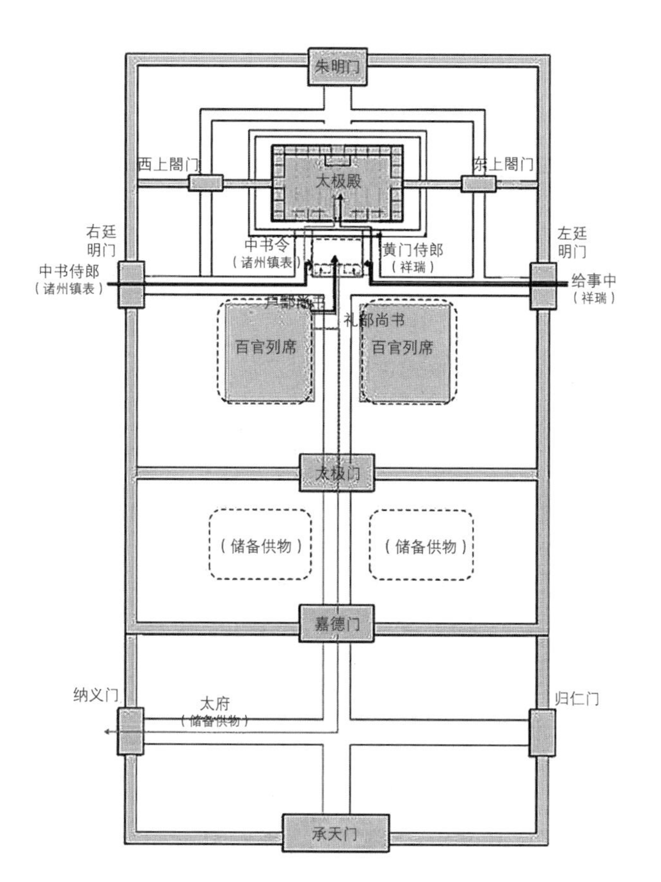

图4-2-2 殿庭内活动行进示意

4.2.1.3 上贺表及祥瑞、贡献

这一阶段分别是由中书令奏诸州表，以及黄门侍郎奏祥瑞。中书令是总掌各职官机构的领导，此段犹如古代诸侯向周王述职，代表着是各层各地官僚体系向天子的朝贺与服从；黄门侍郎为门下省官，作为全国总理机构的代表向君主上奏各方祥瑞，以表现宏观国家层面的臣服敬意。

初，群官将朝，①中书侍郎以诸州镇表别为一案候于右延明门（月华门）外，给事中以祥瑞案于左延明门（日华门）外，俱令史绛公服对举案侍郎。给事中俱就侍臣班。②客使初入户部，以诸州贡物陈于太极门东西厢，礼部以诸蕃贡物量可持者，蕃客手持入就内位。其重大者陈于朝堂前。③初上公将入门，中书侍郎降引表案入诣西阶下东面立，给事中降引祥瑞案入诣东西阶下，西面立。上公将升，贺中书令，黄门侍郎俱降，各立于阶下。

④初，上公升阶，中书令黄门侍郎各取所奏之文以次升，上公贺讫，中书令前跪奏诸方表讫，黄门侍郎又进，跪奏祥瑞讫，俱降。置所奏之文于案，各还侍位。⑤侍郎与给事中引案退至东西阶前案，遂出。侍郎、给事中还侍位。⑥初，侍中宣制讫，朝集使及蕃客皆再拜，讫。⑦户部尚书进诣阶间北面，跪奏，贺黄门侍郎所奏祥瑞，退复位。⑧礼部尚书以次进诣阶间北面，跪奏，称诸蕃贡物请伏所司，制获肯定后退复位。

⑨侍中还侍位，太府率其属受诸州及诸蕃贡物出归仁纳义门，持物者随之。

⑩典仪曰，再拜。通事舍人以次引北面位者出公，初行乐作，出门乐止。侍中前跪奏，称礼毕。皇帝兴，太乐令令撞蕤宾之钟，左五钟皆应，奏太和之乐，鼓吹振作，皇帝降座御辇入自东房，侍卫警跸如来仪，侍臣从至阁，乐止。通事舍人引东西面位者以次出。（蕃客先出）

在这一环节，仪式空间扩大到太极殿左右的行政区域，即中书侍郎在右延明门，给事中在左延明门。同时向南扩大到太极门。诸州镇表体现了当年的国家形势及管理成就，祥瑞体现天地万物对天子的赞美和认可；户部作为财政部门介绍国家经济形势，礼部作为外交部门展现各国的贡献，太史令从天象层面分析吉凶水旱，以展示天命对此的认可。这也是朝贺仪的核心，即国家各环节对君主的一致臣服。这一仪式章程及空间组织方式一直传承延续到后继各朝，在清《万国来朝图》中仍保持了这一形式（图4-2-3）。

4.2.1.4 （宴）会

“会”之一词见于《大唐开元礼》卷第九十七“皇帝元正冬至受群臣朝贺”之第二阶段，即朝贺结束之后。其内容又可以分解为布局和活动两个体系。

布局体现着官员之间、官员与皇帝之间的关系，基本可以理解为是朝贺时殿庭站位的再现。

朝讫，太乐令设登歌于殿上，引二舞入，立于悬南，尚舍奉御铺群官升殿者

图4-2-3 清代太和门外上祥瑞及贡献（资料来源：清《万国来朝图》局部）

座，文官三品以上于御座东南西向，二公于御座西南东向，武官三品以上于二公之后，朝集使、都督、刺史及三品以上东方、南方于文官三品之后，西方、北方于武官三品之后，蕃客三等以上东方南方于东方朝集使之后，西方北方于西方朝集使之后，俱重行，每等异位以北为上，设不升殿者座各于其位，又设群臣解剑席于悬之西北、横街之南，立如常仪。

尚食奉御设寿尊于殿上东序之端，西向，设坫于尊南，加爵一。太官令设升殿者酒尊于东西厢近北，设殿庭群官酒尊各于其座之南，皆有坫。幂俱障以帷施，设讫。

以文献为依据，笔者尝试绘制大朝宴会的殿庭内外布局如图4-2-4所示。宴会阶段的核心空间是太极殿内，三品以上方可参与进入。其座次再次重现了

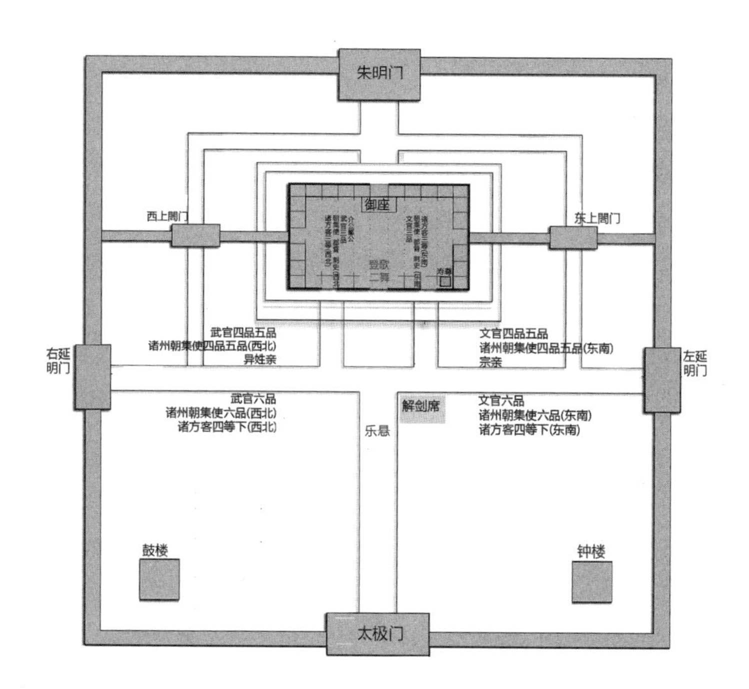

图4-2-4 （宴）会殿廷布局示意

图4-2-5 马和之《鹿鸣之什图》局部（资料来源：《宋高宗书孝经马和之绘图册》）

朝贺时各级官员及各地方朝集使的品秩关系，以天子为中心，呈层进拱卫的格式。这一秩序还通过地面铺设加以强调，“殿中得立五花砖”，虽是紫宸旧事[17]，也反映了殿内外装饰与品秩区别的关系。宋承唐制，这一以东西阶分主次的形式一直被两宋所继承，在马和之的《诗经小雅·鹿鸣之什图》鹿鸣篇中，便描绘了宫殿中嘉宾与臣下列坐两侧、君主宴嘉宾臣下之事（图4-2-5）。殿外丹墀之下内侍环立，乐工鼓吹奏乐。其中的东西阶、多层次的丹陛，以及殿内与宴者席位重行北向的布置都与开元礼中所述方位关系相类似。

4.2.1.5　承天门大赦

《大唐开元礼》卷第一百二十九有“宣赦书”一节。大赦通常在朝贺仪结束之后进行，规制的仪式章程中，君主并不现身，其意志以诏书的形式传达到宫城外。

“其日质明，本司承诏宣告内外随职供办。守宫设文武群官次于朝堂如常仪，群官依时刻皆集朝堂，俱就次。各服其服。奉礼设文武群官版位于顺天门外东西朝堂之南，文东武西，重行北面，相对为首。设中书令位于群官西北，东向。

①刑部侍郎帅其属，先取金鸡于东朝堂之东，南向。置鼓、板于金鸡之南，遂击鼓，每一鼓投一板，刑部侍郎录京师见囚集于群官之南，北面西上。囚集讫，鼓止。

②通事舍人引群官各就位，中书令受诏讫，遂以诏书置于案，令史二人对

举案，通事舍人引中书令持幡节者前导，持案者次之，诣门外位立。持节者立于中书令之南少西，令史举案者立于中书令之西北，俱东面立定。③持节者脱节衣，持案者进诣中书令前，中书令取诏书，持案者以案退，复位。④中书令称有诏书，群官皆再拜，宣讫，群官又再拜，舞蹈，又再拜。⑤刑部释囚。刑部尚书前受诏书，退复位。⑥持节者加节衣。通事舍人引中书令幡节前导而行，又通事舍人引群官还次。”

初唐制度，宣赦书一事在顺天门举行，此处即神龙元年之后所称的承天门。在承天门外的东朝堂东设有金鸡竿，参与者既有百官也有及待释放的囚犯，仪式以中书令及诏书为中心。随着大内的东移，这一仪式也转移至大明宫丹凤门，并在后世逐渐演变成为规模更盛、参与人员更多的仪式活动，并成为皇城宫城交界处重要的仪式事件，被赋予施恩天下的意义。

4.2.2 警戒戍卫分布

《大唐开元礼》中所载礼仪流程是针对群官举止程序的，而《新唐书·卷二三·仪卫志上》记录了卫戍当日的布局位置。元日冬至大朝会、宴见蕃国王时，供奉仗（即左右卫，平日带刀捉仗，列坐于东西廊下）、散手仗（亲、勋翊卫）立于殿上，庭内陈列有黄麾仗、乐县（乐悬）、五路、五副路、属车、舆辇、伞二、翰一，此外，三卫三百人执扇一百五十六，列于两厢。其中人数最多、威仪最盛的即由五卫官兵组成的仪仗队伍。其具体规制组成包括：

“仗则有黄麾仗、细仗、仪刀、仗殳，仗卫则有亲勋、翊卫、散手卫，仪物有曲直华盖、六宝香蹬、大伞、雉尾障扇、雉尾扇、方雉尾扇、花盖、小雉尾扇、朱画团扇、俾倪之属”[19]。

4.2.2.1 黄麾仗

黄麾仗列在左右厢前，各十二部，每一部的兵士的具体组成为120人，每行10人。每一部黄麾仗内，设置一鼓，内部包括左右卫、左右骁卫、左右武卫、左右威卫将军各一人，大将军各一人，左右领军卫大将军各一人。首尾厢皆绛引旛，二十引前，十掩后。十厢各独揭鼓十二重，每重二人，居黄麾仗外[18]。黄麾仗是主要的执仪仗队伍，其队伍

17 唐李肇《国史补》下：“御史故事，大朝会则监察押班，……紫宸最近，用六品，殿中得立五花砖。”

18 其中120人组成的各部的具体仪表装扮及所持武器依次为：第一行长戟，六色氅，领军卫赤氅，威卫青氅、黑氅，武卫鹜氅，骁卫白氅，左右卫黄氅，黄地云花袄。第二行仪锽，五色幡，赤地云花袄、冒。第三行大稍，小孔雀氅，黑地云花袄、冒。第四行小戟、刀、楯，白地云花袄、冒。第五行短戟，大五色鹦鹉毛氅，青地云花袄、冒。第六行细射弓箭，赤地四色云花袄、冒。第七行小稍，小五色鹦鹉毛氅，黄地云花袄、冒。第八行金花朱縢格楯刀，赤地云花袄、冒。第九行戎鸡毛氅，黑地云花袄、冒。第十行细射弓箭，白地云花袄、冒。第十一行大铤，白毦，青地云花袄、冒。第十二行金花绿縢格楯刀，赤地四色云花袄、冒。十二行皆有行縢、鞋、縢。

以“厢”为单位，此段计1492人。

太极殿左右厢前共二十四个方阵，这些方阵的分布形态依次为：

（1）左右厢各二部，左右领军卫折冲都尉各一人，领主帅各十人。

（2）左右厢皆一部，左右威卫果毅都尉各一人，领主帅各十人。

（3）厢各一部，左右武卫折冲都尉各一人，主帅各十人。

（4）厢各一部，左右卫折冲都尉各一人，主帅各十人。

（5）当御厢各一部，左右卫果毅都尉各一人，主帅各十人。

（6）后厢各一部，左右骁卫折冲都尉各一人，主帅各十人。

（7）后厢各二部，左右武卫果毅都尉各一人，主帅各十人。

（8）后左右厢各一部，左右威卫折冲都尉各一人，主帅各十人。

（9）后左右厢各一部，左右威卫果毅都尉各一人，主帅各十人。

（10）后左右厢各一部，左右领军卫果毅都尉各一人，主帅各十人。

（11）尽后左右厢，军卫、主帅各十人护后。

这一陈述颇有可讨论之处，无论是军队编制的“厢”，还是厢房的“厢”，其词源都可追溯到“箱”字，即指其方正形态。在黄麾仗队伍分布的陈述中，以“当御厢”的左右卫为核心，前三部，后三部，分别对称排列了“左右领军卫、左右威卫、左右武卫”的军士。其中三部“后厢”又令人回想起太极殿庭中之“东、西序”以及后房。根据黄麾仗的陈设描述，可以对应转化为一座九开间的殿堂，其中并有后房（图4-2-6）。

按本书第2章的论述，先唐太极殿庭前左右有东西厢（堂），当大朝会之际，太极殿作为仪式的主场地，殿庭中满布仪仗，其队伍的站位势必也与东、西二堂保持一定的对位关系。又一值得注意的是，文献《大唐开元礼》陈述元正大朝会的宴会布局时，也提到了“东西厢”[20] 19，在东西厢靠北处为进入正殿的官员设酒尊，可见应有东西厢位于正殿左右且偏南。关于隋唐太极殿庭的格局由于没有直接的考古佐证，东西两侧除左右延明门外是否有厢房还未有定论，但从唐制黄麾仗的队伍的格局来看，又考虑到开元礼中的记载，朝会空间还是颇有存在左右厢建筑的可能性。

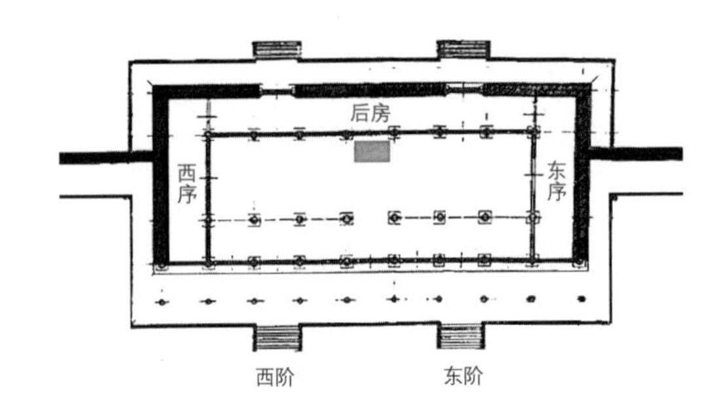

图4-2-6　黄麾仗对应殿堂示意

4.2.2.2 细仗

细仗一词来自《玉海》，与黄麾仗有别。是一组举持旗帜、围护车辇为主的仪仗。它的位置位于太极殿南，属于仪仗的主要展开面。其具体内容相当于大驾卤簿中二十四旗马队与钑戟、牙门队伍。

1. 夹毂队（对应大驾六车）

文献记夹毂队[20]在两厢，左右各六队。其名称“夹毂”，应在六车两侧，则六车分别在两厢前，每车左右有一三十人规模的队伍，分着朱色、白色及黑色。

2. 左右卫黄旗仗（对应大驾卤簿马队）

左右卫黄旗仗[21]在太极殿两阶之次，主色为黄。

3. 左右骁卫赤旗仗（对应大驾卤簿牙门段）

左右骁卫赤旗仗[22]坐于东西廊下，共有旗队五支，分别为凤旗、飞黄旗、吉利旗、兕旗以及太平旗。又每厢有新、勋、翊卫三队的仪仗压角。

4. 左右武卫白旗仗（对应大驾卤簿马队）

左右武卫白旗仗[23]位于赤旗仗外侧。色主白。有八支旗队，分别为五牛旗、飞麟旗、駃騠旗、鸾旗、犀牛旗、鵔鸃旗、骐驎旗及騼队。

5. 黑旗仗青旗仗（对应大驾卤簿马队）

威卫黑旗仗[24]位置在正殿阶下，有旗队四，黄龙负图旗、黄鹿旗、驺牙旗、鸾旗。左右又有领军卫青旗仗，色皆青，有旗六队：应龙旗、玉马旗、三角兽旗、白狼旗、龙马旗、金牛旗。

6. 前队（对应大驾卤簿钑戟段）

前队[25]中有绛引旛一，金节十二，分左右。后又有两行经幢，与大驾卤簿中伞扇构成相似。钑、戟队各一百四十四人，分左右三行应跸，与大驾卤簿中戟队相似。

4.2.2.3 殳仗仪刀

殳仗队伍规模较大驾卤簿时规模翻倍，

19 太官令设升殿者酒尊于东西厢近北，设殿庭群官酒尊各于其座之南，皆有坫。

20 厢各六队，队三十人……。第一队、第四队，朱质鍪、铠，绯绔。第二队、第五队，白质鍪、铠，紫绔。第三队、第六队，黑质鍪、铠，皂绔。

21 鍪、甲、弓、箭、刀、楯皆黄，队有主帅以下四十人……。第一麟旗队，第二角端旗队，第三赤熊旗队，折冲都尉各一人检校，戎服，被大袍，佩弓箭、横弓。

22 坐于东西廊下，鍪、甲、弓、箭、刀、楯皆赤，主帅以下如左右卫。第一凤旗队，第二飞黄旗队，折冲都尉各一人检校。第三吉利旗队，第四兕旗队，第五太平旗队，果毅都尉各一人检校。又有新、勋、翊卫仗，厢各三队压角……；执矟二十人，带即四人，带弓箭十一人。

23 白旗仗居骁卫之次，鍪、甲、弓、箭、刀、楯皆白。第一五牛旗队，黄旗居内，赤青居左，白黑居右，各八人执。第二飞麟旗队，第三駃騠旗队，第四鸾旗队，果毅都尉各一人检校。第五犀牛旗队，第六鵔鸃旗队，第七骐驎旗队，第八騼队。

24 立于阶下，鍪、甲、弓、箭、楯、矟皆黑，主帅以下如左右卫。第一黄龙负图旗队，第二黄鹿旗队，第三驺牙旗队，第四鸾旗队，果毅都尉各一人检校。次左右领军卫青旗仗，居威卫之次，鍪、甲、弓、箭、楯皆青，主帅以下如左右卫。第一应龙旗队，第二玉马旗队，第三三角兽旗队，果毅都尉各一人检校；第四白狼旗队，第五龙马旗队，第六金牛旗队，折冲都尉各一人检校。

25 前队执银装长刀，紫黄绶纷。绛引旛一，金节十二，分左右。次罕、毕、朱雀幢、叉，青龙、白虎幢，道盖、叉，各一。自绛引旛以下，执者服如黄麾。执罕、毕及幢者，平陵冠、朱衣、革带。左罕右毕，左青龙右白虎。称长一人，出则告警，服如黄麾。钑、戟队各一百四十四人，分左右三行应跸，服如黄麾。

为一千人，东西厢分别有二百五十人执殳、二百五十人执叉，殳、叉以次相间。又左右领军卫各一百六十人，左右武卫各一百人，左右威卫、左右骁卫、左右卫各八十人。

4.2.2.4 步甲队

步甲队分布在东西厢前后，每厢各四十八队，前后皆二十四。依赤青黑白黄颜色排列[26]。

4.2.2.5 清游队

清游队含建白泽旗二。又有朱雀队建朱雀旗。龙旗十二。玄武队建玄武旗。此部分组织相当于大驾卤簿中起始的清游队，加之末尾的玄武队。大陈设时，当在队伍最南，即靠近太极门之处。

考古发掘的进展限制了我们对唐太极宫正衙仪式空间的探讨，仅能通过文献解析及基于传承的类比论证进行推测。前文梳理了文献中关于细仗、殳仗、车马及黄麾仗的位置，并分析了初唐大朝时官员的方位举止，此处结合图像资料[27]形成太极殿场景的示意图（图4-2-7）。

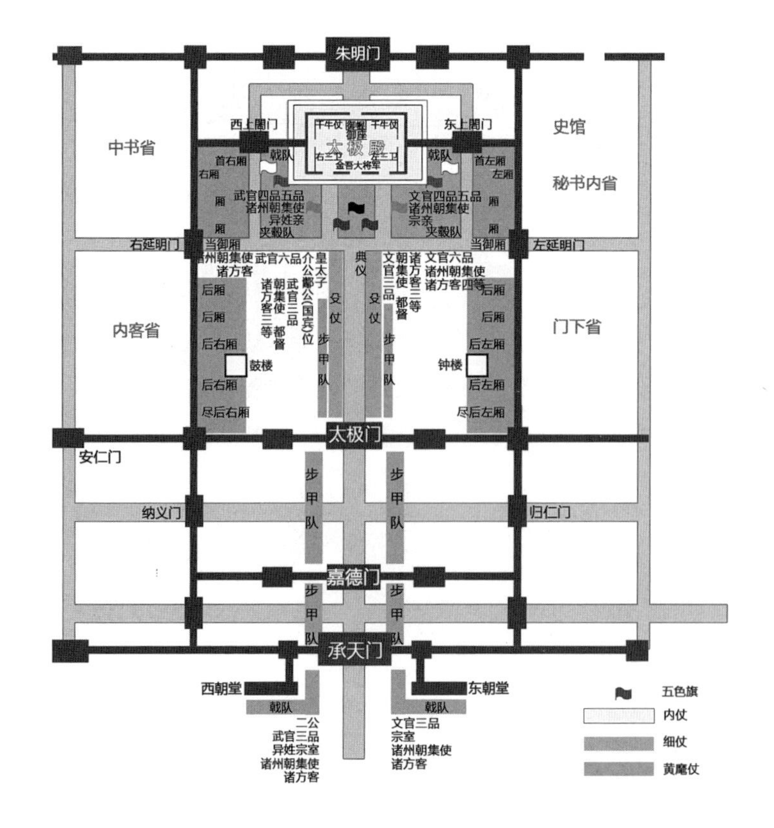

图4-2-7　太极殿仪仗官员陈设推测示意

以天子为中心，卤簿仪仗呈环绕式分部，分别为内仗、细仗、黄麾仗。官员站立亦是依品级由殿内向殿外逐渐降低。卤簿与横街，成为划分官员群体的主要边界。庭院中，由中轴线向两厢依次为殳仗、细仗、官员、黄麾仗。

在其中，卤簿仪仗起到多层次的作用：第一层次是限定仪式轴线空间。在重大仪典时，对空间进行重新的限定，通过布局的变化改变庭院的尺度与空间效果，实现对“事”的凸显。第二层次是限定官员活动区域，卤簿本身在朝会中也是动态的，它的存在分隔了“观礼—行礼—受礼”的区域，从安全戍卫及规范的角度，实行对“人”的组织。第三层次的作用便是传承已久的、无意识的对“物”的呼应。卤簿中刀枪剑戟的寒光与旌旗伞扇的五彩，与建筑的大屋顶及油饰雕琢一样，都直观地表现出权力空间的庄严与皇权的至高无上。

4.3 大明宫的场景与仪式

4.3.1 大明宫外朝平面考略

以“光顺门—宣政殿东、西上阁门—崇明门”一线，大明宫可以划分为广义的外朝及内寝（图4-3-1）。其内寝之延英殿为内朝（燕朝）。随着20世纪以来对隋唐遗址的调研及考古发掘，大明宫外朝遗址得到了较为系统和全面的梳理与发掘，主要建筑如丹凤门、中轴线的含元殿等，都得到了详细的考古发掘报告，宣政殿左右的中书、门下二省及其他政治机构也得到了确认。含元殿至宣政殿间区域，正位于考古发掘的第二道宫墙和第三道宫墙之间，东西面宽约1310米，南北进深约337米。其中轴北端处宣政殿，殿基东西长70米，南北宽40多米。殿前左右分别有中书省、门下省和弘文馆、史馆、御史台馆等官署。在殿前130米处，有三门并列的宣政门，左右是横贯式的宫墙。为研究其空间活动，有必要先明确其建筑图底，因此，结合考古发掘及其他图文资料，笔者重点对大明宫外朝平面格局进行阶段性考略及复原。

4.3.1.1 外朝综合平面考略的依据

1. 建筑史中关于宫城史的研究

东西堂制度的影响——主体布局的判断：

魏明帝青龙三年（公元235年）创建了太极殿和东西堂制度，且建立了总揽全国政务即中央政府的尚书台于宫内，二者（太极

26 第一队，赤质鍪、甲，赤弓、执鶡鸡旗。第二队，赤质鍪、铠，赤刀、楯；第三队，青质鍪、甲，青弓、箭。第四队，青质鍪、铠，青刀，楯。第五队，黑质鍪、甲。黑弓、箭。第六队，黑质鍪、铠，黑刀、楯. 第七队，质鍪、甲，白弓、箭，左右武卫主之。第八队，白质鍪、铠、白刀。第九队，黄质鍪、甲，黄弓、箭、左右骁卫主之。第十队，黄质鍪、铠，黄刀、楯。第十一队，黄质鍪、甲，黄弓、箭，左右卫主之。第十二队，黄质鍪、铠，黄刀、楯。

27 包括山东诸城汉画像砖，清廷宫院画等。

殿与尚书朝堂）东西骈列。骈列及东西堂政治制度影响深远，至大明宫内，中书门下分列宣政殿左右，结合文献中对政事堂变迁的记载，推测其中书门下各有一主厅，作为政事堂[28]之用。此格局亦沿袭暗合着东西堂对中央主体建筑的拥簇之感。

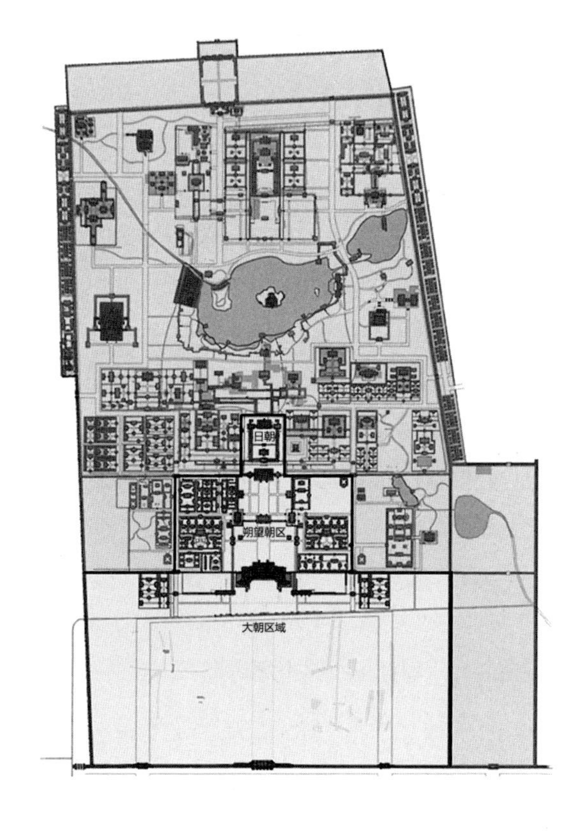

图4-3-1　大明宫朝会区域及三朝范围（资料来源：依托文化遗产研究院成果改绘）

2．建筑史中对于院落网格控制的研究

中国古代建筑的总体布局最重视主从关系。除在一所院落内主体建筑居中，次要的在两侧辅翼衬托主体之外，在一组院落中，主体一般位于中轴线上，其他院落环拥在其前后左右，也起到衬托突出主体的作用。不同性质的院落选用不同的网格，在体量空间上拉开档次，有助于处理院落群的主从关系。在傅熹年先生对明清紫禁城和渤海上京宫殿的研究中证明，宫殿群按院落的重要性、大小规模分别选用10丈、5丈、3丈三种网格，外朝用方10丈网格，内廷主殿用方5丈网格，妃嫔所居及便殿用方3丈网格，使不同性质和规模的建筑群有很明显的差异[21]。同时，每一组院落的主殿都坐落在对角线交叉点上，以体现其“择中”“居中”的重要地位。

3．历史学研究中反映的机构变迁

大明宫官署区域的复原研究，除借助考古发掘的基础判断其空间布局外，另一主要佐证便来自于丰厚的历史资料。

首先是直接论述官职制度及馆阁营造的文献：如《唐六典》《全唐文》《玉海》等。其中既有详细描述某一职能部门布局的文章：舒元舆《御史台中书南院新造记》对其院落尺度布局介绍详细有加，又有对各职能部门的人员组成及每日行动的描述和规范：“（尚乘）每日以厩马八匹，分为左右厢，立于正殿侧宫门外，候仗下即散。若大陈设，即马在乐悬之北，与大象相次。进马二人，戎服执鞭，侍立于马之左，随马进退。”尚乘属殿中省麾下，每日事务与常朝息息相关，贴近正衙，考其设置应有廊庑车马院。通过对各机构职能活动的描述及人员数目的规定，可以进一步推测其建筑规模及主次关系。

其次是典籍所记的历史事件，其中也传达了相当多的空间使用及活动的信息，可以从中进一步明确外朝空间关系，如“甘露之变”一事，《旧唐书》中记载“罗立言率府中从人自东来，李孝本率台中从人自西来，共四百余人，……宰相王涯、贾餗、舒元舆、方中书会食，闻难出走，诸司从吏死者六七百人”。南衙官署内的实际人数应较此为更多。官员从吏七百人以上活动于这一区域，借助文献中对其日常往来的描述，可以进一步判断各职能部门的空间关系。

4. 图像学中对陵墓壁画的研究

关于唐代建筑的实例尚存晚唐南禅寺及佛光寺，但谈及院落的组织以及群体的营造，还要从莫高窟壁画及皇陵壁画中搜集整理其印象。大量的经变图中，主殿位于院落中心，两配殿居于左右或对面而设，四角有楼。表现多重院落时，多以开阔的主院为中心，两旁配以多重的小单体高密度院落。此类组织方式虽然国内已无实例，但在同期日本凤凰堂上有所反映，也成为群组建筑组织方式的有力佐证。作为附属建筑的廊庑、余屋等在墓室壁画及佛教洞窟中亦有所反映。多为悬山四架房屋，其面阔开间根据功能而数目可适当延长。平面形态上以一字形和L形为常见。

结合以上几方面的思考，在官署建筑组群的布置上，以考古发掘的路网墙垣为图底基础，考察比较历代对大明宫这一区域描述的历史文献，首先确认各职能部分的位置与相互关系。其次，对于有详尽描述的机构按其内容进行布局；对于职能明确而缺少其他描述的部门，考据其规模和运作方式进行布局组织。

复原的总体原则是：

正厅居中，位于院落对交中心之上，附属房间围绕设置。

不同级别的建筑自有其院落空间，院落通过廊庑彼此串联。

不同级别的院落间架尺寸根据其地位递减。根据傅熹年先生整理总结的“唐代木构建筑面阔进深简表”[22]，将官署部分的正厅定为每间16尺，最大面阔7开间；余屋耳房每间15尺，面阔数目随宽度而定；廊

28“全唐文卷316中书政事堂记”：政事堂者，自武德以来，常於门下省议事，即以议事之所，谓之政事堂。裴炎自侍中除中书令，执事宰相笔，乃迁政事堂于中书省。

庑每间13尺，进深14尺。

4.3.1.2　外朝主要行政单体尺度研究

1. 宣政门

根据1957～1959年的考古勘探结果推测，在宣政殿南130余米处的遗存为宣政门。遗址位置明确但尚未揭露。遗存形制不明。目前存有小片的夯土基址，多已断续不接。遗址范围估约52米×27米，计约176尺×92尺。宣政门位于宣政殿前，其形制不高于宣政殿。参考傅熹年先生的研究成果，复原的含元殿主体为11开间（带副阶周匝13间）；古代宫殿形制的现存实例中，明清太和殿11开间、太和门9开间。综合考虑考古勘探结果以及所考证之宣政殿形制，宣政门设为七间九架，无副阶周匝，各开间面阔17尺，主立面共计119尺，总进深57尺[23] 29。

关于屋顶形式。唐《营缮令》规定庑殿只用于宫殿，歇山顶使用范围较广，五品以上官员的住宅均可使用。又参日本学者池田温引《注记》中对集贤院的描述："东北院小堂，三间五架两厦。……西行三间两厦，……院北面书手厨屋，六间两厦。"其中提到的屋顶形式均为"两厦"（悬山），可见集贤院内的厅院大量使用悬山。可见，庑殿、歇山、悬山是当时大明宫内使用的3种主要屋顶形式。庑殿属宫殿专用，歇山、悬山形制较低。因此，考虑宣政门的形制与级别，设为庑殿顶较妥。

综上所述，复原宣政门设为七间九架庑殿，无副阶周匝，各开间面阔17尺，主立面共计119尺，总进深57（14＋29＋14）尺。柱高16尺，出檐6尺。柱径略次于宣政殿，设为两材两栔，约为70厘米（宣政殿为72厘米）。材栔设定为：材高25厘米，栔高10厘米，足材35厘米，断面25厘米×17厘米（图4-3-2）。

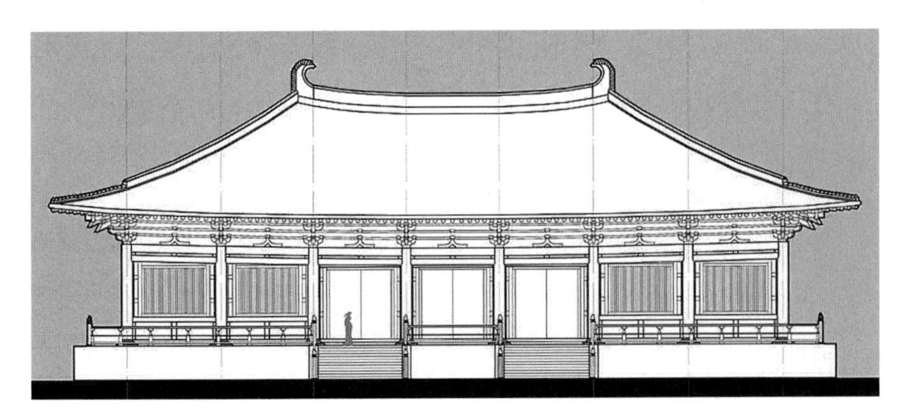

图4-3-2　大明宫宣政门立面复原意向

2. 宣政殿（含东、西上阁门）

宣政殿位于含元殿之后约300米，是朔望日之朝所在，册皇太子、会见宴请使者均在此正殿。根据2009年考古报告对宣政殿遗址的描述：殿基长62米，宽33米，深2米；距离地表1.2米，厚0.8米；土质坚硬，2米下生土。鉴于此考古发掘资料相当有限，因此本书主要从建筑等级及形制角度，参照含元殿的考古发掘证据进行推断复原。

（1）柱网形式与级别

含元、宣政、紫宸三大殿为核心殿堂，其规模尺度上应呈现依次递减的秩序，故设定其开间面阔18尺，副阶16尺，开间数目较含元殿减2间，故主体9开间，进深4开间，副阶周匝，计194尺宽×104尺深。

含元殿现存方形柱础一枚，下部方形部分为1.4米×1.4米×0.52米，侧壁粗糙，顶上凸出覆盆，高10厘米，上径84厘米，则推定其内槽柱径80厘米。宣政殿在此基础上减一级，推定为72厘米，其副阶柱径为65厘米。

据古代宫殿制度，下层为陛，上层为阶。类比考古发掘完整的麟德殿及含元殿，推测中轴主殿建筑殿基可能为两层。但参考棱恩殿及太和殿，即皇家宫室建筑主殿为三层台基的制度，仍将宣政殿推断为三层台基。含元殿等处出土碎青石片、螭首和有凹槽的条石，可证殿阶均为砖石壁、石栏杆，引出螭首。

（2）构架特征（铺作、举架、出檐）

根据唐代殿阁建筑特点，其下檐柱高应近于面阔，殿身内外槽柱应同高。设副阶柱高5.3米，则由此推算得出殿内外槽柱居高9.4米。唐代多用双层阑额，参考佛光寺东大殿之例，阑额用于槽下，断面应稍大于一等材。由此设定宣政殿结构主要剖面层次：上檐柱头铺作外跳双杪双下昂，里挑双杪，上承乳栿。同时，对内部天花，参考唐懿德太子墓、永泰公主墓墓室过道顶上壁画，殿内顶部应为平闇，四周用斜椽，当心间内槽顶上应有藻井，为覆斗型或攒尖型。副阶构件用材相对主体减一等，斗栱形制为双杪单下昂。

（3）材分与尺度体系

宣政殿铺作规格应与含元殿类似或稍减一级。已知最大材为佛光寺东大殿，断面30厘米×20厘米，栔高13厘米。含元殿规模大于此殿，推测用材也更大。前人复原中定材高1.1唐尺，合32.3厘米，一足材为45.3厘米。依此稍减，宣政

29 由实测推导，唐一营造尺介于29.4～29.6厘米，今以一唐尺为29.4厘米计算。

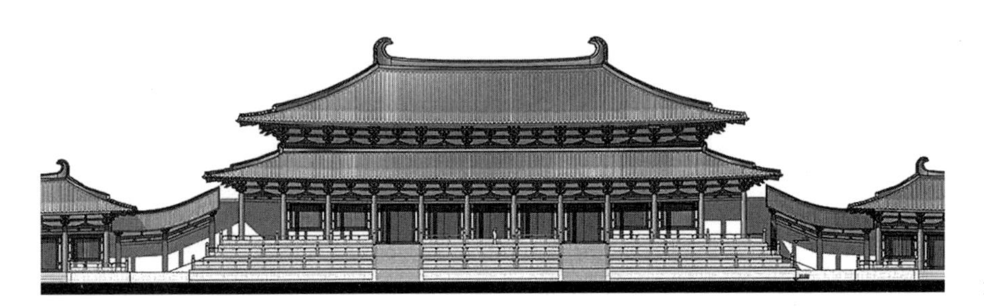
图4-3-3　大明宫宣政门立面复原意向

殿材设定为30厘米×20厘米，则副阶设定其材高22.5厘米，栔高9厘米，足材31.5厘米。其他建筑依次降等（图4-3-3）。

结合含元殿、宣政殿平面，及左右中书门下省布局。推导大明宫外朝（含元殿—宣政殿）区域平面如图4-3-4所示，三主殿距离分别为300米及95米，庭宽逐级缩小，形成三处不同规格但比例相似的围合空间。这也是后续朝贺仪式行为研究的空间基础（图4-3-4）。

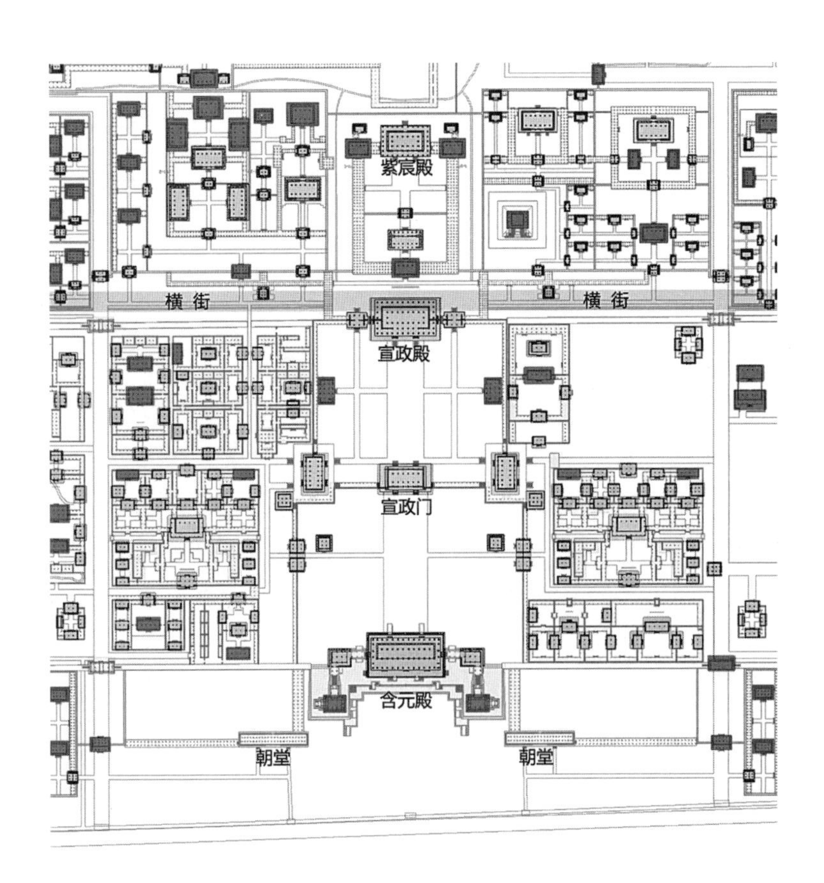

图4-3-4　大明宫外朝平面复原意向（资料来源：中国文化遗产研究院成果及笔者自绘）

4.3.2 大明宫的朝贺仪式设置

《唐六典·卷四尚书礼部》记载的嘉礼有五十项，其中多项原属同一日同一事，不过致礼的双方身份不同。其中最有代表性的包括朝参、朝见、礼见、辞别。正旦冬至日所涉及的嘉礼八项，主要是帝、后受各方朝贺[30]；明堂读时令，四季不同则有四礼；与朝集使进退相关的有三项[31]。此外，朔日受朝亦属于嘉礼，常朝、日朝则属于政事，日常行政与礼法的空间边界或可以直接理解为宣政殿后的横街。

与太极宫的元会仪不同，大明宫含元殿的元会仪式屡屡被文人墨客写进诗词中，但未见有官方的仪式活动记录，仅有仪卫布置角度留下的多处规范:《新唐书》及《唐会要》中均有武卫布置规模及站位的记录。本小节结合活动路径与空间格局，以大明宫外朝格局复原图为底图，选取几个重要嘉礼仪式分析其活动路线及组织关系，并借此讨论朝贺与朝参的异同之处以及其礼仪角度展现的不同含义。

4.3.2.1 大明宫的元正大朝会

开元前，皇帝受朝贺之礼行于太极殿，《开元礼》修成后亦用此例。但从实际操作上，自开元七年（公元719年）以来，常在大明宫含元殿举行。其中武则天时期由于常居东都，其正衙亦称含元殿，即当时朝贺之所也。至于皇后受朝贺之礼，则行之于后宫正殿。由于其地形的特殊性，其仪仗陈设、官员站位都颇有可讨论之处。

1. 站位

尚舍设黼扆、蹑席、熏炉、香案。皇帝衣着冠冕应与太极殿大朝无异，服通天冠、衮冕。日出视朝。二王后及百官、朝集使、皇亲、诸亲并朝服陪位[24-26]。由于含元殿左右有龙尾道，盘旋往复，因此站位应与太极殿庭中不同。《新唐书》卷78列传第三“李若水传”记，含元殿大朝会时，官员所站位置先在通乾、观象二门南，于此处叙班。自玄宗时李若水任通事舍人，奏请于龙尾道下叙班。则以官员立于含元殿前、龙尾道下为准。其各品秩官员站位规范仍依《开元礼》。

2. 卤簿陈设

由于地形的特殊性，辂车及辇应陈列在含元殿前龙尾道下。《旧唐书》写尚乘之仗马：若大陈设，马在乐悬之北，与大象相

30 计八项，三曰正、至受皇太子朝贺，四曰皇后正、至受皇太子朝贺，五曰正、至受皇太子妃朝贺，七曰正、至受群臣朝贺，二十七曰正、至受群臣贺；六曰皇后正、至受太子妃朝贺；九曰皇后正、至受群臣朝贺，十曰皇后受外命妇朝贺。

31 二十四曰朝集使辞见，三十曰受朝集使参辞，四十曰朝集使礼见及辞。

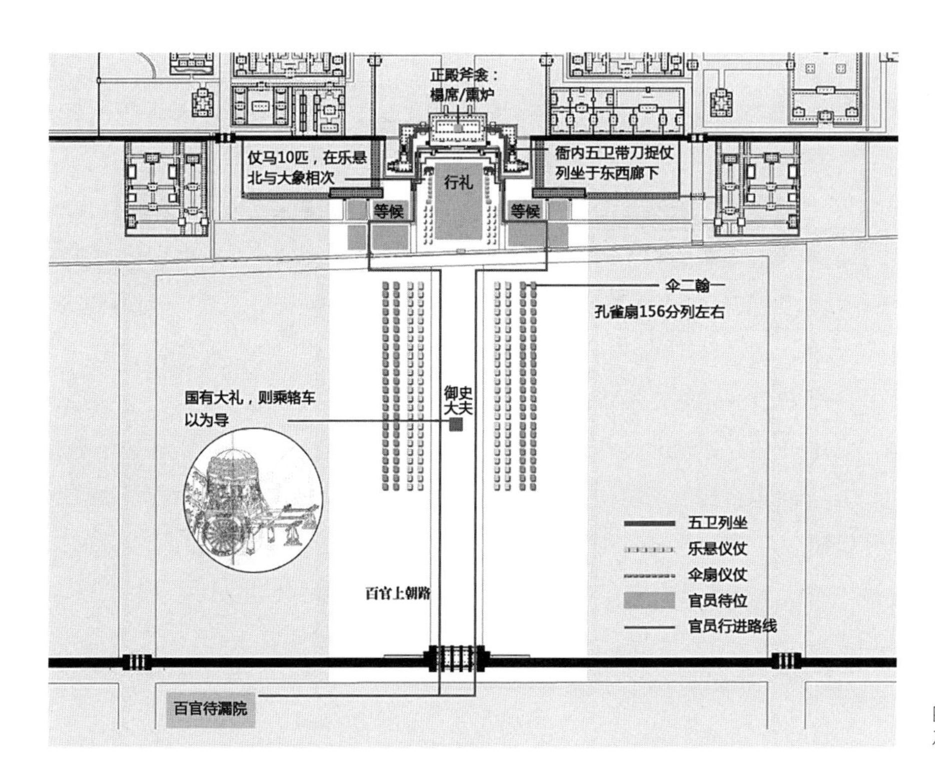

图4-3-5 大明宫大朝会活动区域及仪仗陈设

次。则自含元殿前，由北向南，依次为仪象、仗马、乐悬。又有伞二翰一。孔雀扇一百五十有六，分居左右（图4-3-5）。

3. 进行

“御史大夫领属官至殿西庑，从官朱衣传呼，促百官就班，文武列于两观。监察御史二人立于东西朝堂砖道”。仪式内容应按开元礼，但由于百官站在两观前、龙尾道下，官员的进行时间变得更加漫长肃穆。有事记，大中十二年（公元858年）正月，太子少师柳公权以高龄自从坡下步行至含元殿丹陛，并因力萎而失仪受罚。故除仪卫鼓吹及殿内官员，与会百官均应在殿下。

4.3.2.2 宣政殿朔望朝参

朝参事关日常君臣相见，规定细密。依唐制，诸在京文武职事官九品以上，朔望日朝。其文武百官五品以上及监察御史、员外郎、太常博士，每日朝参（每日朝参称常参）。文武官五品以上，仍每月五日、十一日、二十一日、二十五日参。三品以上，九日、十九日、二十九日又参。《大唐开元礼》卷一百九“朔日受朝”对朔望日朝也有一定的仪式

32《旧唐书》，志第二十四，职官三中记，仗马在正殿侧宫门外。此阐述略有含糊，究竟在宣政门外还是东西阁门外？但因唐仗马不得嘶鸣，考虑到宣政门与宣政殿仍有相当的距离，笔者认为此处当为宣政门外。

详规。当其在宣政殿进行时，其空间格局更接近于太极殿殿庭，程序应大致相当。

1. 陈设站位

前一日，尚舍奉御施幄于正殿，帐裙顶带，方阔一丈四尺，北壁南向。守宫在朝堂设群官位次。太乐令展宫悬于殿廷，设两处举麾位，一在殿上西阶之西，向东，一在于乐悬东南，西向。尚乘以厩马八匹，分为左右厢，立于宣政殿外，左右东西上閤门侧[32]。

朔日当天，典仪设文官三品以上位于横街之南道东，设武官三品以上位于道西，俱每等异位重行，北向。相对为首，设文官四品五品位于悬东，六品以下于横街之南，每等异位重行，西面北上。武官四品五品位于悬西，六品以下于横街之南，当文官每等异位重行东面北上，设典仪位于悬之东北，赞者二人在南少退，俱西向。奉礼设门外位，文官于东朝堂，每等异位重行，西面。武官于西朝堂每等异位重行，东面，皆北上。

其日依时刻，诸卫勒所部列仗屯门及陈于殿廷。内仗四十六人立内廊阁外，宣政殿朝堂置左右引驾三卫六十人，千牛仗执御刀、弓箭，列队在御座左右。群臣集朝堂俱就次，各服公服，吏部兵部赞群官俱出次通事舍人各引就朝堂前（图4-3-6）。

2. 行止

按《开元礼》:

“位侍中版奏请中严。金及戟近仗入，陈于殿庭，太乐令率工人入就位，协律郎入就举麾位，诸侍卫之官各服其器服，符宝郎奉宝俱诣阁奉迎。①典仪帅赞者入就位，通事舍人引四品以下先入就位，侍中版奏，外办有司承旨索扇。②皇帝卉服绛纱衣御舆以出，曲直华盖警跸侍卫如常仪，皇帝将出，仗动。太乐令令黄钟之钟右五钟皆应。③协律郎跪伏举麾奏太和之乐，皇帝出自西房，即御座南向。符宝郎奉宝置于御座如常仪。协律郎偃麾乐止。④通事舍人引三品以上次入就位，公初入门，舒和之乐作，至位乐止。⑤典仪曰再拜，赞者传承群官在位者俱再拜，讫，典仪又曰再拜，赞者承传群官在位者又再拜。舍人引群官北面位者以次出，公初行乐作，公出门乐止。⑥侍中前跪奏称侍中臣某言礼毕人免伏兴，还侍位。⑦有司承旨索扇，皇帝兴，太乐令令撞蕤宾之钟左五钟，皆应。奏太和之乐，皇帝降座御舆入自东房。警跸侍卫如来仪，侍臣从至阁，乐止。舍人引东西面位者以次出。”

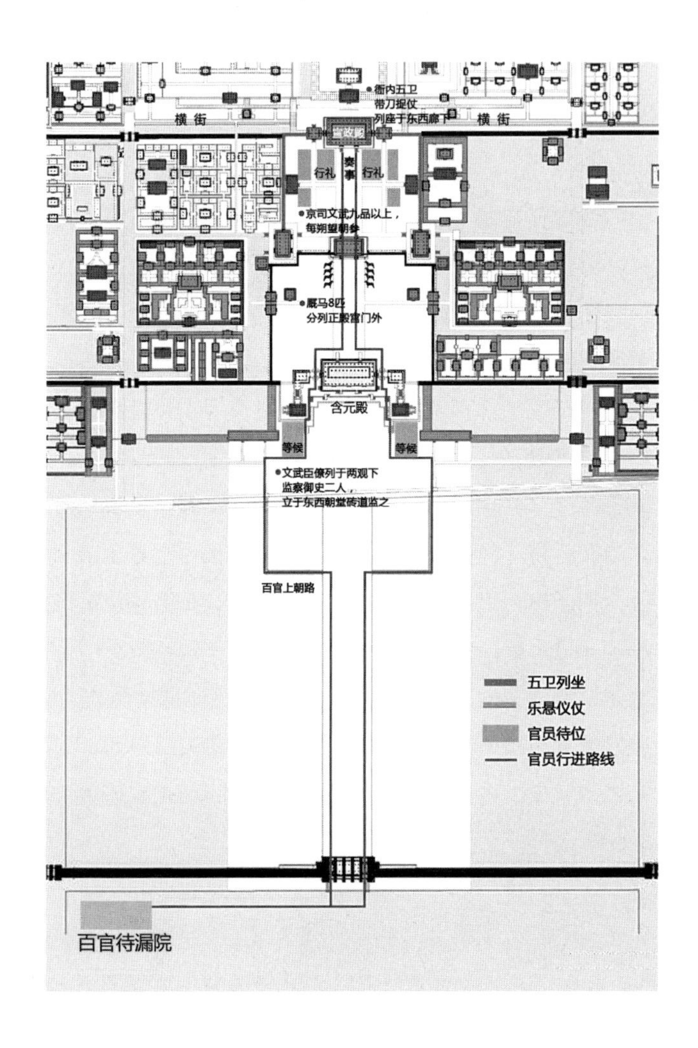

图4-3-6 大明宫朔望朝活动区域及仪仗陈设

《开元礼》中侧重对官员站位关系的陈设，而《新唐书》中更加重视官员行动中的规范。朔望朝时，按制上朝官员须于五更五点前到达丹凤门外等候，元和三年六月，百官初入待漏院，可在此等候禁门开启入朝。至此，各部门才得各依品级，在建福门外的宰相待漏院以及太仆寺车坊少歇。待至五更五点，宫门开启。官员们按规定秩序在监察御史的带领下入宫内，白居易在《登观音台望城》中描述有“遥认微微入朝火，一条星宿五门西。”百官在通乾、观象门外序班，文在先，武在后。至宣政门，文官由东门入，武官由西门入，其进入之时，夹阶校尉十人同唱，入毕而止。在进入宣政殿之前，又需在宣政殿门外的一棵药树下进行监搜，元稹在他的诗中写道“松门待制应全远，药树监搜可得知”即言此事。

按《新唐书》所记，庭中设香案，宰相、两省官对班于香案前，百官班于殿庭左右，巡使二人分立于钟鼓楼下。官员站位，依次由一品班至五品班。以尚书省官为首。横街北为武班供奉者，之后依次为“千牛中郎将，次千牛将军，次过状中郎将一人，次接状中郎将一人，次押柱中郎将一人，次押柱中郎一人，次排阶中郎将一人，次押散手仗中郎将一人，次左右金吾卫大将军”。凡殿中省监及少监，尚衣、尚舍、尚辇奉御等，均在殿内，分左右随伞、扇而立。东宫官居上台官之次，王府官又次之，唯三太、三少宾客、庶子、王傅随本品。

大明宫中的朔望仪，于开元中经萧嵩奏请后小有调整。他认为待群臣就位后，均可目见天子上朝前后从门出门入的步行举止，有损帝王威仪。建议在大殿两厢各备羽扇，于皇帝活动之时索扇，坐定乃合。这一建议得到了认可和执行，并被融入《开元礼》中，成为定式。朝贺仪式开始时，由侍中奏“外办”，皇帝步出西序门，索扇，扇合。皇帝升御座后扇方开，左右留扇各三，其余撤下。左右金吾将军一人奏“左右厢内外平安”。通事舍人赞宰相两省官再拜，继而升殿。内谒者承旨唤仗，左右羽林军勘以木契，自东西阁而入。内侍省五品以上一人引之，左右卫大将军、将军各一人押之。二十人以下入，则不带仗。三十人入，则左右厢监门各二人，千牛备身各四人，三卫各八人，金吾一人。百人入，则左右厢监门各六人，千牛备身各四人，三卫三十三人，金吾七人。二百人，则增以左右武卫、威卫、领军曰“仗卫、金吾卫、翊卫”等。凡仗入，则左右厢加一人监捉永巷，御刀、弓箭。及三卫带刀入，则曰“仗入”。朝罢，皇帝步入东序门，然后放仗。内外仗队，七刻乃下。朔望受朝，加纛、矟队，仪仗减半。凡千牛仗位，则全仗立。

朔望仪在大明宫举行时得到进一步完善，不仅强调了进入殿庭之前的安全和规范，在朝见结束后还增加了廊下赐食的内容。按制，群官从宣政门出。三品以上引升殿赐食，四品以下于廊下赐食。这一事件记载中未见与太极宫相关，均见于大明宫朝参的记载中。可以看作是大朝仪式中“会仪”内容的简化版本，以展示君主对百官的安抚慰劳。

4.3.3 大明宫三朝仪式结构来源释疑

政治角度的三朝的概念在前文中予以过阐明，即自唐代确定的、定时举行的、由不同层级官员参与的、遵循一定仪式章程的仪式及政治活动，其大朝及朔望朝均含有“贺”及“会”的内容，从属于嘉礼的范畴；而日朝则带有更多现实职能，其举办频率更加频繁，参与者为核心的决策高层，不属于嘉礼的范畴，具有政事的性质。空间上，前文研究也已指出，大明宫中存在三个比例相仿、规格逐级缩小的殿庭空间，与政治活动相一致。

本节探讨与政治角度三朝对应的空间角度的三朝是何时确立的？这种构成是大明宫的首创还是始于宇文恺时期的太极宫？考察唐三朝主要依仗的文献证据来自《唐六典》。《唐六典·工部尚书》记载：

“宫城在皇城之北。南面三门：中曰承天，东曰长乐，西曰永安。（承天门，隋开皇二年作。初曰广阳门，仁寿元年改曰昭阳门，武德元年改曰顺天门，神龙元年改曰承天门。）若元正、冬至大陈设，燕会，赦过宥罪，除旧布新，受万国之朝贡，四夷之宾客，则御承天门以听政。（盖古之外朝也。）其北曰太极门，其内曰太极殿，朔、望则坐而视朝焉。（盖古之中朝也。隋曰大兴门、大兴殿。炀帝改曰虔福门，贞观八年改曰太极门。武德元年改曰太极殿。有东上、西上二合门，东、西廊，左延明、右延明二门）”“丹凤门内正殿曰含元殿，（殿即龙首山之东趾也。阶上高于平地四十余尺，南去丹凤门四百余步，东西广五百步。今元正、冬至于此听朝也）”。

《大唐开元礼》于开元二十年（公元732年）颁行，《唐六典》则成书于六年后。由作者徐坚、萧嵩取贞观、显庆礼折衷而成，吸取了前两者大量的规范细节，且贞观显庆时期元会仪场地尚在太极宫，因此完整保留了完备的太极殿元会礼仪制度。遗憾的是，太极宫承天门为元正冬至大朝所在的说法深刻影响了建筑史学界，并被直接引入研究中而未对其准确性予以核实。以至于学者们普遍认为太极宫承天门是唐初举行元旦、冬至大朝会和朝贡、大赦等大典之处[27, 28]，即“大朝”或“外朝”。以渡边信一郎为代表的日本学者对此提出质疑，他提出大朝会是在以正殿为中心的封闭空间所举行的仪式[29]，不过未做展开。

通过前文对《大唐开元礼》中所陈述的朝贺礼的梳理及空间再现可以看出，元正群臣朝贺规模庞大，层次分明，记载的礼仪内容清晰有度。从中可以提炼出元正大朝的仪式重点：

空间格局上看，其站位强调的是不同等级、不同亲疏关系的臣子、宗室对天子的拱卫。殿庭与殿上、殿庭与门外，恪守着清晰的品秩边界，并通过警跸卫戍的陈设给予强化。太极门、左右延明门、通乾观象门、承天门、丹凤门这些分割的存在，既是礼仪展开的点域，也是礼仪划分的边界。如以承天门为大朝处，相当于将核心仪式置于一全无等级层次的开放区域，与元日、冬至朝会所寻求的层次拱卫、臣服于天子的精神意向不符。

从殿庭陈设来看，乐悬是陈设的核心，通过音乐与主要朝贺人的行止进行呼应。黄麾仗自殿上展开，延廊下至两厢，并扼守各门，凸显了多层次围合的效果。五辂车、五副辂、属车、舆辇分别陈列在左右厢，紧邻天子正殿，与大驾卤簿相似。就这些陈设要素来看，如大朝会在承天门进行，乐悬沉重，难以转移到承天门楼观，且戍卫车辇只能呈东西线形展开，其庞大数量更是铺陈不开。

从礼仪动线上来看，皇太子、上公、中书令及蕃客是朝贺的主要执行人，每人都演示了一套“起身—解剑—入贺—拜辞”的朝贺过程，通过仪式的反复，在与会者心目中强化天子的正统性，并进一步加强官僚体系、地方州府乃至周边民族国家对天子的臣服关系，以体现尊君顺天的政治主张。如若仪式在承天门及其楼观内进行，则入贺的官员需经承天门门道进入宫城内，并通过马道转折到达承天门楼观前，其入殿奉见及舞蹈以出的议程均无法令站立于横街的百官得见。这一重要仪式如不能在百官及朝集使、蕃使前进行反复演示，对其政治寓意将是极大地削弱。

就此，不论是从空间上、文字上、活动上还是编纂的内容来源上来说，都可以判断出：初唐元正、冬至大朝会应是在太极殿廷中举行的，而非承天门，只有当朝贺及宴会仪式结束后，进行对天下臣民表示恩威，宣令大赦时，才登上承天门。在初唐及隋时，大朝以及朔望日朝均在太极殿进行，常日朝在两仪殿。太极宫中并不存在与三朝对应的三处朝贺区域。可以说，不仅政治角度的三朝意识在初唐得以确立，而且通过大明宫的落成，才为空间上的三朝提供了完善的格式，将空间等级与政治等级建立了完整对应的关系，从而明确了三朝制度，并沿袭传承至后世。理解所谓三朝制度，应当兼具政治和空间的双重内容，而不能孤立地理解为是空间区域甚至独立的殿堂。

至于为什么很多研究者都认可了承天门是大朝之地，这与大朝概念的转变有关，与文献的误读有关，也与它前广场庞大的尺度以及衙署众多的区位优势有关。1963年，中科院考古研究所西安唐城发掘队发表了《唐代长安城考古纪略》一文，其中记录承天门的门址在今天莲湖公园莲湖池南岸偏西处，考古探测得，其东西残存部分尚长41.7米，发现三门道。按《长安志》等文献记载，门前至皇城衙署的横街，南北宽三百步，即221米。联系承天门及朱雀门之间的承天门街宽150米[33]，

33 根据20世纪五六十年代考古资料，宽达150～155米。2012年2月，西安市文物保护考古研究院进行勘探和发掘时发掘出唐代朱雀大街及其东侧水沟、安仁坊坊墙的西北拐角、唐长安城第七条横街等遗迹。宽度尚无法确切断定在110米以上。

就其6万余平方米的面积，从规模上称之为广场并不为过。在承天门及其前广场外举行过多项仪式，除嘉礼宣赦书之外，除旧布新，册皇太子、即皇帝位、受吐蕃献盟书等，都有在此举行大型集会活动的个例，此类活动虽然形式宏大，但从人员的规范性、举行的固定性这些指标来考察，并不能归属于“三朝”中之大朝，因此也不能就此判断承天门为大朝会之地。

参考文献

[1] S·科斯塔夫．建筑史——场景与仪式．

[2] 周礼·春官·大宗伯．

[3] 郭于华．仪式与社会变迁[M]．北京：社会科学出版社，2000：1.

[4] [日]渡边信一郎．元会的建构——中国古代帝国的朝政与礼仪[M]//中国的思维世界．江苏人民出版社，2006：363-409.

[5] Edward T. Hall. The Hidden Dimension[M]. Anchor Press，1988.

[6] 鹿桥．紫禁城的建筑空间[J]．紫禁城．北京：紫禁城出版社，2009（01）：36-37.

[7] 米歇尔·福柯著．刘北成，杨远婴译．规训与惩罚[M]．北京：生活·读书·新知三联书店，1999.

[8] A·拉普普特．建成环境的意义——非言语的交流途径．

[9] 邵陆．住屋与仪式[D]．上海：同济大学，2004：48.

[10] 王溥．唐会要卷九下杂郊议下[M]．北京：中华书局，1955.

[11] 孙晓晖．唐代的卤簿鼓吹[J]．黄钟，2001（4）.

[12] 欧阳修．新唐书卷二十三仪卫志上[M]．北京：中华书局，1975.

[13] 吴庆洲．宫阙城阙及五凤楼的产生和发展演变（上）[J]．古建园林技术，2006（4）：43-50.

[14] 范文澜，蔡美彪等．中国通史（第四编）[M]．北京：人民出版社，2009.

[15] [日]渡边信一郎．元会的建构——中国古代帝国的朝政与礼仪[C]//[日]沟口雄三小岛毅．中国的思维世界．南京：江苏人民出版社，2006：391.

[16] 古濑奈津子著．郑威译．遣唐使眼里的中国[M]．武汉：武汉大学出版，2007.

[17] 王溥．唐会要卷二十四[M]．北京：中华书局，1955.

[18] 李林甫，陈仲夫注解．唐六典[M]．北京：中华书局，1992：114.

[19] 王应麟．玉海卷八〇车服卤簿[M]．扬州：广陵书社，2003.

[20] [唐]中敕撰．大唐开元礼卷九十七[M]．北京：民族出版社，2000：454.

[21] 傅熹年．中国古代院落布置手法初探[C]//傅熹年．傅熹年建筑史论文集．百花文艺出版社，2009.

[22] 傅熹年．傅熹年建筑史论文集[M]．百花文艺出版社，2009：269.

[23] 肖旻．唐宋古建筑尺度规律研究[M]．南京：东南大学出版社，2006.

[24] 李林甫，陈仲夫注解．唐六典[M]．北京：中华书局，1992：114.

[25] 王溥. 唐会要卷24受朝贺[M]. 北京：中华书局，1955.

[26] [唐]中敕撰. 大唐开元礼[M]. 北京：民族出版社，2000.

[27] 傅熹年. 中国古代建筑史·第2卷·两晋、南北朝、隋唐、五代建筑[M]. 北京：中国建筑工业出版社，2001：361.

[28] 杨宽. 中国古代都城制度史研究[M]. 上海古籍出版社，1993：169.

[29] [日]渡边信一郎等. 元会的建构——中国古代帝国的朝政与礼仪[C]//[日]沟口雄三小岛毅. 中国的思维世界[M]. 南京：江苏人民出版社，2006：393.

5.1 唐长安宫室的解体历程

当我们论及空间制度的沿袭，它应当包括作为实体的建筑物质体系以及作为抽象观念的制度范式两部分。本章重点便是唐代宫廷制度的后续发展，包括实体和制度两部分，它们在东迁之后如何纳入后续的五代及北宋的宫室建设中，又如何影响着皇家政务礼仪的运作。

从唐代大内的权力走向可以看出，唐朝的开放接近终结时所面临的悲剧性局面，显示出一个更趋内向和保守的政府正在形成。面对受控日趋松散的地方政权，萎缩退让的政府姿态加剧了政权分崩离析的速度。中晚期大明宫的建设行为主要集中在内廷，傅熹年先生指出这是内侍宦官们为控制天子而有意引导的，所建内容也多为使之耽于享乐的娱乐场合（表5-1-1）。

中晚唐大明宫内建设　　表5-1-1

时间	皇帝	事件
元和十三年（公元818年）	宪宗	浚大明宫龙首池，起承晖殿；六军修麟德殿右廊
宝历元年（公元825年）	敬宗	建大明宫清思院新殿，用镜铜三千斤，金箔十万翻
太和九年（公元835年）	文宗	填大明宫龙首池以造毬场
会昌五年（公元845年）	武宗	筑望仙观于禁中
大中二年（公元848年）	宣宗	修大明宫右银台门楼屋宇

唐代末年，宫室先后经过了黄巢之乱（公元880～884年）、光启元年王重荣兵乱（公元885年）以及乾宁二年（公元895年）、乾宁三年（公元896年）、天复四年（公元904年）的几次战乱，因外因或内患而受到了不同程度的焚毁：

（1）广明元年（公元880年）黄巢之乱。广明元年黄巢军队以迅猛的速度离鄂东进，数月间连下江西、安徽、浙江等区域并渡江北进。在十一月中攻克东都洛阳，并继续西进。唐君臣闻东都失陷后，十二月初田令孜率神策兵五百人拥僖宗逃离长安，把皇城百官及宫室都留给了起义军。这一时期，虽然城内大乱，“兵民争入府库盗金帛”且“庚寅黄巢杀唐宗室在长安者无遗类”，但出于起义军这一阶段对自身正义性的标榜，唐东都及长安市井及宫室都过渡平稳，市坊晏然。“辛卯，巢始入宫。壬辰，巢即皇帝位于含元殿。画帛缯为衮衣，击战鼓数百以代金石之乐，登丹凤楼，下赦书，国号大齐。改元金统”[1]。当年十二月中，黄巢即皇

1《资治通鉴》卷254僖宗广明元年（公元880年）十二月条。

帝位于含元殿。皇城官员中，宰相豆卢瑑、崔沆等人被杀，三品以上悉停任，四品以下仍居原位司原职。这时大明宫及太极宫皇城的情况尚且安好，在黄巢长安执政的两年多期间，一直以大明宫作为大齐政权的政令中心，"九衙三内，宫室宛然"[1]。破坏起自其败落时：《新唐书》卷 225下《黄巢传》中："至巢败，方镇兵互入掳掠，火大内，惟含元殿独存。火所不及者，止西内、南内及光启宫而已"[2]。这是大明宫遭受的第一浩劫，即除含元殿外的官署及宣政、紫宸二朝，以及内廷区均经火烧。太极宫及兴庆宫尚得保全。此次的过火范围颇大："僖宗令京兆尹王徽经年补葺，仅复安堵"[2]。

（2）光启元年（公元885年）正月二十三日，唐僖宗车驾发成都，还返京师。三月十四日，在宣政殿朝会和受册尊号，赦天下，改元。从宫室的使用看，大明宫的部分特别是外朝受损，丹凤门或含元殿均在此次受到破坏，以致在僖宗回朝后仅能在宣政殿之后举行国家仪式。

在僖宗在蜀的5年间，田令孜新募官军五十四都，每都千人，隶属神策左右军。南衙北司朝官宦官又有万余，军费和俸养金沉重，由于税收有限，因盐政争利，触发了李克用、王重荣的叛乱。同年十二月李克用、王重荣率兵进逼京师。几日后田令孜再次奉僖宗逃出长安。"诸道兵入城纵掠，焚府寺民居什六七，王徽累年补葺，仅完一二，至是复为乱兵焚掠，无孑遗矣。"[3]长安宫室王徽多年修葺再次被毁掠殆尽，这是第二次乱兵浩劫。

（3）在僖宗被田令孜挟持滞留在兴元期间，王行瑜受密诏返攻长安朱玫，"并杀其党数百人，诸军大乱，焚掠京城，士民无衣冻死者蔽地"[4]。这是长安宫室的第三次动乱。经此事大明宫又受重创。

（4）乾宁二年（公元895年）李克用军进驻。乾宁二年三月，昭宗以京师城郊多盗，欲令宗室诸王将禁兵巡警，又欲使宗王为四方之使抚慰藩镇。南北司用事宦官宰臣皆恐其不利于己，不断上章论谏。昭宗不得已，四月，下诏悉罢除之。当年六月，李克用以讨三镇勤王为名，大举蕃汉兵入关中并不日到达长安。昭帝逃奔南山致使城中大乱，士民追从车驾者数十万人。长安君民既空，李克用军队再行进驻。

（5）乾宁三年（公元896年）李茂贞犯阙。李克用返河东后，昭宗还京师。不久后李茂贞又于六月引兵逼京师。七月昭宗奔渭北，茂贞入据长安，焚烧宫室市坊。事后，

2《资治通鉴》卷254，"黄巢（弃长安）率众东走，程宗楚先自延秋门入。"
3《资治通鉴》卷264，唐天佑元年正月。
4《1959～1960年唐大明宫发掘简报》，p63-64；《陕西唐大明宫含耀门遗址发掘记》，p78；《唐大明宫含元殿遗址1995～1996年发掘报告》，p87；《西安市唐长安城大明宫丹凤门遗址的发掘》，p181。至于其中大殿东飞廊夯基下以及附近有红烧土遗迹，已经判断被认定为是早于含元殿落成的砖瓦窑址的烟囱残壁。

为与居洛阳的朱温抗衡，李茂贞、韩建上表请罪愿乞丁匠助修宫室，献助修宫殿钱十五万贯，即1.5亿钱，随后各地也进贡修宫殿钱。

（6）天复四年（公元904年）朱全忠逼昭宗迁都洛阳。天复四年正月，朱全忠兵逼京畿，请昭宗迁都洛阳。宰相裴枢促百官东行，并驱徙士民。二十六日，车驾发长安，全忠以张廷范为御营使，毁长安宫室百司及民间庐舍，取材浮渭河而下[3]，长安自此遂成废墟。

简要可见，长安宫室在20余年内经过了6次浩劫，自第二次后大明宫及其内殿堂便遭受毁灭性破坏。虽然光化元年（公元898年）起又进行过部分修缮，但当时修缮的目的是出于军阀之间的对抗，朱温命河南张全义修洛阳宫以待，韩建则落脚长安，都是为了迎驾天子以正名而达到"挟天子以令诸侯"的目的，因此修筑重心在于内侍省（见《大唐重修内侍省之碑》），核心外朝区并未修复，并且出现了多处新宫名称，被五代及北宋宫室所继承。

而不到二十万贯的建设能力又如何呢?《唐会要》记高宗时欲修洛阳宫而乏财，司农少卿韦机建议以东都园苑历年所积四十万贯修筑，高宗大悦。则四十万贯修缮大半宫室应已足矣，当时米价洛阳两钱半；在武则天修洛阳龙门石窟时，用资两万贯。发展到一百年后的中唐时期，一方面米价上涨，一方面权贵穷奢极欲，中唐名将马璘"经始中堂，费二十万贯"[5]，同时期关中米价一千钱，说明货币的消费能力已降低而建筑风气却趋向奢侈逾制。由此看韩建为修复宫阙使，尽管可以"调华州库银、工匠充役"[6]，但资费仍属有限。对于大明宫的此次修缮，傅熹年先生认为，很可能只修复了后宫区，出现了像寿春殿、宣化门这样的新殿名、门名，而原有外朝未修，元日只得在太极宫，其证据便在"天复元年（公元901年）元日，奉迎御太极宫长乐门"。下一小节将对这次重建的区域范围展开研究。

公元888年，僖宗入住太极宫后不久去世，由昭宗即位，起居在太极宫。选择修葺太极宫一方面的原因可能是它在公元884年方镇兵的浩劫中得以保全，另一方面此处也更靠近由田令孜重整的南衙北司朝官。现已明确自王重荣乱兵之后，大明宫便已荒置不用，那其毁坏的关键原因是掠夺、失修还是火灾呢?史载公元884年除含元殿独存外，余处尽火。那么火烧的区域究竟集中于何处？这主要有赖于后世大明宫区域内主要建筑的考古发掘揭示，整理历年考古发掘报告，经详细勘察的有太液池周边、含元殿、麟德殿等，其中，丹凤门、左银台门、右银台门、右银台门北侧之门、含耀门皆有火烧迹象[7][4]，而含元殿未发现有火烧过的遗迹。

关于含元殿遗构，有学者认为经天复四年（公元904年）朱全忠逼昭宗迁都洛阳一事，含元殿所用的大型木料应在此次被拆除，取道渭水以建设新城宫室，但通过前文的整理，其很可能在韩建主导修缮大明宫时就已拆除。大明宫的主体代表建筑含元殿在晚唐的军阀混战中，彻底地从地图上消失，只留下龙首原南崖台地，暗示着其大朝会气象，为后世所凭吊。

5.2 晚唐宫室的部分建设

5.2.1 唐宫室建设中的材料循环

在讨论晚唐宫室的建设之前，除了从典章和决策角度对朝廷权力空间的问题进行研究，也需考虑到当时的宫廷建筑营造的运作能力和习惯。虽然规定了建筑模数规范的正式典籍《营造法式》直到元祐六年（公元1091年）才刊行，但各项研究业已证明：早在初唐甚至隋时，便已具有根据建筑等级与规范尺度，对建筑进行提前备料，以便快速组织施工安装的设计能力。颁布于太和六年（公元832年）的《营缮令》中可见对天子、王公及诸臣的屋宇尺度规模的规定，但条令中显示出这一时期的规定重在间架的数量，并未涉及其具体的材份尺度，这也大大提高了建筑材料特别是木构建材的适用范围[5]：

《大业杂记》记，隋炀帝观风行殿“三间两厦，丹柱素壁，雕梁绮栋，一日之内嶷然屹立”。观风行殿为一可移动的快速建成的木结构建筑，号称可容百人，其能拆卸和拼装的前提便是构件的先期计算和预制。

《贞观政要》中记，“征宅内先无正堂，太宗时欲营小殿，乃辍其材为造，五日而就。遣中使赐以布被素褥，遂其所尚”[8]。太宗命工匠将原用来修一宫内小殿的建材为魏征宅建正堂，五日即成。唐制《营缮令》，王公及三品以上官可以建面阔五间进深九架歇山屋顶之堂，以此看，五日所成的应是歇山顶五间建筑。以此搭建速度来看，不仅梁柱预先备好，其斗、栱、椽、瓦亦已事先加工成。

《旧唐书·鱼朝恩传》记鱼朝恩献宅建章敬寺，拆曲江亭馆及华清宫楼观、百司行舍、将相没官宅，建得寺总四千三百余间。章敬寺在拆除利用了大量楼观馆阁材料的基础上，仍然费逾万亿。回顾唐末李茂贞上奉修葺宫殿之款最多不过其两

5 由仁寿宫、含元殿、麟德殿及唐构实例佛光寺大殿的材料规格来看，唐构建筑同样存在着根据性质地位采用不同规格材份的制度。

倍，想要修缮宫室区域，势必要移用拆改大量的现有建筑材料，这是一种行之有效也被广泛认可的建筑循环观。

5.2.2 西京大明宫

在乾宁三年（公元896年）修复大明宫时，存在政治对峙的双方。其中李茂贞主要结交的是内侍宦官韩全诲等人，而霸居洛阳的朱温则与外朝宰相崔胤等勾结更深。由于重建事宜直接影响到皇帝的活动区域，李茂贞、韩建重修时自然会侧重内侍宦官的权力领域。这也是理解光化初年修复建设的出发点之一。在这次修缮中，除了后来囚禁昭宗的少阳院，具有更重要政治地位的当属内侍省，近代的考古发掘为研究内廷中这一核心领域的建设提供了佐证，即《大唐重修内侍省之碑》的出现。

《大唐重修内侍省之碑》刻于唐光化二年（公元899年），于1978年在西安第二机床厂基建工地（今西安西城墙东240米、莲湖路南80米处，亦即唐长安城皇城西墙东约240米、宫城南墙南6米处，靠近掖庭宫）出土，此碑内容主要是为当权"四贵"——内枢密使宋道弼、景务修和左、右观军容使刘季述、严遵美歌功颂德。碑中所谓内侍省之地，最初的研究者保全先生认为便是在发掘地点即太极宫之西掖庭宫[9]，这一看法被其他学者所沿用；王静针对碑文"又禁庭出入之处，是左右银台之楼"一句，认为其建设的地点仍在大明宫[10]。本段便从内侍省建设位置的争论出发，结合文献中提及的其他活动区域，可以对这些兴建的区域进行一些推敲。

《大唐重修内侍省之碑》上主要记述了对内侍省以及宫苑衙署、诸军府库、庄宅作坊等的修葺，择其事关修建语如下[11]：

（1）"内侍华省，弥纶列曹，庶务政化之源，四方取则之地，制度素广，标示甚崇，厅宇宏多，梁栋斯盛，建葺必归于允崇，周旋暗合于规程……由是阙地弥重，省望增崇，表瑞露之霑恩，垂烟霄之盛渥。乾宁三载，以道思展义，爰幸咸林，既旧址荒凉，而孰议修葺"。

此段是重修的前情追溯，对内侍省的重要地位多有夸耀溢美之词。从实际发展过程来看，内侍省本为品秩低微的服务机构，玄宗德宗后因政治需要才权势日隆，所谓阙地弥重，省望增崇便是发生在其进入大明宫的中唐时期，由于得盛渥才有了建筑规模上的扩建。但乾宁三年（公元896年）被毁，故此才有修葺之议。由此回溯可见，符合这一历史演进的唯有大明宫内的内侍省。

（2）“内则内园客省、尚食、飞龙、弓箭、染房、武德（军器）、留后、大盈、琼林（两财库），如京营幕等司，并命妇院、高品、内养两院。外则太仓庄宅、左右三军、威远教坊、鸿胪、牛羊等司，并国计库、司天台。曹署并臻华局，克叶旧规，徘徊翼张东西，鳞次列秩峻美”。

这一段是关于修缮范围的陈述，值得注意的是将之分为内外。内之尚食、飞龙、命妇院原均在大明宫“光顺门—右银台门”一线左右；而大盈、琼林为财库，首创于唐德宗兴元元年[6]。1957年冯先铭先生在西安唐代大明宫遗址发现过邢窑“盈”字款碗残片即大盈库之物，当然它也断不可能为太极宫机构；至于“外”所包含的除鸿胪、司天台外，其他多原应在禁苑。

（3）“又禁庭出入之处，是左右银台之楼，咸自智谋，俾令结构。轮奂而枭踊呈彩，雕镂而宝绿交辉。上拂云端，旁齐露掌，共称壮观，克成应门，竦四面之长廊，继曩时之旧制。”

这是对建设位置的具体陈设，大中二年（公元848年）宣宗曾诏修大明宫右银台门楼屋宇，可见银台门有楼，内侍省位置便在大明宫右银台门旁。

综合这三段文字中所反映的历史、机构内容以及位置，笔者认为，尽管碑在太极宫掖庭宫附近发现，但其所述重修之内侍省必然位于大明宫右银台门之内，即中唐后原内侍省的位置。碑成后经多年，当是后期被移至发掘地左右的。除内侍省外，由文献可推测的其他仍在使用的建筑包括：

（1）延英殿

光化四年（公元901年）正月二十三日，昭宗下敕：“近年宰臣延英奏事，枢密使侍立旁侧，参预议政，致使争论纷然；出殿后又数改易，挠权乱政。”今重申宣宗按大中旧制，枢密使须待宰臣奏事毕后，方得入延英殿商洽公事。此令旨在使宦官不得干预朝政，虽然它在十个月后便在韩全诲的胁迫下被废止。继续维持咸通以来宦官两军中尉、两枢密与宰相共同延英奏对的旧例。可见天子与朝官议政在延英殿，并且宦官四贵与南衙臣宰同堂议政。延英殿位于内廷西路，靠近内侍省，内侍无论对庭议内容还是皇帝行为的信息收集能力都远甚于朝官。

（2）内少阳院

光化三年（公元900年）十一月，昭宗猎苑中，因置酒，夜醉归，手杀黄门、侍女数人。此举激发了神策左军中尉刘季述逼皇退位之心，“庚寅，季述、仲先甫

6《四库全书总目提要》卷一百十八·子部二十八〇《近事会元》·五卷。

登殿，将士大呼，突入宣化门，至思政殿前，逢宫人，辄杀之”。又《新唐书》“刘季述传”：

季述卫皇太子至紫廷院，左右军及十道邸官俞潭、程岩等诣思玄门请对，士皆呼万岁。入思政殿，遇者辄杀。帝方坐乞巧楼，见兵入，惊堕于床，将走。

“即取传国宝以授季述，宦官扶上与后同辇，嫔御侍从者才十馀人，适少阳院。……甲午，太子即皇帝位，更名少阳院曰问安宫”[12]。

《长安志》卷六称，“在金銮西南又有金銮御院、宣化门、武德西门”，故宣化门在大明宫内廷西路，思政殿便距此不远。由此推测，思玄门当在思政殿前，乞巧楼在思政殿后，可能位于同一院落。而能将昭宗控制在自己的监视范围之下，则少阳院必然位于内廷，靠近内侍省。

（3）安福门

“天复元年（公元901年）。德昭复结右军清远都将董彦弼、周承诲，谋以除夜伏兵安福门外以俟之”[12]。

“正月乙酉朔，王仲先入朝，至安福门，孙德昭擒斩之，驰诣少阳院，叩门呼曰：‘逆贼已诛，请陛下出劳将士。’何后不信，曰：‘果尔，以其首来！’德昭献其首，上乃与后毁扉而出。崔胤迎上御长乐门楼，帅百官称贺”。

安福门在承天门西，为皇城西墙外门，王仲先为四贵之右中尉。德昭与右军都将合作在其上朝路上将之除去。这一记载中的疑问很多，在昭宗被囚矫立新皇的情况下，新皇无法独立主持朝政，何来上朝事，王仲先又如何从太极宫西进皇城，这一地点的突变还有待进一步研究。

（4）思政殿与御院

天复元年（公元901年）壬子，韩全诲等陈兵殿前，言于上曰：“全忠以大兵逼京师，欲劫天子幸洛阳，求传禅。臣等请奉陛下幸凤翔，收兵拒之。”上不许，杖剑登乞巧楼。全诲等逼上下楼，上行才及寿春殿，李彦弼已于御院纵火。是日冬至，上独坐思政殿，翘一足，一足蹋栏杆，庭无群臣，旁无侍者。顷之，不得已，与皇后、妃嫔、诸王百馀人皆上马，恸哭声不绝，出门，回顾禁中，火已赫然[12]。

天复元年（公元901年），韩全诲听闻南牙宰相崔胤与朱温谋，将引汴兵杀宦官，乃挟昭宗逃往凤翔。凤翔在长安以西，王室出长安的路径有两条，一是穿过皇城横街出安福门走开远门，二是出右银门入禁苑，向西自禁苑而出。既然能回顾禁中火势赫然，则更有可能是自大明宫出发，通过禁苑线路。

在韩建修缮大明宫的短暂一年中，面对费用有限、时间迫切的客观限制、很有可能就地取材略加改善，以拼凑出宫殿格局，来与朱温的洛阳建设抗衡。其建设重点区域在于原大明宫内廷、延英殿至右银台门及其以北区域。建设中最为华丽宏大的当属内侍省，其他修缮的听朝建筑包括延英殿、紫廷院，皇帝起居则主要在思政殿院，其中又有楼阁。此外还有寿春殿等偏殿宫室。至于含元殿、宣政殿，以及左右官署区的名称再未见于典籍，当早已废弃，不排除有将其建材就近移如内廷，修建内侍省及其他建筑的可能。而太极宫区域还有相当多的官员在此办公，也一直还在维持运转中，得到了有效的修缮，其皇城区域出延喜门至大明宫一线，也是连缀两宫的主要通道（图5-2-1）。

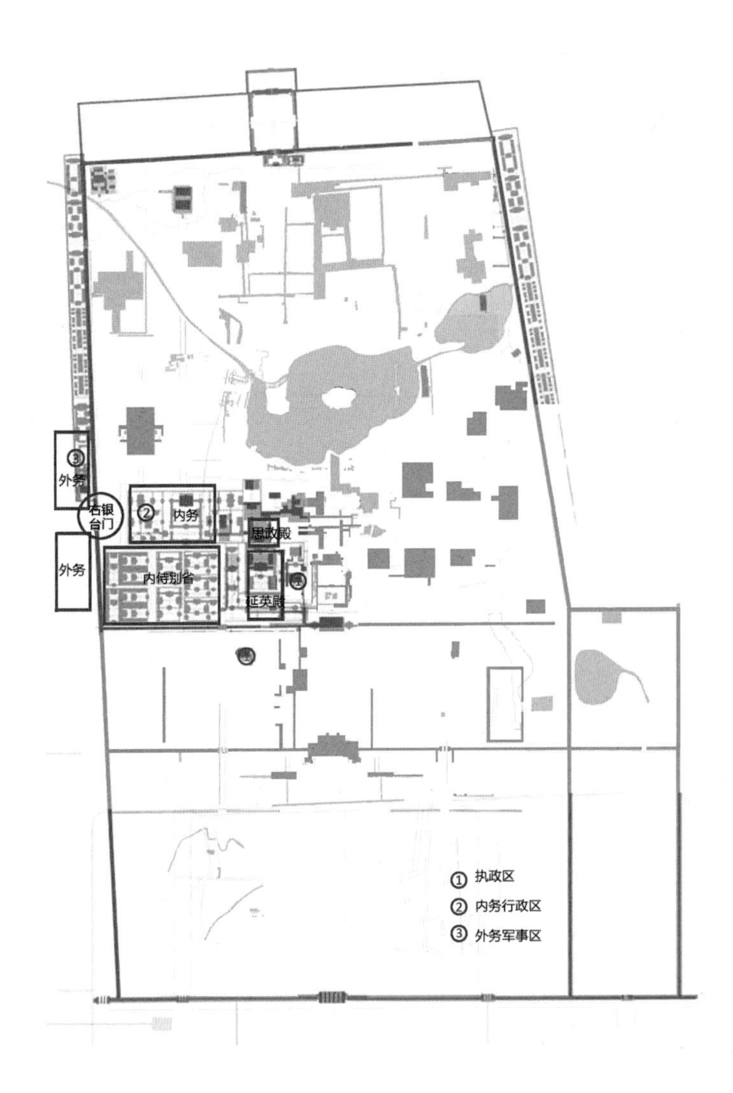

图5-2-1　光化元年韩建修缮重建范围示意

5.2.3 东京洛阳宫

安史之乱后的洛阳宫室备受重创，尤其是光启年间（公元885～887年）孙儒据东都时期，烧宫室官寺民居，大掠席卷而去，时“城中寂无鸡犬”。在唐昭宗天复四年（公元904年）东迁到朱温定都汴梁（公元907年）的这一段时间内，洛阳宫得到了部分的恢复。朱温迁唐都于洛阳前夕，命张全义“缮治洛阳宫城”“发河南、北诸镇丁数万以助之”，开始进行修缮，“累年方集”。正月待昭宗出发后，还命张廷范拆毁长安宫阙及官府民宅，“长安居人按籍迁居，撤屋木，自渭浮河而上”，取得的屋料用于加入洛阳建设。

当年四月便奏洛阳宫室成。《资治通鉴》卷264记唐昭宗：“甲辰，车驾发谷水入宫，御正殿受朝贺”，文下注曰：“时以贞观殿为正殿，崇勋殿为入阁”。即昭宗在洛阳宫正殿贞观殿受朝贺，宴朱温及百官则是在贞观殿后的崇勋殿举行。按时间计，当时不过潦草成事而已，此时宫殿也不是自渭水而下的长安屋木修筑的。

洛阳宫的第二轮建设在公元907年，《新五代史。罗绍威》记载：“（公元907年）车驾将入洛，（罗绍威）奉诏重修五凤楼、朝元殿，巨木良匠非当时所有，倏架于地，溯流西立，于旧址之上张设绨绣，皆有副焉。太祖甚喜，以宝带、名马赐之”。其他建筑尚可材料互用，唯有大殿巨构的采伐殊为难得。由洛阳五凤楼及朝元殿建成的时间以及朱温的欣喜之意，笔者认为这次修建中更多地使用了拆下的长安宫阙及官府民宅之材，特别是其中的大殿巨木。很有可能就是在此事中，被用以修筑洛阳五凤楼等外朝重要建筑。

这次修建的五凤楼、朝元殿与昭宗初到时候的贞观殿等又有什么关系呢？天佑二年（公元905年）五月昭宗曾改都城门名和殿名，将应天门改乾元门，宣政殿改贞观殿。这轮改名中未提及前一年作为朝贺地的贞观殿改为何名。不过杨焕新在《略论北宋西京洛阳宫的几座殿址》一文中提出，结合五代后梁开平三年（公元909年）记载的：“改西都含元殿为朝元殿，贞观殿为文明殿”一语，当时很可能是把贞观殿改为含元殿。此外，在《宋会要辑稿·方域》方域一“西京大内段”中记北宋时期的洛阳宫室：“南面三门：正南曰五凤楼，……五凤楼内正南内太极殿门，唐曰通天、乾元，太平兴国，三年名太极门。正殿曰太极殿，唐初曰乾元、明堂，后改含元，梁曰朝元，……殿前有左、右龙尾道，日楼、月楼，东西横门曰日华、月华。殿后有柱廊，次天兴殿，旧曰太极后殿”。显然，乾元殿即之后的含元殿、太极殿，不仅名称与长安大明宫内相类，形态也与之相类，还沿袭了左右龙尾道的设置。而五凤楼位于乾元门之前，倒与长安西内“承天门—太极门—太极殿”的格式相类了。

带着这个认知观察洛阳唐城的考古发现[13]：此次发掘有宋代2号基址，即宋代太极殿、晚唐含元殿、梁之朝元殿。2号建筑台基东西约86米，南北42米。在西安发掘的大明宫含元殿遗址显示，含元殿殿址台基东西长75.9米、南北宽41.3米，其残留柱础及夯土墙显示，建筑面阔11间、进深4间。这两处遗址台基尺度进深接近，面阔上则洛阳2号殿更为宽阔，也当有弥补地势不能铺张两翼的缺憾、增加建筑气势的用意。

因此，从兴建时间及目的、殿名、对含元殿龙尾道形态的再现以及基础尺度来看，笔者认为大明宫遗构虽然在904年随昭宗东迁而顺渭河而下，但在抵达洛阳后，并未第一时间用以修整洛阳宫，而是被用于3年后的罗绍威重整五凤楼、朝元殿时。这一时期洛阳宫的正殿得到了重新修缮，出于地形特征的原因，面阔间数增加而无转折伸出的两翼，唯其保留的龙尾道中还可看出对长安含元殿的写意。

用唐遗构修建的五凤楼及朝元殿等在兵变成风的五代期间命运多舛：后梁乾化三年（公元913年），禁军兵变推翻朱友珪，“诸军十万大掠都市”；后唐天成元年（公元926年），指挥使郭从谦率众哗变，庄宗身死，“诸君大掠都城”；此外，（公元937年）契丹南下洗劫东西两畿，“数百里间，财畜殆尽”[7]。宋人李格非说，“（东都），其池塘竹树，兵车蹂蹴，废而为丘墟。高亭大榭，烟火焚燎，化而为灰烬”[8]，在这段过程中，再无以大木修缮两都宫室的记载。

在与之相距四百里的汴梁，朱梁公元907年于此定都。开平元年（公元907年）夏四月壬戌，更名晃。甲子，皇帝即位。戊辰，大赦改元，国号梁[9]。升汴州为开封府，建为东都，以唐东都为西都。当月改汴梁宫内宫殿及门名称，其中正殿名崇元殿，东殿为元德殿，内殿为金祥殿，又以大内正门为元化门，元德殿前门为崇明门。第一期的汴梁宫室主要进行了重新命名，从中可见正殿、东殿、内殿的双轴格局，但未有谈及新建。之后的30年中，以洛阳为重心，直至石敬瑭再立开封府。整理两地在政权交叠的局势下的建设情况得到下表（表5-2-1）。

五代时期东西两度都宫室兴建使用情况　　表5-2-1

公元纪年		洛阳	汴梁
907	后梁开平元年	车驾入洛，罗绍威重修五凤楼、朝元殿	册宝诸司各备仪卫卤簿前导，百官从其后，至金祥殿前陈之。王即皇帝位。宴于元德殿
923	后唐同光元年	都洛阳，许人在洛阳空闲地建宅舍	
924	后唐同光二年	礼毕，宰臣率百官就次称贺，还御五凤楼	
925	后唐同光三年	规划重建洛阳街巷坊市	
931	后唐长兴二年	诏曰皇王所宅，乃夷夏归心之地，非农桑取利之田。宜广神州之制	
937	后唐亡 后晋天福元年	—	石敬瑭迁都开封
938	后晋天福三年	洛阳改西京。河南留守奏修洛阳宫，薛融谏："今公私困窘，非陛下修宫馆之日"，宫室未有修建	以汴州为东京开封府。 汴宫诸殿，各代易名而已
947	后汉天福十二年	—	后晋亡，后汉定都于汴
951	后汉乾祐四年	—	后汉亡
952	后周广顺二年	—	发丁夫五万五千人修汴京罗城，疏浚城壕，十日
953	后周广顺三年	—	东京开封府筑圜丘、社稷坛，建太庙
955	后周显德二年	—	广汴京街衢，筑新罗城，官中劈画，任百姓营造
956	后周显德三年	—	发民十余万筑汴京外城，许京城街道两侧取阔三至五步之地种树、掘井、修盖凉棚

资料来源：整理自《资治通鉴》、《旧五代史》、《中国古代建筑史·第 2 卷·两晋、南北朝、隋唐、五代建筑》。

由这一整理可以看出，虽然经历过乱兵扫荡，但至少到后唐王朝终结之前，洛阳的五凤楼仍然存在。至后晋立国，石敬瑭迁都开封后，则再无记载。而此后，后晋及后汉均未有大兴建，直至北宋修缮宫室时，去取法洛阳宫制度。唐宫室遗构经过半个世纪的动乱之后，伴随着洛阳宫的湮灭而最终走向沉寂。唯有其格局部分地影响了统一形势下的北宋宫城，而北宋宫室也没有回到唐初的原点，却演化成了一种新意义下的格局。

7《资治通鉴》"后梁纪""后唐纪""后汉纪"。
8 李格非，《洛阳名园记》。
9《新五代史》"梁本纪第二"。

5.3 承前启后的宫廷权力空间模式——唐宋宫城外朝内廷的传承与变化

前文讨论了物质实体的走向，本节则将比较宫室制度的格局，探讨其传承线索。五代宫室建设自朱温始，设开封和洛阳作为东、西两都，实际上则期驻跸于西都，此时的开封尚属草创阶段。之后的五代晋、汉、周三代依后梁制度，保持了东西两京的设置，以开封为首都，洛阳为陪都。北宋定都后在后周东京开封府的基础上进行了大规模的改建和扩建，形成了外城、内城及皇城的三重层次。关于北宋都城的城市格局和制度来源，郭湖生先生在《中华古都》一书中指出，这是由于北宋东京继承了唐代州军级城市采取“子城—罗城”的制度，即内城外郭，其内部为适应皇帝出行仪卫需要而对城市道路进行的改造，从而为后世确立了州桥（天汉桥）、华表、御廊杈子（千步廊）等宫门制度[14]。

关于开封的皇城制度，主要依赖于《东京梦华录》和《宋会要辑稿》“方舆”对此的文献记载，考古发掘重点探得了城市的尺度和层次，发掘有南墙的两处门址，其整体布局经李合群和傅熹年先生的研究[15]，已经大体明确了南北900米、东西1570米见方的规格，并具有以南北横街为第一层级，多列并置的宫城格局。北宋皇宫所在原为后梁建昌宫（后晋大宁宫），宋太祖建隆三年（公元962年）又增广皇城东北隅，号称周五里，辟乾元、拱宸等六门。城内宫阙大都依西京洛阳建制，总计约40余所。其大朝在大庆殿，朔望朝在紫宸殿，常朝在文德殿，大赦在宣德门。大内宫室格局受考古发掘条件的限制，其格式推测多依赖于《宋会要辑稿》“方舆”与孟元老在《东京梦华录》中的记载，图像参考主要有《事林广记》之“京阙之图”。据此傅熹年先生对北宋东京宫殿建筑布局进行了初步的复原。

经济保障是都城选址深层次的主导因素。政治礼仪正是建立在相应经济基础上的表象文化，都城中的宫室便是这一文化的物质体现。因此尽管自隋后的历代都城都力求附会《周礼》，但都不可避免地要适应当时的社会经济背景，而呈现出解读上的种种差异。前文已经通过唐东西大内的转变讨论了都城宫室建设之初以理想模式为标准，在沿用的过程中根据现实因素进行调整演变的发展历程。本节旨在关注经唐两百多年的演变后，宫室制度又是如何被北宋及后世所承袭的，其中的重点便是权力空间、建筑形制和仪式空间的传承关系。

5.3.1 政治区域及官署空间制度的变化

5.3.1.1 三朝空间结构的变化

北宋职官，计有两府八位、尚书省、御史台、门下省、秘书省、大晟府、太常寺、五寺三监等。其中与行政、财政、军事、外交相关的机构都在禁中，即内诸司[16]。

“宫城至北廊约百馀丈。入门东去街北廊乃枢密院，次中书省，次都堂（宰相朝退治事于此），次门下省，次大庆殿。外廊横门北去百馀步，又一横门，每日宰执趋朝，此处下马；馀侍从台谏于第一横门下马，行至文德殿，入第二横门。东廊大庆殿东偏门，西廊中书、门下后省，次修国史院，次南向小角门，正对文德殿（常朝殿也）。……宣祐门外，西去紫宸殿（正朔受朝于此）。次曰文德殿（常朝所御），次曰垂拱殿，次曰皇仪殿，次曰集英殿内诸司”。

北宋以大庆殿殿庭作为大朝所在，以紫宸殿为朔日受朝，以文德殿为常朝处（图5-3-1）。虽然其布局呈现出双轴东西并置的格式，但与先唐之骈列有本质上的不同，而更接近大明宫三朝陈设，即分别设元日冬至大朝、朔日朝、常日朝3个层次，并在3个尺度规格不同的宫殿进行。其差异处在于常朝殿外即设政事堂、枢密院建筑群组，以确保天子对政府核心机构可以实行更直接有效的控制。这种将三朝空间层次切削并置的处理方式，与其说是出于北宋皇宫狭小的不得已而为之，不如说是在朝仪的象征意义降低，以及吸取了前朝空间政治的经验前提下，天子出于对日常朝政事处理职能的重视而进行的主动调整。

5.3.1.2 东宫的区位及转变

王储为国之本。北宋宫城内同样设有太子东宫，但在皇太子的培养上，宋代开创了独特的制度并与东宫建设相关：储君确立较晚，东宫不是未来天子主要的培养地；皇子不控制军权，且宫官多为它官兼任而非专职，因此东宫不配有专门的官员衙署区。《续资治通鉴长编》卷三十七至道元年（公元995年）记册封皇太子仪：

“丁卯，上御朝元殿，册皇太子，陈列如元会之仪。皇太子自东宫常服乘马，赴朝元门外幄次，改服远游冠、朱明衣，三师、三少导从入殿，受册、宝，太尉率百官奉贺。皇太子易服乘马还宫。……庚午，具卤簿，谒太庙五室，常服乘马出东华门，升辂。”

按此，结合东宫在方位上的特征，基本可以确定北宋东宫在宫城中的大致

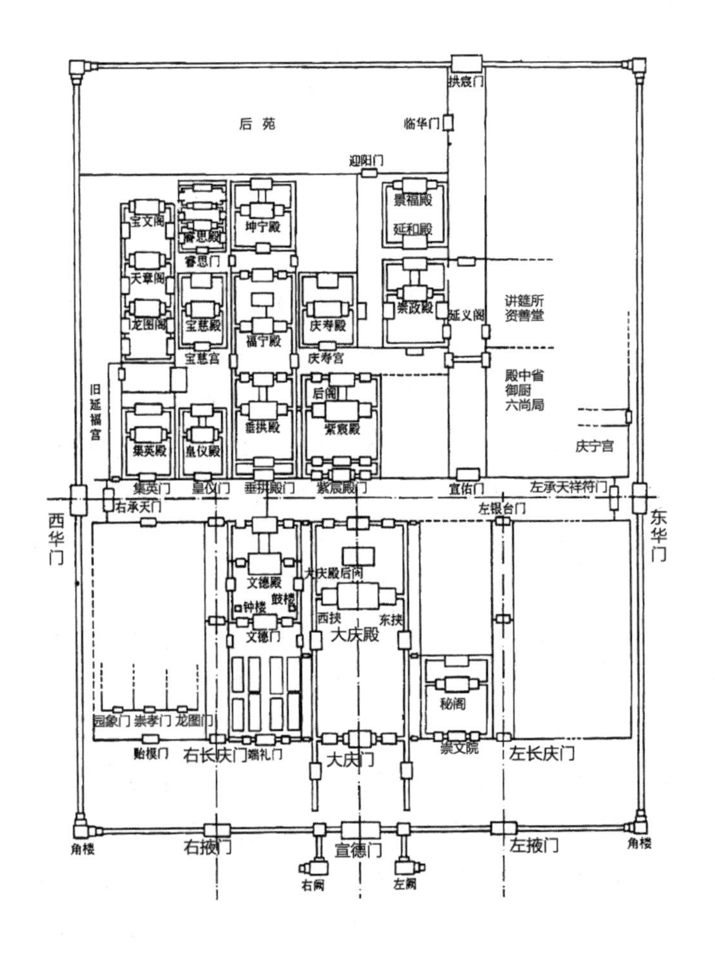

图5-3-1　北宋东京宫殿建筑布局
（资料来源：傅熹年）

范围，即东华门西南，左掖门东北，其北隔东、西华门横街，即殿中省及六尚之处。除了区域的缩小外，更没有独立的城门，进出需要“自东华门里皇太子宫入嘉肃门”[16]，与唐初期相比，东宫所在更接近内廷及藏书阁，而非外朝，也是北宋以文治国、以孝治国并严控军权的体现。

5.3.1.3　官署区域及服务机构的简化

隋文帝首创“皇城之内惟列府寺，不使杂人居住，公私有便，风俗齐肃”，创立了独立的行政办公区域，安置中央五省、九寺、一台、四监及十八卫。这通常被认为是城市管理上的一大进步，对此，宋人吕大防也甚为赞赏，认为“（隋）朝廷官寺居民市区不复相参，亦一代之精致也”。但是，宋东京又恢复到“官民混居”的形态。北宋东京除中书省、都堂及枢密院设置在皇城内，其他众多的中央机关则安排在皇城前南北御街两侧的街巷中。并未见有典籍证明其与周边民居里坊有物质上的分隔。这是一种空间规划上的倒退还是发展？

为了辨明这个问题，需要重新再回顾一下唐代皇城职能官署的类型和作用。其中占地最广的寺监以配合皇家生活运作为职能，事务冗杂，资源消耗巨大。包括：司农寺、少府寺、太府寺、太仆寺、将作监等，囊括了衣食住行各个方面。这些生活必需品的生产制造主要依赖于禁苑，结合少量地方贡献以及就地采办。宫廷物资消耗巨大，仅食品部分，按《六典》所记供奉2400人："左右厢南牙文武职事五品以上及员外郎供馔百盘。……每日常供具三羊""凡宿卫当上及命妇朝参、燕会者，亦如之。"这一部分服务工作都有皇城内及宫城内的职能机构负责。并伴随宫内机构的调整和内侍省的兴起，在晚唐时期形成对应的生产劳动部门。

这些生产劳动和所需要的资源调动促发了中唐之后"宫市"的出现，在相对封闭的坊市制体制下，担任"宫市"任务的宦官只能到东西两市的固定市场或者"要闹坊曲"中购买所需物品。但是唐初律令又有：五品以上官员禁止进入东西两市，当进入东西二市存在条律上的限制时，也促进了玄宗时期及其之后，两市以外的店铺的剧增。对外采购本来是进步的体现，但在初期尚不规范，导致其成为唐后期宦官借以踧扈谋利的机会而饱受恶评。而宫外空间路线的交叠也对宫内权力的争夺走势产生了影响。"宫市"和"监军"，一为财政，一为军权，是世人抨击宦官专权最为激励之事，其区位提供的"弄权"则是第三个也是更严重的潜在危害。

后世吸取这几方面经验，在宫市和内外结交这两件事的处置上格外谨慎。而北宋开封的漕运优势打开了商业贸易的繁荣局面，在这一物资保障的前提下，北宋宫城压缩了服务机构的空间规模，以"外诸司""内诸司"划分，按《东京梦华录》卷一《外诸司》所载，宫城之外即为外诸司，主要都是服务及生产性的机构，如法酒库、仪鸾司、车辂院、文绣院、象院、四熟药局、都茶场，他们服务于宫廷，与政治无涉，设置在外却又可调动市井的人力物力，比较于唐设大量内廷生产机构并置广袤禁苑，这无疑是更高效率的功能编组。

通过"外诸司"，内廷与市场建立了更为紧密广泛的联系，增强了对市场的依赖，商业运行上也优先向皇室提供最好的产品："唯此浩穰诸司，人自卖饮食珍奇之物，市井之间未有也"[15]；空间距离上，作为服务机构的殿中六尚等位于皇城东北，以便更好地与宫室以北的商业区域进行联系。同时且通过警卫制度强化了对此的管理："相对东廊门楼，乃殿中省六尚局御厨。殿上常列禁卫两重，时刻提警，出入甚严。近里皆近侍中贵。殿之外皆知省、御药、幕次、快行、亲从官、辇官、车子院、黄院子、内诸司兵士，祗候宣唤；及官禁买卖进贡，皆由此入”[15]。

5.3.2 宫殿建筑制度的蜕变

5.3.2.1 含元殿与五凤楼

五凤楼一词始现于唐玄宗时。《新唐书・元德秀传》载：“玄宗在东都，酺五凤楼下，命三百里县令、刺史各以声乐集”。萧默先生指出五凤楼即唐东都洛阳之则天门[17]。吴庆洲先生在此基础上提出五凤楼形制始于宇文恺，“这说明宇文恺上承秦汉南北朝，下启隋唐以后‘五凤楼’形制”[18]。

朱温迫唐昭宗东迁洛阳时，命罗绍威等重修五凤楼、朝元殿。《新五代史・罗绍威》：“车驾将入洛，奉诏重修五凤楼、朝元殿，巨木良匠非当时所有，倏架于地，溯流西立于旧址之上，张设绨绣，皆有副焉”。虽然长安含元殿被拆毁，但无论是形式还是名称，都被罗绍威在洛阳的修建中所继承，其中五凤楼沿袭了丹凤门的性质，《旧五代史》卷三一《唐书・庄宗纪》载同光二年（公元924年）的南郊大赦，“二月己巳朔，亲祀昊天上帝于圜丘，礼毕，宰臣率百官就次称贺，还御五凤楼。……是日，风景和畅，人胥悦服。议者云，五十年来无此盛礼”。观者所见的上一次类似的盛礼显然是指丹凤门金鸡放赦的一系列仪式，也就是宫城正门之处。

如果说五凤楼是洛阳应天门形制，同时延续了长安丹凤门甚至承天门作为大赦地的性质，那么作为元会大朝仪所在的含元殿，除了建筑遗构被用以修缮五凤楼及朝元殿，其两翼展开、三阙重叠、双阶并置、龙尾道盘亘的建筑形态又是如何发展继承的呢？含元殿的形神在五代初洛阳宫朝元殿重修的过程中是如何以其他的方式在延续呢？通过后世的绘画或可一见端倪。

5.3.2.2 龙尾道与御路踏道

考古探得，含元殿龙尾道以方形花砖墁地转折蹬达至丹陛，花砖上烧制有花纹图样，以兼具美观及增加摩擦力的作用（图5-3-2）。龙尾道形式沿袭至后梁洛阳宫朝元殿，之后其名再未见谈及，但此坡面处理却在两宋应用颇广。

南宋李嵩《明皇观斗鸡图》表现的是唐玄宗故事，但建筑环境反映的是南宋宫苑一角，其格子门窗的存在亦是典型南宋建筑构件。后宫宫殿入口不以台阶，而以斜坡连接高下，左右有护栏，坡面上有一完整浮雕图案。可以说明，至少直到南宋，宫殿建筑中仍会采用雕刻花纹的坡道作为台阶（图5-3-3）。

图5-3-2 含元殿考古发掘的花砖（资料来源：《唐大明宫遗址考古发现与研究》）

图5-3-3 南宋《明皇观斗鸡图》中的浮雕坡面（资料来源：《宋画中的南宋建筑》）

图5-3-4 《碧梧庭榭图》中的姜礤坡道（资料来源：《宋画中的南宋建筑》）

《碧梧庭榭图》传为南宋画作，作者佚名。此图表现了一个富丽闲雅的宫中庭院。院中主体建筑四角重檐攒尖方亭为主要表现建筑，单面设入口，为姜礤坡道（图5-3-4）。

北宋作品中，佚名的《闸口盘车图》也清晰地反映了建筑采用坡道而非台阶的入口处理方式的现象。磨坊跨水而设，高于地面，以斜面坡道连接，坡面上45°斜铺纹样方砖。左右道路高于水面，又有坡道下到近水平台处。坡道满铺方砖，边沿为素面砖，中心部分45°斜铺纹样方砖（图5-3-5）。

张择端《清明上河图》局部，表现庙宇的入口，大门三开间，左右又各带三开间挟屋。建筑为分心槽形式，中柱设门，次间有栏杆，后有神像，与后世寺庙入口左右设天王类似。当心间入口处为一三斜面坡道。图中可见左右挟门屋当心间做断砌造，以便车轿出入。以大门斗栱和朱钉看，此寺庙级别较高，而坡道式入口断不是为了方便车马所设，只能说斜面坡道与台阶式同样，仍然是一种正式的处理做法（图5-3-6）。

斜坡踏道作为重要殿堂处理高差变化的方式，曾广泛地使用于唐代宫室，这是为天子出行时，由内侍托举御辇的现实考虑。但当形式被赋予了其所指的寓意时，形式的选择就变得更加有偏好性而非现实性，两宋建筑在非功能所需时仍有意识地采取这一形式，便是对唐宫室建筑的构筑特征的主动承袭。至于规范性著作《营造法式》中石作及砖作制度的“踏道”“慢道”条，则对类似做法进行了受力合理性的改进，以一尺作两踏，每踏厚五寸[19]，而最终取代了以方砖花面外露的做法。

图5-3-5　五代南唐《闸口盘车图》中的坡道（资料来源：上海博物馆藏）

图5-3-6　北宋《清明上河图》中的入口（资料来源：《清明上河图》）

5.3.2.3　断杖折栏与东西阶的消逝

“折栏”典故出自《汉书·朱云传》记：朱云见汉成帝时，请赐剑以斩佞臣，虽惹成帝大怒而百折不挠，抱栏不走以致折断槛杆。修槛时，成帝命保留折槛原貌，以表彰直谏之臣。唐李嘉祐《故燕国相公挽歌》有：“共美持衡日，皆言折槛时。”后世殿槛正中一间横槛不施栏杆，即来自此典故，谓之折栏或折槛，以示兼听。唐代宫室中也继承这一传统，杜甫的《折槛行》一诗中有：“千载少似朱云人，至今折槛空嶙峋。”反映出这一处理在唐代仍得以保留，而南宋《孝经图》中也表现了折栏的形式。

折槛存在的前提是东西阶制度，当心间不通行而设以横栏。考古发掘和仪式陈述都证明：唐外朝大殿前平台对称设置东西台阶，当心间丹陛外则为横栏，舍人、案甚至乐悬都设立在其栏下正中。北宋时期，宫城正衙的样式主要仍依赖于考古发掘的信息，并综合同时期图像文献进行想象推导。从当时奉敕官制的大量图像证明，虽然民居和亭台多以中阶进入，但东西阶才是外朝政治建筑常用的一种正规的入口处理方式。

（1）北宋《契丹使朝聘图》，表现宋真宗接见辽国使臣一事。所立殿宇，面阔五间，左右有连廊，虽然尺度较小，但采用左右次间设东西阶形式。接见使臣一事属国家宾礼，因此图像所示应为宫内外朝殿堂。栏杆转角处出头，无断杖（图5-3-7）。

（2）北宋《太清观书图》，绘有北宋宫内藏书楼太清楼。楼建于宋太宗时，高两层而有四重檐。楼面阔七间，左右次梢间对设有东西阶（图5-3-8）。

图5-3-7　北宋《契丹使朝聘图》（资料来源：中国台北：故宫博物院藏）

（3）马和之《女孝经图》之二，画皇帝向太后请安事。太后所在殿阔三间，斗栱单杪双下昂，正中有台阶，踢面雕花（图5-3-9）。同一作品在之四中，所画为皇帝召见大臣事。皇帝所在的殿堂无门无窗，三面竹帘高卷，恰如一亭，面阔三间，斗栱单杪单昂，比太后殿级别更低。但建筑入口分

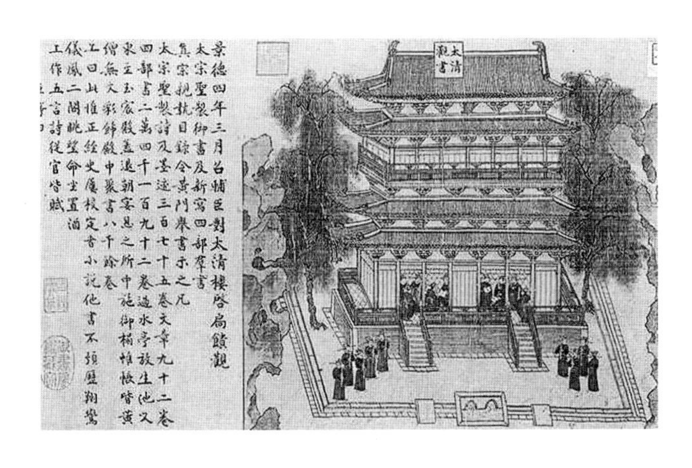

图5-3-8　北宋《太清观书图》(资料来源：中国台北：故宫博物院藏)

图5-3-9　马和之《女孝经图》局部(资料来源：《宋高宗书孝经马和之绘图册》)

图5-3-10　南宋马远《华灯侍宴图》局部(资料来源：网络 华艺美术网)

设东西阶，正对左右梢间。臣子槛前跪拜，左右各有持仪仗的武卫。可见，虽然建筑形制较小，但由于用以政事朝参，所以仍采用东西阶形制。相比于当心间设台阶，东西阶形式是更正式、也更适用于外朝的形式。

(4)南宋画家马远有幅表现宫廷夜宴的作品，即《华灯侍宴图》(图5-3-10)，上有宋宁宗御书题诗“乐闻禁殿动欢声”，也说明此画反映的是南宋宫城大殿内举行盛大宴会的场景，画中殿内可见左右设席，各有前后两层，庭前殿内均有舞伎。其殿堂面阔五间，左右次间正对有东西阶。

由此可见，绘画中宫室建筑场合的区别不仅是通过屋顶，还通过台阶形制的处理传达出来。这其中部分是出自画家对“古风”的想象，但更多的是对两宋宫室的细致写实。自高堂正殿由偶数开间转变到奇数开间后，单阶入口的形态迅速出现并反映在明器中，但东西阶制度作为偶数开间时遗留的构筑特征，一直持续地存在于宫室殿堂外。

大明宫含元殿形制的消逝起因于战乱动荡，在重建正衙的过程中迫于现实地理环境和空间尺度的局限，发生了巨大的转变。空间气势的塑造方式从“高度—立面—纵深”3个维度转向一维的立面延伸，并持续影响到了北宋大庆殿的两厢夹一殿的平面形态。在这个转型的过程中，建筑细节包括含元殿龙尾道以及作为外朝建筑标示的断杖栏杆，由于被赋予了理想政治的象征意义，仍然保持着相对久远的生命力，承袭沿用至南宋宫室。可以说，在政治空间的大型建设活动中，精神象征和文化动机相对于实用性和合理性，永远具有更强盛的影响力。

5.3.3 外朝边界的演化与传承——以T形广场为例

经过半个世纪的动乱之后，统一形势下的北宋皇城机构并没有回到唐初的原点，而演变成了一种新的格局。时代的大变动之际礼仪和礼仪空间的发展，是值得比较和探究的。

前文讨论了大赦在唐两处宫室正门处的变化：大明宫的建成简化了南皇城北宫城的布局层次，使得宫城直接面对城市，其边界重点丹凤门的南侧形成了一个新的广场：原承天门前大道宽约150米，东西向道路宽约200米；丹凤门大街宽宽120步，即176.7米。这种宫门前纵横干道相交形成广场而非道路节点的情况，在曹魏邺城即已出现，并且在建康时期确定成型[20] 10。但考虑到冠以“广场”之名，就不只是空间形态的问题，还应包括其中发生的事件及特定的区位及历史意义。发展至北宋，其对照的空间是御街千步廊所形成的T形广场区域，关于这一空间形式，从宫室历史的长轴上看，在明清定型成为纯熟完整的形态：明清北京城存在着一个由大明门（清大清门）为南侧入口、以相背的L形长廊围合并以承天门（清天安门）为主要建筑的T形广场，它的南端大明门北距承天门城楼约700米，北部东西长约370米，南北约80米，整体占地21公顷。这一区域的存在，不仅将明清皇宫的轴线延长了20%，达到3.7公里，并且明显改变了古代都城以宫城为核心的环绕式结构的外轮廓。

对这一形态的产生，有学者认为是传统瓮城的变形[21]，而更广为人知的推测是认为它始于北宋御街千步廊：北宋东京由唐宣武军节度使衙署为基础改扩建而成，在

10 苏则民先生曾提出，T形结构特征成型于东晋及南朝建康。宫城大司马门南侧东西横街和从大司马门到朱雀航道御街共同构成了这一形态。

宣德门外建御街，向南直达州桥，左右为完善界面形成千步廊供民众行走经营。经金、元传承影响至明清，形成天安门前先收后放的T形空间。建筑学界普遍侧重这一空间的尺度变化，并强调它的空间体验和对精神的暗示作用。以上解释存在的明显漏洞就是，刑徒及生员入宫的宫门分别为左、右长安门，作为中轴线T形广场之正南门的大明/清门仅做君主大驾出行及大婚入宫之用，由此看其所谓逼仄压抑的空间效果说很难成立。相背的双L形长廊的出现仅仅是出于美观的考虑么？这一形制纯粹是北宋东京的创新么？这一问题还没有得到进一步的探究。

前文中对宫室制度的研究强化了一个认知，即中国传统官式空间句法总是与制度、礼法及当时的现实问题所关联的。带着这个认识，下文将依据对文献和考古资料进行梳理分析，从仪式事件、建筑类型、区位关系三个角度，比较多个时期都城宫殿前的这一区域广场。探讨隋营造的承天门广场及唐一朝的丹凤门广场的传承流变及形态发展以及北宋御街千步廊的原型，以图从仪式事件的角度进一步厘清其脉络[22] 11。

5.3.3.1　礼仪章程与公共事件

按《唐六典》、新旧《唐书》等载，承天门前过6万平方米的广场是大型活动及重要仪式所在地，包括接见蕃使、祭天候驾、大赦改元。《大唐开元礼》《宣赦书》仪中记：在宣赦时，文武官员在顺天门外就列，文官在东面，武官在西面。设中书令在群官的西北，刑部侍郎率领他的部下，将金鸡陈于西朝堂的东方，金鸡下设鼓，文武官员各司其职，就列典礼现场。随着高宗将政治重心转移至大明宫，类似仪式转移至丹凤门前广场，《旧唐书》云："长庆元年正月己亥朔，上亲荐献太清宫、太庙。是日，法驾赴南郊，祀昊天上帝于圆丘。即日还宫，御丹凤楼，大赦天下。"唐诗人王建的《宫词》百首中，有描述同类事件并题咏丹凤门仪仗景观的诗句：

> 丹凤楼门把火开，五云金辂下天来。
> 阶前走马人宣尉，天子南郊一宿回。
> 楼前立仗看宣赦，万岁声长拜舞齐。
> 日照彩盘高百尺，飞仙争上取金鸡。

其中描述皇帝南郊祭天，当日回来。在正午时分，返回后登丹凤门楼上宣赦。唐制度宣赦仪式中有"金鸡放赦"的仪式，《新唐书．百官志三》记载：

"赦日，树金鸡于仗南，竿长七丈，有

11　T形广场的问题，只有宁欣在其《唐宋都城社会结构研究——对城市经济与社会的关注》一书中，提到了宫城与皇城之间承天门外的横街具有宫廷广场性质，并类似于后来北京的天安门广场，但对此问题并未深加论述。

鸡高四尺，黄金饰首，衔绛幡长七尺，承以彩盘，维以绛绳。将作监供焉。击㧁鼓千声，集百官、父老、囚徒。”

作为大赦之典，楼前竖起长竿，竿顶上有一个彩盘。到正午时分，城楼上放下一只用金纸饰首的鸡，鸡嘴里啣着赦书。五坊小儿爬上竿顶，争取金鸡当众宣读。这一仪式的活动规模据《资治通鉴》载，宰相率百官与士民于楼下听诏令，立仗警戒的南北军士达万人之多。可以说，“金鸡放赦”的原型始于北齐，而在唐一代定型成为皇家仪式的重要内容，是一组由皇帝、百官、士民参与，以高台宣赦、金鸡垂降为主要形式的仪式活动。

此项仪式传承至宋，发生在以宣德门为核心建筑的御街上。仪式在文化意义上并无变化，宋词中有“鸡竿肆赦，鸳行均庆，翱飞浸泽，斯万保升平”之语。而礼乐制度上，宋代形式发展得更加华丽繁复，《东京梦华录》中记北宋大赦，每逢赦日皇帝亲临宣德楼，楼前有大旗，最大者与宣德楼同高称“盖天旗”，取“君德天临无不尽”之意，固定在御道正中。同时相比唐金鸡下设一鼓，宋设宫架乐更为完备，宫乐过后，树立十几丈高的鸡竿，竿顶有一大木盘，中有金鸡口衔红幡写“皇帝万岁”大字。盘底垂下四条彩带，四个头戴红巾的人争先恐后地攀彩带而上，争夺金鸡红幡。争到手后众人大呼谢恩，此时从宣德楼上垂下一红色锦绳，落在城门下一彩楼上，是凤凰口衔赦书，通事舍人拿到赦书宣读，开封府大理寺排列罪犯于宣德楼前，听到鼓声，除去枷锁全部释放。此时又有谢恩及宫乐齐奏，载歌载舞[16]。宋人用“立起青云百尺盘，文身骁勇上鸡竿。嵩呼争得金幡下，万姓均欢仰面看”的诗句描述争夺金鸡的过程。金鸡放赦仪式以宣德门为高台核心，保持了与唐代相似的仪式步骤而形式更具表演性，同时将降赦的吉鸟由鸡升级为凤凰。

明清时期以天安门（明承天门）为核心高台建筑的广场形成了完整的形态，《日下旧闻考》记：“凡国家大庆，覃恩，宣诏书于门楼上，由垛口正中，承以朵云，设金凤衔而下焉。”颁诏时，以“金凤朵云”（漆成金黄色的木雕凤凰和雕成云朵状的木盘）装载诏书，在鼓乐声中由午门移往天安门城楼上，门下金水桥南有文武百官和耆老待诏。宣诏后，诏书衔放在木雕的金凤嘴中，用彩绳悬吊从天安门垛口正中徐徐放下，楼下礼部官员双手捧着“朵云”承接并由伞盖仪仗、鼓乐为前导，送往礼部衙门。迪尔凯姆在《宗教生活的基本形式》中提出过这样的观点：“每当人们需要仪式时，他们并没有对仪式进行再发明，相反，人们只使用由文化提供的那些已准备好的仪式形式。”尽管赦诏仪式的细节不断翻新，但从特定的象征符号、话语体系中仍然可以看到其原初的草蛇灰线。这一传承历史也得到清人的认可，毛奇龄《天安门颁诏》诗中便有“幡悬木凤衔书舞，仗立金鸡下赦来”之句。

除了以“金鸡放赦”为原型的大赦仪式外，T形空间的封闭性在明清大幅增强，边界清晰有力地隔绝京城与皇城，作为宫城重要建筑的天安门被隐藏在左右长安门之后，使得平民难以一窥天颜，作为皇城正门的天安门，丧失了作为大赦、大典时皇帝登临面见国民的展示平台的作用。在晚清的记载中，只有从东西天安门才能勉强看到天安门城楼。这直接影响到当时对地标建筑的认识[12]。

5.3.3.2　空间形态与建筑原型

建筑类型学的一个基本观点是：尽管具体形态在社会生活中有所不同，但特定的类型总是与某种形式和生活方式相联系的。从类型学的角度看，空间形态即东西相背的L形长廊是T形广场的最直观体现，这也是学界惯常以北宋千步廊做天安门T形广场缘起的主要原因。

L形长廊在北宋已呈现出清晰的轮廓：《东京梦华录》中记御街宽度为两百步，合今日约300米。它止于何处未见记载，南宋范成大有记“循东御廊百七十余间，有面西棂星门，大街东出，旧景灵宫也。”保守认为它的长度可至州桥即900米。《东京梦华录·宣德楼前省府宫宇》中又有记说：“宣德楼前，左南廊对左掖门，右廊南对右掖门。仅东则两府八卫，西则尚书省。”左右掖门内外各有廊房。表示千步廊北端在东西大街又有转折，如与皇城东西跨度相仿，则T字形横边长约1570米。总体是一东西长度大于南北长度的T形长廊围合而成的区域。

金时亦有千步廊，南北轴长而东西较短，廊上各有偏门[13]。这一形式沿袭至元大都及明南京，定型在明清天安门前千步廊：《清宫史续编》云：“大清门内千步廊，东西向朝房，各百有十楹；又折而北向，各三十四楹，皆联檐通脊”。东西轴短而南北轴长，比例接近2∶3。

关于承天门或丹凤门前的附属建筑，《唐会要·十二卫》中记，“乾元元年二月二十二日敕：左右金吾内外廊，所缘墙壁廊宇器械等破碎。并宜于当色月番人中，简择巧儿，随事修理。……永为恒式”。《新唐书》卷二十三仪卫上中记“承天门内外有左右廊”，内有戍守的“挟门队”，门内为左右卫，门外为左右晓骑卫。东宫门外亦有左右武卫驻守在东宫正门嘉德门内东西廊中。凡帝驾出城，挟门队都

12 天安门作为地标的价值更多地借助于中华人民共和国成立后对公共性的重塑。1949年，天安门广场被选为开国大典所在地，天安门作为大典主席台，因其特殊的政治意义再次成为文化地标，当然，这已远远背离传统建筑形制的本意。

13 三朝北盟会编卷二百四十四引金《图经》。

要随从护驾。《唐六典》中记“承天门内外东西厢”，在“左右领军卫”条目中，言在长乐、永安门外，以挟门卫队列于两廊，左右威卫则在门内的两廊。嘉德门内外亦有此类设置。

宫墙越高，则门户意义越重。隋及唐初两次最为重要的政治变局——江都兵变的隋炀帝之死、玄武门之变都与扼守驻卫的城门郎队伍有密不可分的关系。正是吸取了这两次事变的教训，太宗朝调整了唐十二卫并强化了宫门内外防卫，同时也收拢了各门户队伍的控制权，以达到有效防御和相互制约的作用[23]。反映在管理体系上，即以不同卫分别驻守各主要宫门内外侧。在初唐，防御的主要范围即是以承天门为主的“宫城—皇城”边界各门。考虑到承天门前东西横街的巨大尺度以及人工护卫的警戒能力，承天门外的挟门卫的驻扎范围归结如图5-3-11灰色区域所示。廊下守卫这一形式在历史图像里亦有反映。在人数规模上，《新唐书》卷四九上《百官志》中记载：“左右街使，掌分察六街徼

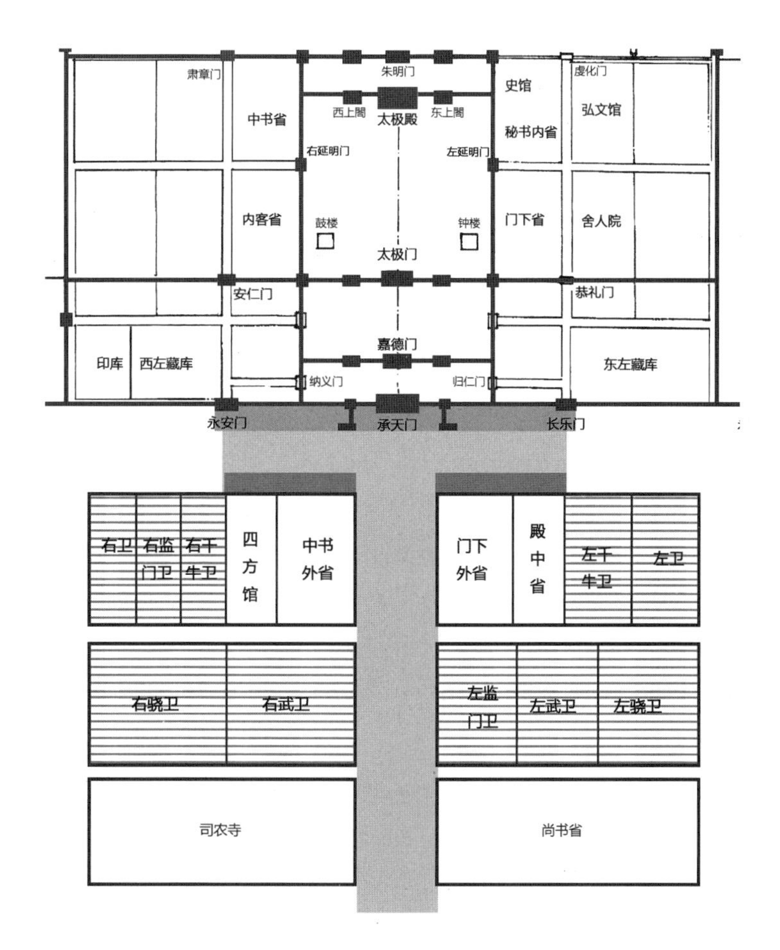

图5-3-11　宫门外驻守区域范围示意

图5-3-12　唐壁画中反映的廊下夜值（资料来源：李贤墓《殿值官》）

图5-3-13　甘肃敦煌莫高窟唐壁画中的城门连廊（资料来源：《中国古代建筑史》第2卷）

巡。凡城门、坊角有武侯铺……大城门百人，大铺三十人；小城门二十人，小铺五人。"而承天门、朱雀门外则各有百人之多。在现存的唐壁画中有关于城门外设连廊的图像，结合仪卫制度正可以合理解释这种建筑关系（图5-3-12、图5-3-13）。遗憾的是，唐承天门东西因现有城市建筑影响，未能得到大范围发掘，但在近年来即2009年的大明宫考古发掘报告中有介绍，延英门等宫墙内外均有廊。除交通功能外，也当有军事防卫角度的考虑。明以百十人金刀御林军驻守长安左右门内，T形广场的戍卫功能在空间形态定型后仍得到延续。

就此笔者认为，在论及北宋千步廊制度，特别是其东西长廊的形成原因时，不能不考虑到唐时宫门外东西廊驻卫的影响，这也是L形长廊这一建筑原型产生的政治军事因素所在。

5.3.3.3　区位关系

正如今日不能孤立以形态来评价建筑的价值而要联系其区位地脉一样，在考量作为政治中轴线上重要一环的T形广场的意义时，有必要同时关注其在皇城的相对位置以及与其他政治机构的关系。而对这种区位关系的梳理也有助于排除名称变化的干扰，而辨明其性质地位。前文中已阐释了T形广场作为大赦仪式场地的政治地位，并从仪式细节上追溯了其历史，此节则从周边区位及机构构成阐释其空间区位的变化，而这与"皇城""宫城"的关系发展是密不可分的。

隋文帝兴建大兴城、大兴宫，首次将宫城与皇城分而置之，隋及唐初，借由东西横街及承天门大街形成的皇家广场位于宫城之外、皇城之内，其南部之东西两侧分列中书、门下外省以及十二卫。又南有司农寺、秘书省、尚书省、

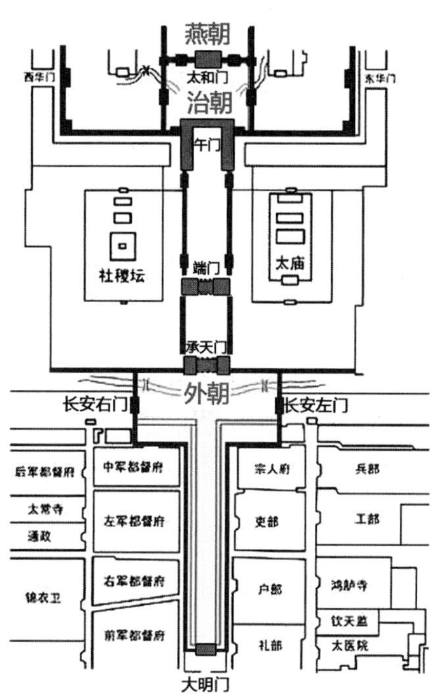

图5-3-14 明宫城图中表现的T形广场区域（资料来源：《中国古代建筑史》第4卷）

寺天监等。北宋由于其都城的特殊性和局限性，御街千步廊在皇城之外，宣德门前御街东西分为景灵东宫、景灵西宫，西又有尚书省。之后的元大都承袭金中都，T形区域轮廓清晰，而东西官署空置，有形似而无实质。至明南京T形广场与周边衙署的关系又趋稳定：应天府城确立了以洪武门为起点的皇城轴线。南端洪武门离皇城南墙约800米，其北与皇城承天门之间为御道，御道东西两侧排列五府五部。定都北京后，这一形式并未发生大的改变：T形广场正式作为皇城的一部分，呈现出完整统一的形态：在南京博物院藏画《明宫城图》中，承天门重楼五间，南面由红色宫墙围合而成T形广场（图5-3-14）。承天门下有金水河。桥南为东西向天街，东达长安左门、西达长安右门。天街南侧沿宫墙设千步廊，尽端为大明门。明代的官署设置基本被清完整承袭，为做直观表达，整理四代广场区域及周边官署分布如表5-3-1所示。

唐至清T形广场区域周边官署区位布置关系 表5-3-1

类型	唐	北宋	元	明	清
政治决策	中书外省， 门下外省			宗人府 通政司	宗人府 通政司
执行机构	尚书省（六部）	尚书省		吏部、户部、礼部、兵部、工部	吏部、户部、礼部、兵部、工部
戍卫机构	左右卫， 左右千牛卫， 左右监门卫， 左右武卫， 左右领军卫， 左右威卫	八卫		中军都督府、 左、右军都督府、 前、后军都督府 锦衣卫、 旗手卫， 东城兵马司	銮仪卫， 都察院， 刑部
仪仗辅助	宗正寺			吏部	吏部
	太仆寺				銮仪卫

续表

类型	唐	北宋	元	明	清
服务机构				太常寺， 钦天监， 太医院	太常寺， 钦天监， 太医院
外交部门	四方馆			鸿胪寺	鸿胪寺
祭祀场合		景灵东宫， 景灵西宫			

注：职官名称在各代多有变迁，现将职掌内容相似及具有一定传承关系的机构横向对应排列。元代官职设置散乱，相似之处极少故不列入比较范围内。

从表5-3-1中可以看出无论是从官署位置关系上，还是从职能构成上比较，明清T形广场周边的机构体系都更接近于唐而非宋，内容上包括有政治决策机构、戍卫机构以及行政辅助机构。此外，还设置有服务于典礼仪仗的辅助机构，考虑到大（明）清门是君主及宗室大典时期的出入之门，其卤簿仪仗规模可观，T形广场作为祭祀活动卤簿仪仗的预备空间，组织上也需要这些附属机构不离左右。

需要指出的是，唐代T形区域与众多衙署共同位于皇城之内，宋因其局限而脱离至皇城之外不提，而明清两代此区域与皇城的关系又有反复，其关键之处就是天安门前T形广场。明《弘治会典》卷118中记“皇城四门：天安门、地安门、东安门、西安门。各卫分定皇城各门守卫”。其中详细陈述了各门守卫的位置、官职。即明代皇城南门的管理以承天门为准而非大明门。至少从防卫管理上看，这一区域并未列入皇城之内。而清代《清会典》中记：“天安门之外环以城制与皇城同”，可见皇城范围明确包括了T形广场，唐代的东西廊在这里已经定型为两侧廊屋，造型为两组相背的L形廊房，东西两侧各有110间，北部向左右各有34间。这些房屋可以看作两侧六部五府和军机机构在皇城内的延展：按文东武西的格局，文官在东千步廊、武官在西千步廊办公。为此两侧各开边门以便交通，使得这一区域成为肃穆王权与效率办公的微妙过渡：面向中轴线的立面连贯、一致，而背侧则树木茂密自带院落，闲散雅致（图5-3-15）。

同样从军事戍卫的角度探讨其原因：清代实行八旗制度，皇城守卫由八旗分区职掌，政治权力也收拢于皇帝一人手中。文史学家提出“由封建制到独裁制”的变化模型。这同样适用于说明皇城结构：用以容纳官署机构的皇城从执

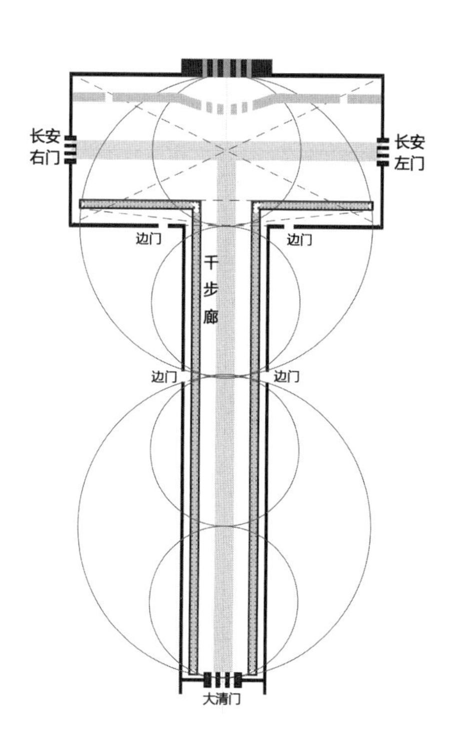

图5-3-15 明清T形广场区域空间形式及门户设置

政权力到空间地位上都进一步见外于核心。大量的宗室权贵宅邸聚集在宫城左右，皇城以官员为主力的政治职能部门分布更加松散无序。

一方面权利层级在增加，而T形广场与官署区在权力层级中的位置在下移，这一区域作为君主与市民沟通交流的作用已经消失，因其完整的形态成为宫城轴线向官署区的延伸，强调的是权力从大内向外的延展，而非活动向宫城的凝聚。

从仪式事件也就是人类学的角度，大量的文献记录证实明清天安门前T形广场以诏赦为核心的仪式活动可以追溯到唐代的大赦仪式；而立足类型学讨论其建筑原型时，考虑到宫禁防卫及政治的影响对于宫城的边界扼要之地比空间形态更为重要，从这一角度，笔者推测L形相背长廊的出现有驻守防卫的考虑；从区位关系也就是文脉的角度上看，明清T形广场与周边官署保持着比较稳定的组合方式，这种组合方式最迟从唐初的皇城机构布置上便可见端倪，相形之下，北宋都城由于其空间局限反而成为历史纵向发展上的一个异数。

基于以上不同角度的比较研究，笔者认同这一认识：中国历代宫室追求的都是“成一代之典”。中轴线上的每一个空间形态都有它现实的考虑和礼制上的意图。北宋发展了宫门广场左右长廊的物质形态，明南京固定了广场与官署的区位关系，使之走向成熟。随着政治权力的集中及政治策略的变化，清代对这一仪式广场的管理更加封闭而趋向僵化。明清T形广场作为皇家宫室制度的一部分，其起源至早可以追溯到唐初。

5.4 唐代朝廷礼仪制度对后世的影响

5.4.1 大朝仪制的承袭与变化

《宋史》称宋承前代之制，以元日、五月朔、冬至为大朝会之礼。其中的五月朔大朝会显见不是初唐制度但仍属唐制[14]。可以认为，宋大朝设置基本沿袭唐，但无论是两大朝会还是三大朝会，其中都以元日正旦大朝会最为重要。

按《宋史》，北宋初年的几次大朝会颇不规范，辗转多地，先后在崇元殿、广德殿、文明殿、朝元殿、大明殿举行[15]。宋太宗淳化三年（公元992年）正月朔，太宗方命有司参照《开元礼》定上寿仪，才得以落实完善的大朝会礼仪。

《宋史》记仁宗天圣五年（公元1027年）正月大朝会仪[24] [16]，其仪式主要包括3个环节（图5-4-1）：

（1）首先是在太后殿廷的皇帝向太后朝贺。宰臣、文武官与使节，身穿常服集于会庆殿（集英殿）。殿内，皇太后升座于后幄，皇帝于殿中北向褥位两拜，跪贺皇太后新春。再拜后就坐在皇太后御座稍东侧。稍后又进寿酒，完成皇帝向太后拜贺的环节。

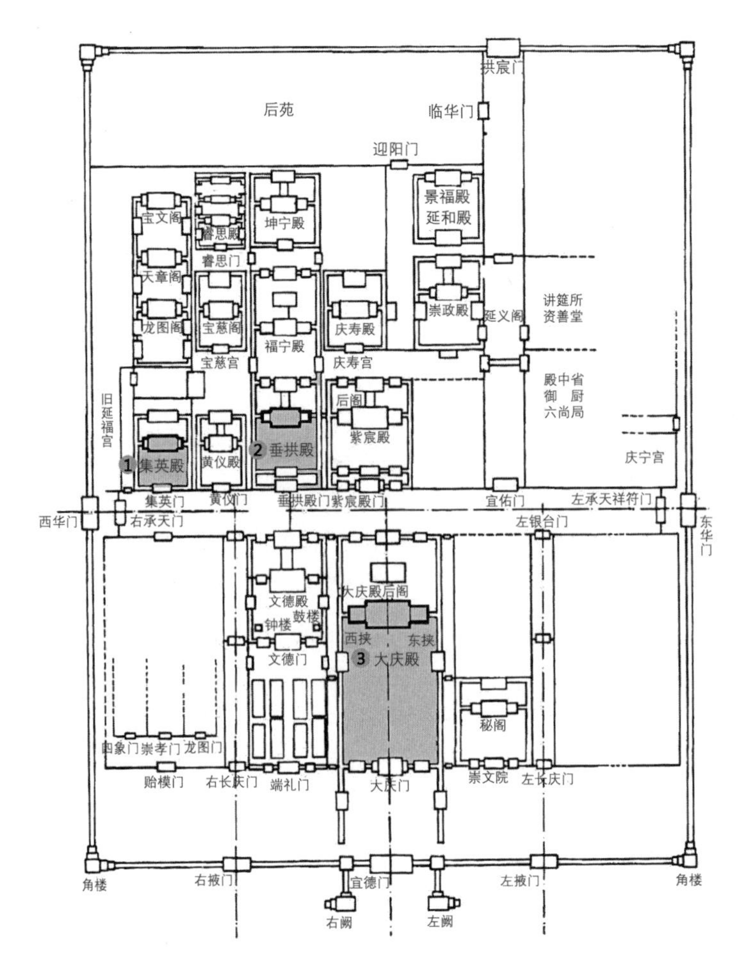

图5-4-1　北宋东京宫殿大朝会活动分布关系

（2）其次是百官向太后的朝贺。在通事舍人引领下，百官贺寿在殿廷三次再拜、舞蹈，太尉作为代表两次进入殿内，进贺之时走西阶而上。进寿酒时自东阶而上。之后，宣徽使承旨宣群臣进入殿内，拜后落坐东西厢座，酒三行后退返。

（3）此时才为正式的朝贺环节。皇帝车舆转移至长春殿（垂拱殿）。百官返回朝堂，易常服为朝服，班天安殿（大庆殿）朝贺，帝服衮冕受朝。礼官、通事舍人引中书令、门下侍郎各于案取所奏文，诣褥位解剑，按等级升殿，分立于东西。诸方镇表、祥瑞案先置天安门（大庆门）外，由给事中押祥瑞、中书侍郎押表案入，分诣东、西阶下对立。朝贺环节后，又有百官向皇帝上寿。

这套礼仪相对唐开元礼规范，区别和原因在于：

（1）强调天子向皇太后贺寿的环节。向皇太后献寿在会庆殿，即横街以北西路集英殿，相当于宋宫城内廷区域。不仅皇帝先贺，而且有百官观摩参与，这一环节的增加强化了对天子孝义的赞美，并对百官起到了演示教育的作用，这与北宋皇室强调以孝道治天下的治理策略有莫大的关系。

（2）取消了皇太子、二公上寿的环节，简化了百官上寿的仪式，将“朝”与“会”合并为一体。这也意味着淡化了前皇室后裔展现臣服的内容，缩小了元会仪所凝聚的人事规模。北宋强化了对地方州府的直接控制力，各地长官只有行政权而无财权、兵权，因此已不需要通过庭殿的站位以及宴会的布局来反复演绎四方对中心的拥簇臣服之意。当仪式的隐喻价值丧失，就必然带来仪式行为的萎缩。

（3）在百官朝贺及诸方贡献上，只保留了镇表和祥瑞的部分，去除了各州镇、蕃国贡献铺陈的场面。这一方面是缘于北宋与周边国家的外交关系更趋于对等，贸易关系取代了朝贡关系，失去了通过仪式展示对藩属国领导权的需要；另一方面，随着中央集权的加深，对国内各地实施了更直接和常态下的控制，也不再需要通过每年的仪式进行这

14 其首次举行出现在唐贞元六年（公元790年）。有学者认为这是唐德宗为了通过增多朝贺的次数来抬高皇帝之权威的目的而增设的。

15 太祖建隆二年、乾德三年的正月及冬至。

16 五年正月朔，晓漏未尽三刻，宰臣、百官与辽使、诸军将校，并常服班会庆殿（集英殿）。内侍请皇太后出殿后幄，鸣鞭，升坐；又诣殿后皇帝幄，引皇帝出。帝服靴袍，于帘内北向褥位再拜，跪称：“臣某言：元正启祚，万物惟新。伏惟尊号皇太后陛下，膺时纳祐，与天同休。”内常侍承旨答曰：“履新之祐，与皇帝同之。”帝再拜，诣皇太后御坐稍东。内给事酌酒授内谒者监进，帝跪进讫，以盘兴，内谒者监承接之，帝却就褥位，跪奏曰：“臣某稽首言：元正令节，不胜大庆，谨上千万岁寿。”再拜，内常侍宣答曰：“恭举皇帝寿酒。”帝再拜，执盘侍立，教坊乐止，皇帝受虚盏还幄。通事舍人引百官横行，典仪赞再拜、舞蹈、起居。太尉升自西阶，称贺帘外，降，还位，皆再拜、舞蹈。侍中承旨曰：“有制。”皆再拜，宣曰：“履新之吉，与公等同之。”皆再拜、舞蹈。阁门使帘外奏：“宰臣某以下进寿酒。”皆再拜。太尉升自东阶，翰林使酌御酒盏授太尉，执盏盘跪进帘外，内谒者监跪接以进，太尉跪奏曰：“元正令节，臣等不胜庆抃，谨上千万岁寿。”降，还位，皆再拜。宣徽使承旨曰：“举公等觞。”皆再拜。太尉升，立帘外，乐止。内谒者监出帘授虚盏。太尉降阶，横行，皆再拜、舞蹈。宣徽使承旨宣群臣升殿，再拜，升，及东西厢坐，酒三行，侍中奏礼毕，退。枢密使以下迎乘舆于长春殿（垂拱殿），起居称贺。百官就朝堂易朝服，班天安殿（大庆殿）朝贺，帝服衮冕受朝。礼官、通事舍人引中书令、门下侍郎各于案取所奏文，诣褥位，脱剑舄，以次升，分东西立。诸方镇表、祥瑞案先置门外，左右令史绛衣对举，给事中押祥瑞、中书侍郎押表案入，分诣东、西阶下对立。既贺，更服通天冠、绛纱袍，称觞上寿，止举四爵。乘舆还内，恭谢太后如常礼。

种控制力上的强化。

最后需要说明的是，经统计北宋立国160余年，元日大朝会仅举行了30次[17]，动辄因日蚀、战争、国丧、疾病、雨雪等原因便停办。与之相比，唐时无论皇帝亲郊还是有司摄事，都不会停罢大朝会。如此看来宋代皇帝对大朝会重视程度明显减弱。“文武百官对皇帝行臣服之誓的‘元会’仪式，象征了在王朝体制里面政治秩序的构筑状态”[25]。那么当这一状态趋于稳定时，反复临摹强调对加强官僚层的稳定已没有明显帮助。而大朝会的另一重要价值，即以铺张的大陈设“夸示夷狄”的作用，在北宋对等的外交局势和全面的外贸交易背景下，也变得不那么明显了。王权的彰显和正统性的主张需要其他的途径予以展示。

5.4.2 大赦仪的传承与改变

大赦是宣旨减免罪行、赏赐、蠲免的仪式，也正是由于其施恩的性质和安抚的作用，具有舒缓社会紧张、安定民心、稳固政权的突出意义，作为仪式场地，唐宋之际的“长安丹凤门—洛阳五凤楼—汴梁宣德门”的作用也随之演变并变得日益重要。唐王朝的大赦通常结合在两项事物之后，一是改元，二是南郊祭天。前文介绍了伴随频繁改元后进行的大赦，即朝贺之后，由令史至楼宣诏，先在太极宫承天门，后转移至大明宫丹凤门。

南郊祭天大赦始于武则天时，此后举行频率减少，终唐之世不过进行了25次。可以说唐代并未形成定期南郊大赦制度，经过五代的发展才逐步固定了南郊大赦。这是出于五代政权的动荡交叠的现实压力，致使君主通过频繁的郊赦行赏以荡涤乱象、稳定人心、巩固政权[26]。故此，这一形式为同靠兵变立国的北宋政府所继承：“国朝以来，大率三岁一亲郊，并祭天地宗庙，因行赦宥于天下及赐诸军赏给，遂以为常”[18]。与唐代南郊大赦仅25次相比，宋南郊赦按规范而行，举行次数明显增多，达到58次[27]，郊祀结束后，天子亲御宣德门宣制。

嘉祐元年（公元1056年）仁宗《大庆殿行恭谢之礼御札》：“其今冬至亲祀南郊即宜权罢，所有合行诸般恩赏并特支，就恭谢礼毕，一依南郊例施行。至日，朕亲御宣德门宣制，仍令所司详定仪注以闻”[28]。

大赦仪作为朝会制度之外的又一大典，

17 姜锡东、史泠歌在其《北宋大朝会考论——兼论“宋承前代”》一文中，通过整理《续资治通鉴长编》《宋会要辑稿》《玉海》《文献通考》《宋史》的记载，统计得北宋统治时期，正旦、冬至、五月朔大朝会分别举行了30次、15次、5次。

18《续资治通鉴长编》卷四七七，元祐七年九月，p11365。

存在“元日—大赦”“改元—大赦”及“南郊—大赦”等多种类型，而除了元日外，其他仪式中大赦逐渐成为仪式的最终目的。其中南郊大赦虽然始于唐，但经过五代的催发方才成熟，并在宋时予以执行上的制度化。从参与人员上来看，大赦仪的核心执行人由唐时的中书舍人，转变为天子亲临；与会人员也由官员和囚徒扩大到都城民众；其仪式效果及其政治作用进一步得到提升，比大朝会更受重视，这也可以看作是促发宣德门前广场空间建设完型的动因之一。

5.4.3 唐宋变革背景下的宫室空间变革问题

唐中叶以降到宋，中国传统社会出现了一系列的变化，自20世纪初日本学者内藤湖南称之为“唐宋变革”。“唐宋城市变革”作为“唐宋变革论”中的一个部分，最早于1931年由日本历史学家加藤繁提出。他认为唐及唐以前，作为居住区的坊与作为交易场所的市在空间上互相分离，并根据《春明退朝录》关于街鼓的记载[29]，将这种变化的关键时间节点确定于北宋仁宗时期。之后的学者们通过各自的研究多认为这一时间点可以前移至晚唐：贺业矩先生认为中唐之后古典坊制便开始松懈，但直到南宋才完成了古典城市规划制度的变革，街市坊巷作为一种新的规划制度正式确立[30]；而美国学者费正清更就唐宋变革论评论说：“六朝与初唐在许多方面都说得上是中国古代史的最后一个阶段。晚唐和宋（公元960~1279年）则属于近代中国历史的第一阶段”。虽然不同史家对其细节各持己见，但总体来说指的是中国古代从中唐到宋代这段时间城市形态从封闭转向开放的过程。刘涤宇博士对“唐宋城市变革”前后中国古代城市变化中的“侵街”“街鼓”以及“坊墙”几个方面进行了详细的论述。强调“唐宋城市变革”以商业街市的形成、坊市封闭管理的转变为代表，关键时间点在中唐和五代。

综合以上各家的研究思路，多是由经济形态的发展出发，部分地涉及城市管理的政策，从而讨论两宋的城市空间及街道界面形态的变化。在这个变化过程中，宫室是否孤立地存在于这个发展变革的时代，还是在以与之无关的独特的逻辑发展着？传统历史研究以姓氏朝代划分历史阶段的思路，致使学者们在研究中也未免陷入朝代的桎梏，而忽略了制度流变的延续性及“传统”的生命力，论及隋唐都城，往往强调的是天数的演绎和轴线的凸显，而论及北宋都城又都关注于其城市里坊的突破和御街。都城既然以天子为中心，无论其种姓朝代，空间理念上都会以集体有意识的方式强调礼制观念内涵，展现天人合一的宇宙观，并力争使观者得以感知。隋唐长安宫室的建设实践中，由对称规整的太极宫形式演变为具有功能性和实用性的大明宫，扩大了外朝的区域并调整了财政军事机构的布局，体现出形态布局对功能需求的适应性调整。通过对宋皇室大朝会及大赦仪的分析来看，存在大朝会的重要性下降而郊天大赦仪重要性上升的情况，这一仪轨影响到皇城外部空间，强化了南中轴的重要性。

参考文献

[1] [后晋]刘昫等撰．旧唐书黄巢据京师[M]．北京：中华书局，1975.

[2] [后晋]刘昫等撰．旧唐书卷十九下[M]．北京：中华书局，1975.

[3] 《资治通鉴》卷二百五十六.

[4] 《资治通鉴》卷二百五十六.

[5] [后晋]刘昫等撰．旧唐书[M]．北京：中华书局，1975.

[6] 欧阳修．新五代史卷四十杂传第二十八[M]．北京：中华书局，1974.

[7] 中国社会科学院考古研究所．唐大明宫遗址考古发现与研究[M]．北京：文物出版社，2007.

[8] 吴兢．贞观政要[M]．长沙：岳麓书社，2000.

[9] 保全．唐重修内侍省碑出土记[J]．考古与文物，1983（4）：38-44.

[10] 王静．唐大明宫内侍省及内使诸司的位置与宦官专权[C]//中国社会科学院考古研究所，唐大明宫遗址考古发现与研究[M]．北京：文物出版社，2007：210-211.

[11] 保全．唐重修内侍省碑出土记[J]．考古与文物，1983（4）：38-44.

[12] 《资治通鉴》卷二六二.

[13] 中国社会科学院考古研究所洛阳唐城队．洛阳隋唐东都城1982～1986年考古工作纪要[J]．考古，1989（3）.

[14] 郭湖生．中华古都[M]．台北：空间出版社，1997.

[15] 李合群．北宋东京皇宫二城考略[J]．中原文物，1996（3）.

[16] 孟元老，邓之诚．东京梦华录卷一大内[M]．北京：中华书局，1982.

[17] 萧默．五凤楼名实考——兼谈宫阙形制的历史演变[J]．故宫博物院院刊，1984（1）：76-86.

[18] 吴庆洲．宫阙城阙及五凤楼的产生和发展演变（上）[J]．古建园林技术，2006（4）：43-50.

[19] 梁思成．营造法式注释[C]//梁思成全集·第七卷．北京：中国建筑工业出版社，2001：61.

[20] 苏则民．南京规划史稿[M]．北京：中国建筑工业出版社，2008.

[21] 陆秉杰．天安门[M]．上海：同济大学出版社，1999.

[22] 宁欣．唐宋都城社会结构研究——对城市经济与社会的关注[M]．北京：商务印书馆，2009：77.

[23] 李训亮，谢元鲁．贞观初年唐太宗宫禁防卫体系构建与道德重建——以唐太宗颁布的惩处隋末叛臣的三道诏书为例[J]．西南民族大学学报，2005（6）.

[24] 宋史[M]. 北京：中华书局，1975.

[25] [日]沟口雄三小岛毅. 中国的思维世界[M]. 南京：江苏人民出版社，2006：351.

[26] 戴建国. 唐宋变革时期的法律与社会[M]. 上海：上海古籍出版社，2010：284-286.

[27] 戴建国. 唐宋变革时期的法律与社会[M]. 上海：上海古籍出版社，2010：287.

[28] 司义祖整理. 宋大诏令集卷一二三[M]. 北京：中华书局，1962：425.

[29] 宋敏求. 春明退朝录[M]//本社. 宋元笔记小说大观. 上海：上海古籍出版社，2007：965.

[30] 贺业矩. 中国古代城市规划史[M]. 北京：中国建筑工业出版社，1996（2003）：596-606.

第6章 结语：从权力与仪式窥视宫室制度

中国古代都城最主要的特征是政治性。作为文明社会所特有的聚落形态，都城从一出现即作为权力中心而存在。其中的宫室作为国家政体的物化形式是政治进行的空间，更是政治力量分布的物质形态。在以农业为主体的大统一国家中，在多元的工商业扩张并占日益重要的地位前，皇权意志及等级规范控制一直是都城的至高规则。都城以政治、军事职能立足，其核心的宫城更是自始至终地将这两个元素发挥到极致，进而呈现出一定的社会性和公共性。本文围绕封建权力系统中皇权与相权的起伏，即决策权的争夺以及区位关系，分析政治权力与其空间组织结构之间的关联。

宏观角度关注历史长轴中宫室制度的发展，即对先唐三朝制度的流变进行了正本清源。周制中出现了神职系统与政职系统的分化，这对后世政体构成有潜移默化的影响，可以视为皇权、相权之争的体制根源。先唐是皇权、相权斗争冲突的时期，是宫室权力空间不断变化的时期，也是宫室制度孕育发展的时期。先唐时期朝会所在的"东西堂制度"以及郭先生提出的骈列制背后都存在着这两者权力对抗的身影。本文从先唐时期官僚体系构成及国家权力运作角度出发，整理了权力斗争与宫室空间格局组织的关系，提出魏晋南北朝时期皇位动荡、世家权炙高涨的政治形势与尚书都省及太极殿庭的骈列式格局是分不开的。也正是由于权力空间的并行对峙，呈现出政治、礼仪空间的分化趋势，因此在这一时期太极殿东西堂格局下无法形成附会周礼的三朝制度。在此基础上，结合史料对延续至初唐的太极殿庭空间格局进行了推断。描绘了政治角度三朝和空间角度三朝的异同以及两者交互结合的过程，并明确了延续至今的三朝制度的确立始于初唐时期，并伴随着大明宫的落成而得以形神合一。

中观角度以唐一代为时间范畴、以大内宫室为主体进行研究。揭示了唐宫室内机构架设及动态建设的过程。从权力运作及斗争的角度重新探讨了古代宫室建设决策的原动力。以唐代东西二内特别是大明宫内政治、军事力量分布为具体研究对象，通过绘制出各职能机构权力点的动态分布图，明确了唐一代不同时期权力边界及重点分布。提出大明宫建设的决定因素并不仅限于对轴线的演绎或者风水的附会，围绕皇权的争夺以及针对政事权的争夺也都是影响宫室建设和布局调整的有力原因。唐代也因此成为宫室制度发展的波动期，为宋形成皇权空间定式奠定了基础。这一时期，《营缮令》这类建筑礼制规范的控制作用仅适用于院落群组内部，而对主殿布局等空间关系要素影响甚少。

在建筑学本体领域，通过分析隋宇文恺的创制之路，在研究中对唐大明宫的前期整体建设运行进行了论证，它的建成首先得益于模数制和构件预制及管理技术的成熟，其次吸取了隋仁寿宫处理高台地形的经验，形成了完善的三朝空间格局。而其中后期的大量建筑项目则多被权力机构的兴衰所影响，分布侧重西部北部，组群内部形式多样，仍具有极大的自由性。

微观角度对宫室外朝朝会空间与权力空间的形态研究。结合人类学范畴对仪式活动的研究，与建筑学范畴对空间形态的探讨，采用互校的工作思路。针对唐两处大内中三朝朝仪的研究，根据仪式规范、考古实证以及典籍记载进行空间格局上的互证和考察，指出与权力空间对应的仪式场所的层级关系。通过对唐天子卤簿规模及仪程行止的考察，明确了太极宫中的三朝仪式位置，其中元正朝与朔望朝均在太极殿中进行，并不存在承天门大朝一事。直至大明宫的落成，才实现了制度性的三朝与空间上的三朝的统一。承天门主要作为大赦改元地，之后，这一地点又转移至大明宫丹凤门。唐代频繁的改元强化了大赦仪式的重要性，就此确立了金鸡放赦仪式与丹凤门的对应关系，并传承影响至后代各朝。其宫门前的空间形态也在这一时期初步确立并最终转化成明清天安门前的T形广场区域。

宫廷权力空间这一课题中，以先唐官僚体系的建构以及三朝制度的形成、演化和定型为线索，初步构建了封建社会高层政治结构与都城宫室外朝格形态之间演变关系的研究框架，并对其中朝会空间形态的详细研究。但在本书即将收尾之际，在以下方面笔者仍感尚有遗憾，并认为有进一步研究的空间和必要性。

（1）除却明清宫室，先代宫室的格局多有不确定之处。在本书宫室制度的研究工作中，考古成果作为第一手资料占据着重要的地位，实地发掘与历代研究文献的互校互证是中国古代宫室的重要研究途径。受限于太极宫区域考古发掘的短缺，以及大明宫区域考古发掘的不充分，关于政治空间的研究还有不全面之处，只能依赖文献中的相关信息进行推导。因此，需要等待长安宫室遗址的发掘取得更多进展，才能补全宫室格局演变的拼图，将这一课题继续深入地研究下去，并对文中的一些推测进行校核。

（2）在选取的仪式研究的内容方面，本课题仪式与空间部分的研究侧重发生于皇城、宫城领域的嘉礼仪式，结合卤簿陈设的构成及分布，重点聚焦在宫内大朝会上。对活动领域更广的、从属于吉礼范畴的祭天等仪式活动的研究还不充分；研究文献则更侧重官方记载，对民间文学、图像以及敦煌资料中有关长安军事和经济领域的内容的挖掘还有很大空间，有待充分地整理利用。相关的大量信息的整理提炼，是进一步研究的基础。

（3）“唐宋城市变革”的外延扩张研究。传统“唐宋变革论”学者们的研究思路多是由经济形态的发展出发，部分地涉及城市管理的政策，从而对两宋的城市空间及街道界面形态进行讨论。而都城的重心——宫室，在这一时期是孤立地发展着还是也被卷入“唐宋城市变革”？唐代宫室制度是以何种面貌立足在这个变化的时代的？它有哪些特征被后续朝代沿用，并定型为一个核心的制度？这都是值得继续讨论的议题，即“唐宋城市变革”的社会环境下宫室制度的相关变化。

在本书的最后，借助前人一语：很多时候历史研究其实都是弱证下的冒险。传统的建筑史研究重通过碎片化的资料和信息拼补出一个完整的形态。尽管考古学的不断发掘已经大大降低了这个拼图过程的难度，但所组成的形态仍难免有僵硬缺乏灵性之态。拜当代多元的学科研究发展所赐，笔者有幸得以在有限的证据之下，以更多学科角度去思考认识一千两百年前的宫室殿庭，得以进行向纯粹的建筑形态布局注入更多的生命力的尝试。通过学界的研究，为中国传统建筑的场景中融入更多真实的呼吸与情感，令今人在好古之余可以与之互感相通，使中国传统建筑的精魄而不仅仅是造型得以传承，这也是建筑史研究的意义之一。

图书在版编目（CIP）数据

仪式空间：隋唐宫廷建筑制度流变与影响 / 齐莹著
.—北京：中国建筑工业出版社，2021.9
ISBN 978-7-112-26433-9

Ⅰ.①仪… Ⅱ.①齐… Ⅲ.①宫廷—建筑史—研究—中国—隋唐时代 Ⅳ.①TU-092.4

中国版本图书馆CIP数据核字（2021）第154907号

责任编辑：兰丽婷
责任校对：王　烨

仪式空间
隋唐宫廷建筑制度流变与影响
齐莹　著
*
中国建筑工业出版社出版、发行（北京海淀三里河路9号）
各地新华书店、建筑书店经销
北京锋尚制版有限公司制版
北京云浩印刷有限责任公司印刷
*
开本：787毫米×1092毫米　1/16　印张：16　字数：294千字
2021年8月第一版　　2021年8月第一次印刷
定价：**65.00**元
ISBN 978-7-112-26433-9
（37965）